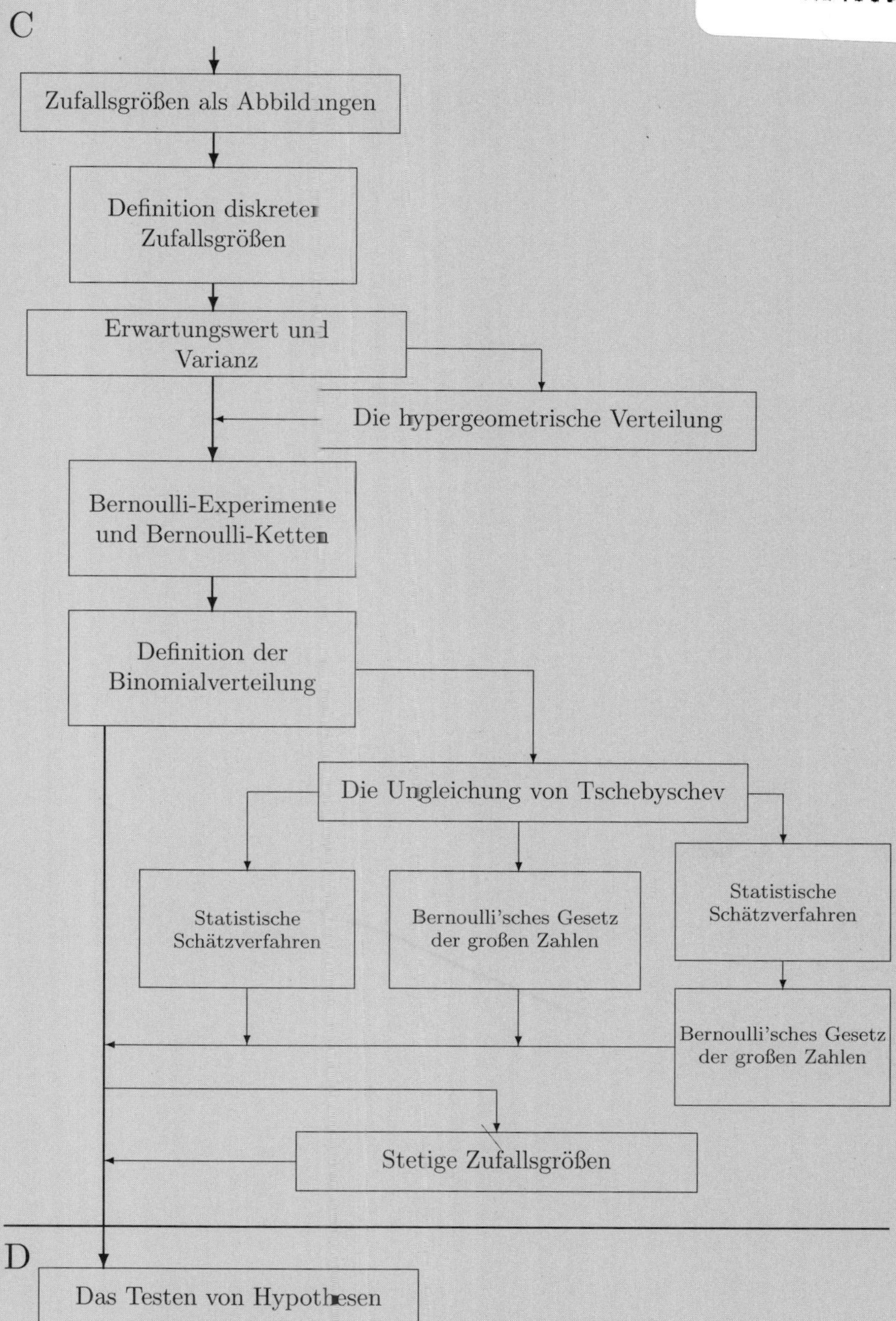
C
Zufallsgrößen als Abbildungen
Definition diskreter Zufallsgrößen
Erwartungswert und Varianz
Die hypergeometrische Verteilung
Bernoulli-Experimente und Bernoulli-Ketten
Definition der Binomialverteilung
Die Ungleichung von Tschebyschev
Statistische Schätzverfahren
Bernoulli'sches Gesetz der großen Zahlen
Statistische Schätzverfahren
Bernoulli'sches Gesetz der großen Zahlen
Stetige Zufallsgrößen
D
Das Testen von Hypothesen

Mathematik

entdecken · verstehen · anwenden

Stochastik

Herausgeber:

Hans Bock
Werner Walsch

Autor:

Volker Warstat

Berater:

Peter Borneleit
Gerhard Steinbach

Oldenbourg

1. Auflage 1993
Unveränderter Nachdruck 97 96 95 94 93
Die letzte Ziffer bezeichnet das Jahr des Drucks.

Lektorat: Joachim Seißler
Herstellung: Karina Hack
Umschlaggestaltung: Klaus Hentschke
nach einem Konzept von Mendell & Oberer, München
Graphiken: Christa M. Schulz, Ulrich Dirr
Satz: Ulrich Dirr, ARTTEC, München
Druck und Bindung: Ludwig Auer GmbH, Donauwörth

ISBN 3-486-**13029**-3

Inhaltsverzeichnis

A Beschreibende Statistik 5

A 1 Statistische Erhebungen . . . 6
A 2 Empirische numerische Charakteristika . . . 9
A 3 Regression und Korrelation . . . 14

B Der Wahrscheinlichkeitsbegriff 25

B 1 Grundbegriffe . . . 26
B 1.1 Zufallsexperimente . . . 26
B 1.2 Absolute und relative Häufigkeiten . . . 31
B 1.3 Zufallsexperimente mit gleichberechtigten Versuchsausgängen . . . 37
B 2 Urnenmodelle . . . 48
B 2.1 Einmaliges Ziehen aus einer Urne . . . 49
B 2.2 Mehrfaches Ziehen aus einer Urne ohne Zurücklegen . . . 50
B 2.3 Mehrfaches Ziehen aus einer Urne mit Zurücklegen . . . 51
B 2.4 Ergebnismengen und Wahrscheinlichkeitsfunktionen für mehrstufige Zufallsexperimente . . . 53
B 3 Bedingte Wahrscheinlichkeiten . . . 56
B 3.1 Definition der bedingten Wahrscheinlichkeit . . . 56
B 3.2 Der Satz von der totalen Wahrscheinlichkeit . . . 59
B 3.3 Der Satz von Bayes . . . 65
B 3.4 Unabhängigkeit . . . 66
B 4 Geometrische Wahrscheinlichkeit . . . 73
B 4.1 Definition der geometrischen Wahrscheinlichkeit . . . 73
B 4.2 Die Monte-Carlo-Methode . . . 76
B 5 Die Axiome von Kolmogorov . . . 80

C Zufallsgrößen 83

C 1 Zufallsgrößen als Abbildungen . . . 84
C 2 Diskrete Zufallsgrößen . . . 87
C 2.1 Definition diskreter Zufallsgrößen . . . 87
C 2.2 Die hypergeometrische Verteilung . . . 95
C 3 Die Binomialverteilung . . . 103
C 3.1 Bernoulli-Experimente und Bernoulli-Ketten . . . 103
C 3.2 Definition der Binomialverteilung . . . 105
C 3.3 Die Ungleichung von Tschebyschev . . . 109
C 3.4 Statistische Schätzverfahren . . . 112
C 3.5 Das Bernoullische Gesetz der großen Zahlen . . . 114
C 4 Stetige Zufallsgrößen . . . 119
C 4.1 Dichtefunktionen . . . 120
C 4.2 Die Normalverteilung . . . 124
C 4.3 Der Satz von Moivre-Laplace . . . 128

D Beurteilende Statistik 135

D 1 Aufgaben der statistischen Testtheorie . . . 136
D 2 Alternativtests . . . 137
D 3 Signifikanztests . . . 142

Anhang 151

1 Vermischte Aufgaben . . . 151
2 Tabellen . . . 157

Stichwortverzeichnis 165

Bildquellenverzeichnis 167

A Beschreibende Statistik

Cap. XXXV.

Verzeichniß, wie vielmahl, und wie viel Wochen, auch in wie viel Kothen jedes Jahr von Annc 1500 an gesotten worden, was der Zober Soole und das Stück Saltz gego ten, und die Pfanne Teutsch an Ausläufften getragen.

im Jahr	ist gesotten				1 Zob. Soole hat gegolten	1 Stück Saltz hat gegolten	die Pfanne Teutsch hat gelauffen			
Anno	mahl	Woch	Tage	in Kothen	Mittelpfen.	Silbergr.	rthl.	gr.	pf.	mh.
1500	31	24	2		12 13	6½ 7	8	10	8	½
1501	31	23	4		12 14½	6½ 7	8	1	4½	-
1502	33	25	3		12 13	6½	9	11	-	1½
1503	31	24	1		11 12½	6½	8	6	2	¼
1504	38	30	-		12 13	6½	9	17	3	⅛
1505	34	28	1		12 13	6½	9	17	-	1
1506	36	31	2		12 14	6½	10	12	4	-
1507	33	24	4		12 13	6½	9	13	6½	-
1508	30	23	1		12 12	6½	8	14	6	3
1509	36	29	-		13 14	6½	10	4	7½	2
1510	35	27	3		12 15	6½	10	11	5	-
1511	31	25	2		11 12½	6½	9	18	½	-
1512	32	27	1		12 13	7	10	11	6	-
1513	34	27	4		12 13	7	10	15	8	2
1514	33	24	2		12 14	7	9	2	3	-
1515	34	26	3		11 15	7	9	12	6	½
1516	42	33	4		12 14	7	11	13	6	½
1517	34	28	2		12 13	7	10	12	3½	-
1518	38	30	1	97	12½ 13	7	11	4	1	-
1519	39	31	1	99	12 14	7	10	19	7	-
1520	46	33	2	99	13 13	7	10	12	6	-
1521	39	32	4	97	14 17½	7	11	9	6	-

1522

Das Zusammentragen und Auswerten von Datenmaterialien gehört von alters her zu den Tätigkeiten, die von den Menschen genutzt werden, um die vielfältigen Erscheinungen des Lebens zu ordnen und Handlungsrichtlinien zu erstellen. Ab 2600 v.u.Z. sind Volkszählungen aus Ägypten bekannt. Erfaßt wurden Personen, Vorräte und die Anzahl der Felder. Die Bibel berichtet von Kaiser Augustus, der das Gebot erließ, daß alle Welt geschätzt würde. Und jedermann ging, daß er sich schätzen ließe.

Das Bild zeigt Aufzeichnungen über die Salzproduktion der Halloren in Halle an der Saale aus den Jahren 1500 bis 1521.

Heute haben alle Staaten statistische Ämter. Das Statistische Bundesamt hat seinen Sitz in Wiesbaden. Darüber hinaus hat jedes Bundesland ein eigenes Statistisches Landesamt. Mit der ständig wachsenden Verflechtung aller Lebensbereiche kommt dem Erfassen und Auswerten von Daten eine immer größer werdende Bedeutung zu. Es ergibt sich ein zunehmender Bedarf an effektiven Methoden der Datenerhebung und Datenanalyse.

Die Methoden und Verfahren der beschreibenden Statistik ermöglichen es, Daten effektiv zu erfassen, in übersichtlicher und anschaulicher Form darzustellen und sinnvoll zusammenzufassen, um das Wesentliche klar hervortreten zu lassen.

A 1 Statistische Erhebungen

Das Registrieren von Verkehrsströmen, das Auszählen von Wählerstimmen bei einer Wahl oder das Sammeln von Schülerzensuren durch die Lehrer sind Beispiele für **statistische Erhebungen**. Vor jeder statistischen Erhebung legt man die möglichen **Ergebnisse**, deren Eintreten oder Nichteintreten beobachtet werden soll, fest. Dies hat so zu geschehen, daß bei jeder Beobachtung genau eines dieser Ergebnisse eintreten muß. In vielen Fällen werden die möglichen Ergebnisse Zahlen sein, bei der Stimmenauszählung einer Wahl sind die Ergebnisse jedoch die Namen von Parteien oder die Namen der Kandidaten auf dem Stimmzettel. Die Menge aller Ergebnisse heißt **Ergebnismenge**. Sie wird im weiteren mit Ω bezeichnet. Ihre Elemente, die Ergebnisse, werden mit ω oder e bezeichnet. Es ist $\Omega = \{e_1; e_2; \ldots; e_k\}$.

Ergebnis

Ergebnismenge

Registriert man im Verlauf der statistischen Erhebung die Ergebnisse in der Reihenfolge ihres Auftretens, so erhält man eine sogenannte **Urliste**. Ist die Anzahl der möglichen Ergebnisse klein, so sind **Strichlisten** übersichtlicher, da sie bereits eine Sortierung nach gleichen Ergebnissen liefern.

absolute Häufigkeit

relative Häufigkeit

Definition 1
Die Anzahl der Beobachtungen des Ergebnisses e im Verlauf einer statistischen Erhebung wird die **absolute Häufigkeit** von e genannt. Sie wird mit $H(e)$ bezeichnet. Werden im Rahmen der statistischen Erhebung n Beobachtungen durchgeführt, so heißt der Quotient $h(e) = \frac{H(e)}{n}$ die **relative Häufigkeit** des Ergebnisses e.

①

In fünf Parallelklassen eines Gymnasiums erhielten die Schüler auf dem Zeugnis in Mathematik die folgenden Zensuren:

Klasse A: 5 2 2 3 2 4 4 5 1 5 3 3 3 1 5 5 1 4 4 5
Klasse B: 5 5 1 4 5 3 1 1 1 4 4 3 2 4 1 6 4 5 2 1
Klasse C: 4 2 2 2 5 1 5 2 4 2 2 2 2 5 5 5 2 4 4 4 2 1 1 3 5 3 3 2 1 5 5 2 2
Klasse D: 4 2 3 3 6 2 3 3 4 3 5 3 5 3 3 3 4 3
Klasse E: 4 4 4 5 5 3 1 1 3 1 1 1 5 3 5 2 3 4 3 1 5 3 4 3 5 2 3

Folgende Fragen könnten beim Vergleich der Klassen A bis E interessieren:

1. Welche Klasse ist nach Ihrer Ansicht die leistungsstärkste?
2. Welche Klasse ist nach Ihrer Ansicht die ausgeglichenste?
3. In welcher Klasse ist die Zensur ›3‹ am meisten wert?
4. Welche Klasse hat die stärkste Spitze?

Erarbeiten Sie Gesichtspunkte für die Beantwortung der Fragen, indem Sie für jede Klasse eine Häufigkeitstabelle erstellen, in der jeder Zensur die zugehörige Anzahl ihres Auftretens zugeordnet wird.
Zeichnen Sie für jede Klasse ein entsprechendes Streifendiagramm.

Häufigkeiten können in unterschiedlicher Weise graphisch dargestellt werden. Betrachten wir z. B. die Ergebnisse von 100 Versuchen zur Ermittlung der Fallbeschleunigung:

Ermittelter Wert	Anzahl der Versuche mit diesem Wert
9,73	1
9,75	3
9,76	4
9,77	7
9,78	9
9,79	10
9,80	11
9,81	12
9,82	10
9,83	11
9,84	8
9,85	8
9,86	4
9,87	1
9,88	1

Tab. 1

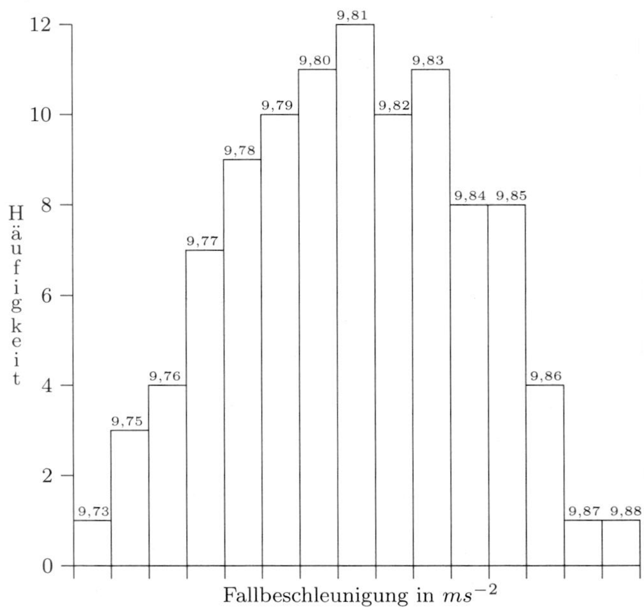

Abb. 1: Histogramm

Histogramm

Graphische Darstellungen wie Abbildung 1 werden **Histogramme** genannt.

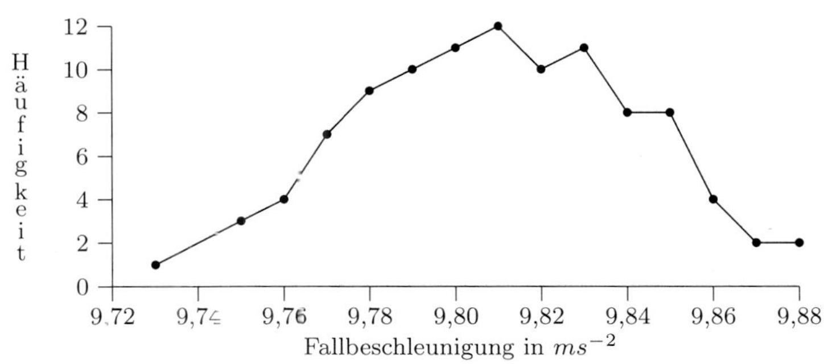

Abb. 2: Polygonzugdiagramm

Polygonzug-diagramm

Diagramme wie in Abbildung 2 bezeichnet man, da der Graph ein offener Polygonzug ist, als **Polygonzugdiagramme**.
Graphiken, wie Histogramme oder Polygonzugdiagramme, bieten die Möglichkeit, verschiedene statistische Erhebungen zum selben Untersuchungsgegenstand zu vergleichen.

②

Im Rahmen einer sportmedizinischen Untersuchung wurde bei zwei Trainingsgruppen nach Ablauf einer Übungsstunde bei den Sportlern der Puls gemessen. Es ergaben sich folgende Werte:

Gruppe A		Gruppe B	
Pulszahl	Häufigkeit	Pulszahl	Häufigkeit
120	0	120	3
122	2	122	1
125	3	125	4
130	8	130	10
135	6	135	4
138	3	138	0

Tab. 2

Zeichnen Sie für jede Gruppe ein Histogramm. Stellen Sie in einem gemeinsamen Koordinatensysten die Polygonzugdiagramme für jede Gruppe sowie für die Gesamtheit aller untersuchten Sportler dar.

Betrachten wir noch eine weitere Form graphischer Darstellungen zu Versuchsergebnissen.
Für die Herstellung von Autofrontscheiben soll ein neues Verbundglas verwendet werden. Die Bruchfestigkeit der neuen Glassorte wird mittels eines sogenannten Standardtests geprüft. Dazu wird ein quadratisches Glasstück von 50 Zentimeter Seitenlänge den Schlägen eines Hammers ausgesetzt, und die Anzahl der Schläge bis zum Bruch des Glasstücks wird gezählt. Bei zehn Teststücken führte der Reihe nach der 21., 25., 20., 32., 15., 18., 34., 21., 23. bzw. 24. Schlag zum Bruch.
Die Abbildung 3 zeigt ein Häufigkeitsdiagramm, in dem in vertikaler Richtung die relativen Häufigkeiten dafür aufgetragen sind, daß eine Glasscheibe mit weniger als der angegebenen Zahl von Schlägen zerbrach.

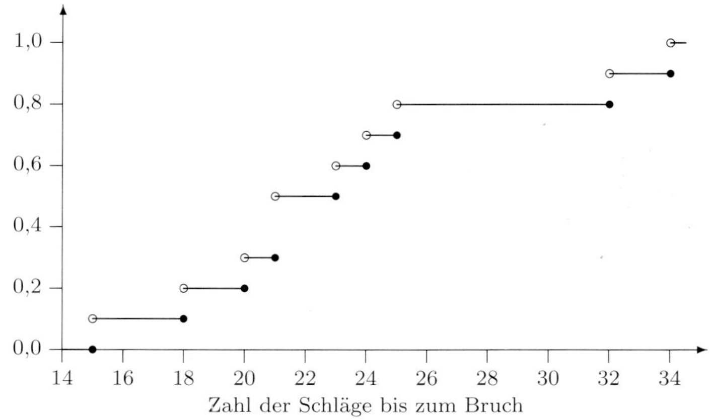

Abb. 3: Empirische Verteilungsfunktion

empirische Verteilungsfunktion

Funktionen wie die in Abbildung 3 dargestellte heißen **empirische Verteilungsfunktionen**.

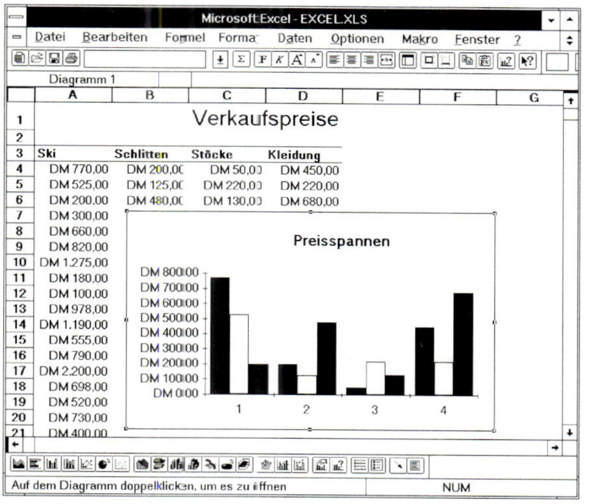

Abb. 4: Bildschirmansicht eines kommerziellen Tabellenkalkulationsprogramms mit integrierter Geschäftsgraphik

Anmerkung: Viele kommerzielle Tabellenkalkulationsprogramme für PC's bieten heute die Möglichkeit, Histogramme und andere Diagrammdarstellungen von Zahlenreihen problemlos und schnell auf dem Bildschirm oder durch einen Drucker auszugeben.

Aufgaben 1–2

A 2 Empirische numerische Charakteristika

In vielen alltäglichen Situationen wird mit Durchschnittswerten gearbeitet; z. B. spricht man über durchschnittliche Reisegeschwindigkeiten von Fernschnellzügen oder über den mittleren Trinkwasserverbrauch von Bürgern einer Region. Mathematisch wird die Bildung von Durchschnitten wie folgt beschrieben:

empirischer Mittelwert

Definition 2
Sind die Zahlen $e_1, e_2, \ldots, e_k$ die möglichen Ergebnisse der statistischen Erhebung, $H(e_1), H(e_2), \ldots, H(e_k)$ die zugehörigen absoluten Häufigkeiten, und ist $n = H(e_1) + H(e_2) + \ldots + H(e_k)$ die Gesamtzahl der durchgeführten Beobachtungen, so nennt man

$$m := \frac{H(e_1) \cdot e_1 + H(e_2) \cdot e_2 + \ldots + H(e_k) \cdot e_k}{n}$$

den **Durchschnitt** oder den **empirischen Mittelwert** der statistischen Erhebung.[1]

1 *empirisch*: aus der Erfahrung gewonnen

Bezeichnet man für $i = 1, 2, \ldots, k$ mit $h(e_i) = \frac{H(e_i)}{n}$ die auf die Gesamtzahl n der Beobachtungen bezogenen relativen Häufigkeiten, so gilt

$$m = h(e_1) \cdot e_1 + h(e_2) \cdot e_2 + \ldots + h(e_k) \cdot e_k.$$

③

An der Schleuse Trotha in Halle werden täglich die Pegelstände der Saale abgelesen. Im Jahr 1988 gab es in den Monaten Februar bis April folgende Meßwerte:

Pegel: Halle-Trotha UP | Gewässer: Saale

Wasserstände in cm | Tagesmittel | PN = HN + 69.21 m | Pegelkennziffer: 57081.0

Tag	Nov	Dez	Jan	Feb	Mrz	Apr	Mai	Jun	Jul	Aug	Sep	Okt	Winter	Sommer	Jahr
1	178	212	243	260	323	565	254	180	173	144	146	156			
2	182	217	246	258	322	561	251	177	176	147	146	158			
3	184	212	260	260	320	587	245	172	182	144	148	162			
4	190	212	272	278	318	607	246	168	188	146	146	158			
5	186	210	274	292	319	599	240	173	186	145	140	163			
6	178	210	280	300	321	584	234	185	171	148	158	171			
7	178	208	270	328	310	572	226	207	164	140	156	170			
8	178	196	263	346	313	562	220	212	164	145	160	166			
9	177	198	254	334	322	554	216	202	160	133	150	168			
10	178	186	245	316	316	535	215	189	154	134	148	172			
11	178	186	248	302	308	512	214	190	156	135	136	168			
12	171	190	270	290	312	487	208	193	158	136	146	161			
13	182	193	269	288	342	455	204	190	156	136	142	162			
14	183	195	264	272	364	426	201	183	154	136	148	166			
15	184	196	258	253	362	410	200	176	154	134	150	162			
16	185	191	253	248	371	391	204	173	157	130	158	162			
17	182	198	250	246	430	370	204	184	159	126	156	158			
18	184	210	250	259	488	359	200	181	166	126	153	155			
19	192	244	252	269	518	350	201	164	166	125	150	154			
20	208	315	244	268	525	334	210	163	162	134	150	152			
21	222	340	240	288	517	330	206	168	160	137	149	153			
22	245	360	238	300	515	322	203	162	154	141	147	153			
23	248	348	239	284	531	314	194	168	149	140	155	153			
24	241	322	244	284	550	303	196	166	147	135	158	150			
25	234	314	237	292	563	295	188	166	147	140	156	145			
26	242	299	242	294	570	285	184	167	150	142	156	145			
27	245	286	272	300	568	275	180	168	143	154	166	148			
28	232	268	276	315	566	270	179	172	142	146	167	155			
29	222	263	276	319	575	264	184	178	146	142	162	152			
30	216	254	278		582	258	199	178	147	150	160	144			
31		246	268		575		192		144	142		149	Winter	Sommer	Jahr
Dat	12	oft	25	17	11	30	28	22	28	19	11	30	Nov	Aug	Aug
NW	171	186	237	246	308	258	179	162	142	125	136	144	171	125	125
MW	200	241	257	288	430	425	210	179	159	139	152	158	307	166	236
HW	252	362	282	348	583	613	257	216	192	154	167	176	613	257	613
Dat	23	22	6	8	30	4	1	8	5	27	28	10	Apr	Mai	Apr

Dauerzahlen nicht überschrittener Wasserstand in cm

Tage	Wasserstände
1	125
2	126
5	133
10	135
30	144
60	150
90	158
120	168
150	181
180	193
210	212
240	246
270	269
300	303
330	359
355	565
360	575
364	587
365	599
366	607

Tab. 3: Wasserstände am Pegel Halle-Trotha 1988

1. Ermitteln Sie für jeden Monat und für das angegebene Vierteljahr die empirischen Mittelwerte.

2. Bei Pegelständen über 450 cm können die Schiffe aus Gründen des Hochwasserschutzes nicht verkehren. Untersuchen Sie die Aussagekraft des empirischen Mittelwertes für die Frage der Schiffbarkeit des Flusses.

3. Bestimmen Sie für den Monat Februar den Pegelstand mit der größten Häufigkeit.

4. Teilen Sie das Datenmaterial in Klassen der Breite 20 cm beginnend bei 235 cm ein. Erstellen Sie Häufigkeitstabellen für die Klassenhäufigkeiten, und zeichnen Sie die zugehörigen Histogramme.

Wenn in einem erzgebirgischen Dorf zwei zugezogene Multimillionäre und hundert Einheimische leben würden, wäre es für die Einheimischen wenig befriedigend, wenn man ihnen erklärte, das durchschnittliche Vermögen in diesem Ort sei im Vergleich zu umliegenden Gemeinden doch recht hoch. Der empirische Mittelwert ist manchmal keine gute Kennziffer für das Typische einer statistischen Erhebung. Man betrachtet daher auch andere Maßzahlen. Häufig benutzte sind der empirische Median und der empirische Modalwert.

empirischer Median

Zur Bestimmung des **empirischen Medians** sind die in der statistischen Erhebung festgestellten Werte der Größe nach zu ordnen, wobei jeder dieser Werte so oft zu berücksichtigen ist, wie er als Ergebnis im Verlauf der statistischen Erhebung auftritt. Ist die Anzahl der ermittelten Werte ungerade, so ist der empirische Median der mittlere Wert; ist die Anzahl gerade, so berechnet sich der empirische Median als arithmetisches Mittel der beiden mittleren Werte.
Die Nutzung des empirischen Medians ist häufig dann sinnvoll, wenn der empirische Mittelwert sich wesentlich von den in der statistischen Erhebung beobachteten Werten unterscheidet.

empirischer Modalwert

Als **empirischen Modalwert** bezeichnet man diejenige bei der statistischen Erhebung erhaltene Zahl, die die größte absolute Häufigkeit unter allen beobachteten Werten besitzt. Im Falle der Gleichhäufigkeit einzelner Beobachtungsergebnisse ist die Bestimmung des empirischen Modalwertes nicht sinnvoll.

Beispiel 1

Das nachfolgende Diagramm zeigt jährliche Nettoeinfuhren von Erdöl, Erdgas und Ölprodukten der Bundesreplublik Deutschland (Netto = Einfuhr minus Ausfuhr).

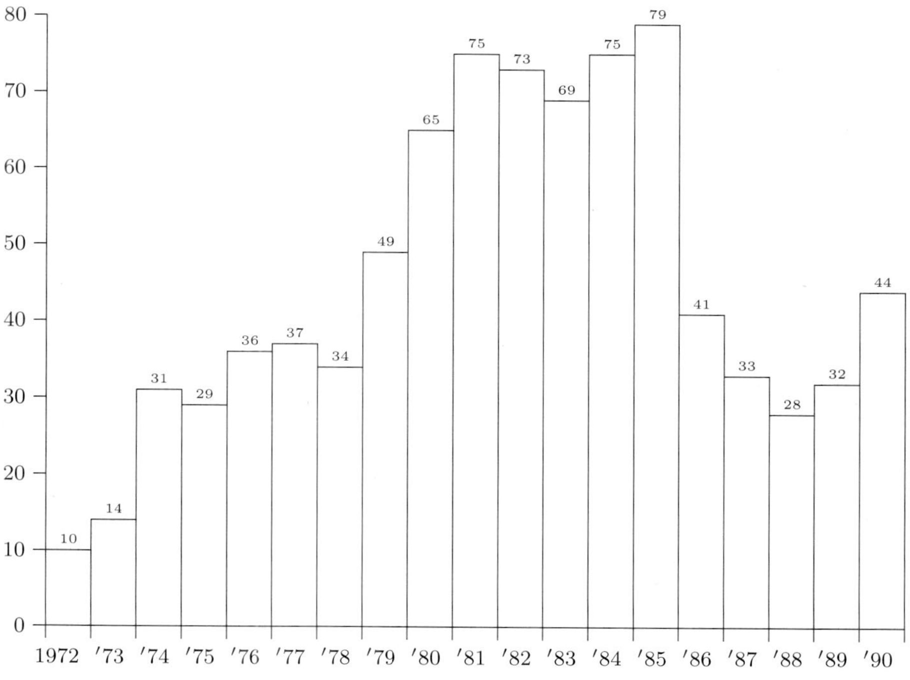

Abb. 5: Nettoeinfuhr von Erdöl, Erdgas und Ölprodukten in Mrd. DM

Der empirische Mittelwert beträgt 44,95 Mrd. DM.

Zur Ermittlung des empirischen Medians werden die angegebenen Werte der Größe nach aufgelistet:

10, 14, 28, 29, 31, 32, 33, 34, 36, <u>37</u>, 41, 44, 49, 65, 69, 73, 75, 75, 79.

Der empirische Median ist 37.
Da der Wert 75 zweimal auftritt, ist er gleich dem empirischen Modalwert.
Es wird deutlich, daß diese Parameter für eine statistische Erhebung recht verschieden sein können.

Folgende Betrachtungen führen uns zu einer weiteren Kenngröße von Versuchsergebnissen:
In einer Produktionslinie für rotationssymmetrische Teile arbeiten parallel zwei Drehautomaten. Aus der laufenden Produktion wurden jeweils 100 Teile entnommen, die an der zu bearbeitenden Fläche einen Solldurchmesser von 115 mm aufzuweisen haben. Tatsächlich wurden die nebenstehenden Werte gemessen.

Meßwert	Häufigkeit	
	Automat A	Automat B
114,65 mm	2	3
114,70 mm	2	2
114,75 mm	3	3
114,80 mm	0	1
114,85 mm	2	2
114,90 mm	0	1
114,95 mm	20	19
115,00 mm	42	42
115,05 mm	20	21
115,10 mm	3	3
115,15 mm	2	1
115,20 mm	3	3

Tab. 4

Welcher der beiden Automaten arbeitet genauer?

Ein erster Versuch zur Beantwortung dieser Frage besteht in der Berechnung der beiden empirischen Mittelwerte der gemessenen Daten und im Vergleich zwischen den Mittelwerten und dem Sollwert. Dieser Vergleich fällt für beide Maschinen gleich gut aus, denn der Mittelwert ist jeweils 114,985 mm. Damit steht die Frage: Welches können weitere Entscheidungskriterien sein?

Ein Ansatz unter vielen anderen denkbaren ist die Betrachtung der Abweichung der Meßwerte $e_i,\ i = 1, \ldots, k$ vom empirischen Mittelwert m, d.h. die Betrachtung der Differenzen

$$e_i - m.$$

Es ist jedoch schnell einzusehen, daß ein einfaches Aufsummieren oder eine Mittelwertbildung über diese Differenzen ungeeignet ist, da sich positive Abweichungen und negative Abweichungen gegenseitig kompensieren können.
Ein naheliegender weiterer Ansatz wäre die Betrachtung der Absolutbeträge der Abweichungen

$$|e_i - m|,$$

die ja sämtlich nichtnegativ sind und sich damit nicht gegenseitig auslöschen können.

Es hat sich jedoch gezeigt, daß es aus mathematischer Sicht vorteilhafter ist, die Quadrate der Abweichungen

$$(e_i - m)^2$$

für die Berechnung einer empirischen Kennziffer heranzuziehen. Dies erkannte schon der deutsche Mathematiker CARL FRIEDRICH GAUSS (1777–1855), auf den die Betrachtung der empirischen Streuung als Maß der Abweichung der gefundenen Werte vom empirischen Mittelwert zurückgeht.

empirische Streuung

Definition 3
Sind die Zahlen $e_1, e_2, \ldots, e_k$ die möglichen Ergebnisse, $h(e_1), h(e_2), \ldots, h(e_k)$ die zugehörigen relativen Häufigkeiten, und ist m der empirische Mittelwert einer statistischen Erhebung, dann heißt

$$s^2 := h(e_1) \cdot (e_1 - m)^2 + h(e_2) \cdot (e_2 - m)^2 + \ldots + h(e_k) \cdot (e_k - m)^2$$

die **empirische Streuung**. Die Wurzel s aus der empirischen Streuung nennt man die **empirische Standardabweichung**.

Geht man von einer Gesamtzahl n von Beobachtungen aus und bezeichnet mit $H(e_i)$ die absoluten Häufigkeiten der möglichen Ergebnisse $e_i, i = 1, \ldots, k$, so gilt

$$s^2 = \frac{H(e_1) \cdot (e_1 - m)^2 + H(e_2) \cdot (e_2 - m)^2 + \ldots + H(e_k) \cdot (e_k - m)^2}{n}.$$

Die empirische Streuung ist also der Durchschnitt der Quadrate der Abweichungen. In der Statistik verwendet man bei der Berechnung der Streuung häufig nicht den Divisor n, sondern den Divisor $(n - 1)$. Auch viele fest programmierte Taschenrechner benutzen den Divisor $(n - 1)$. Die mathematischen Gründe dafür sind an dieser Stelle nicht leicht einzusehen. Da jedoch für große n der Unterschied zwischen den beiden Zahlenwerten sehr gering ausfällt, soll die Verschiedenheit der Formeln hier nicht ausführlich diskutiert werden.
Nahezu alle heute zur Verfügung stehenden Taschenrechner bieten Funktionskombinationen an, die die Ermittlung von empirischen Mittelwerten und empirischen Streuungen unterstützen. Die Nutzung von Taschenrechnern ist aber nur bei statistischen Erhebungen mit wenigen Beobachtungen praktikabel. Bei umfangreichen Datenreihen ist ein programmierbarer Computer vorzuziehen.

Aufgaben 3–8

A 3 Regression und Korrelation

Eine Federwaage soll mit Hilfe eines Gewichtssatzes geeicht werden. Dabei wird für jedes angehängte Gewicht y_i – gemessen in Newton (N) – die zugehörige Länge der Feder x_i – gemessen in cm – bestimmt.

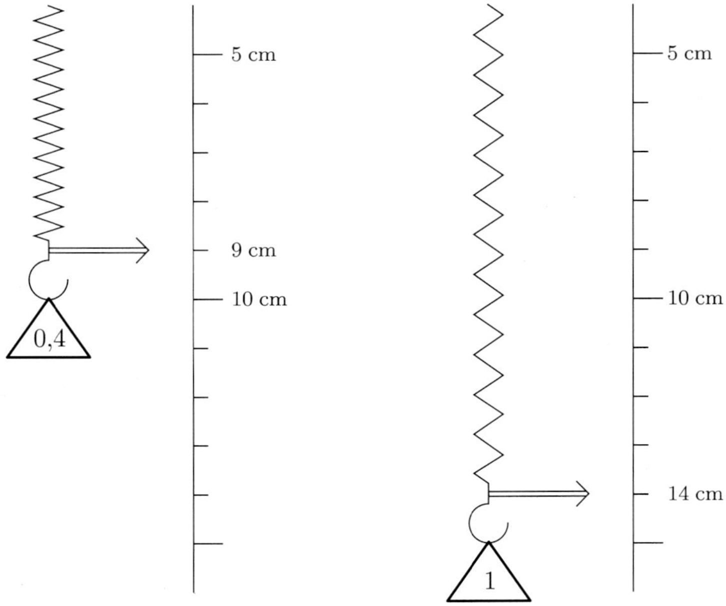

Abb. 6

Aus den Messungen ergibt sich z.B. folgende Tabelle:

x_i (in cm)	7	8,2	9	10,2	13,4	14	15	18,2	21,8	23	24	26,8
y_i (in N)	0	0,2	0,4	0,5	0,8	1	1,2	1,5	1,8	2	2,2	2,5

Tab. 5

Um die Federwaage als Meßgerät benutzen zu können, muß bei jeder Federlänge das Gewicht des angehängten Gegenstandes ablesbar sein. Aufgrund des *Hookeschen Gesetzes* weiß man, daß die Länge der Feder und das angehängte Gewicht durch eine lineare Funktion miteinander im Zusammenhang stehen. Eine Aufgabe besteht nun darin, aus den Meßwerten die unbekannten Parameter a und b in der Funktionsgleichung $y = ax + b$ möglichst genau zu bestimmen. Es liegt nahe, sich das Datenmaterial zunächst graphisch zu veranschaulichen. Die Paare $(x_i; y_i)$ werden dazu in ein Koordinatensystem eingetragen.

Streudiagramm

Die graphische Darstellung der Zahlenpaare als Punkte in einem rechtwinkligen Koordinatensystem wird **Streudiagramm** genannt.

Aus dem Streudiagramm läßt sich mit etwas Glück eine Kurve ersehen, die den Daten angenähert ist. Eine solche Kurve wird **Näherungskurve** genannt. Die Abbildung 7 zeigt das Streudiagramm für das Federwaagenexperiment. Die Daten scheinen sich gut durch eine Gerade annähern zu lassen. In einem solchen Fall spricht man von einem **linearen Zusammenhang** oder von **linearer Korrelation**. Ist die Näherungsgerade monoton wachsend wie in Abbildung 7, spricht man von **positiver linearer Korrelation**; ist sie wie in Abbildung 8 monoton fallend, spricht man von **negativer linearer Korrelation**.

Korrelation

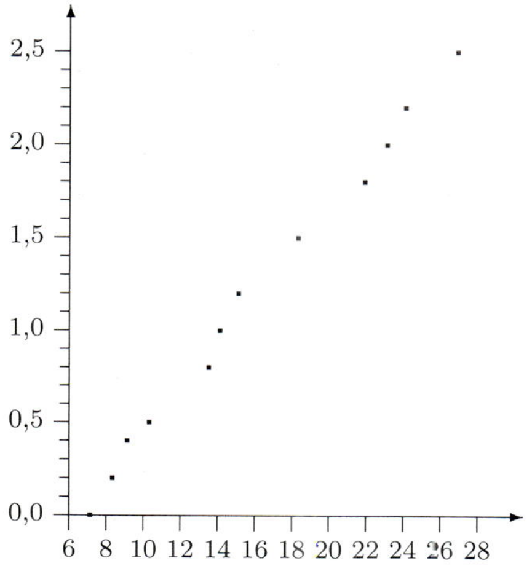

Abb. 7

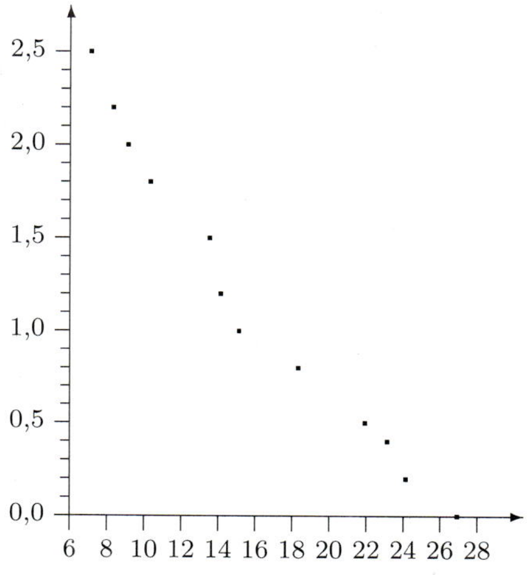

Abb. 8

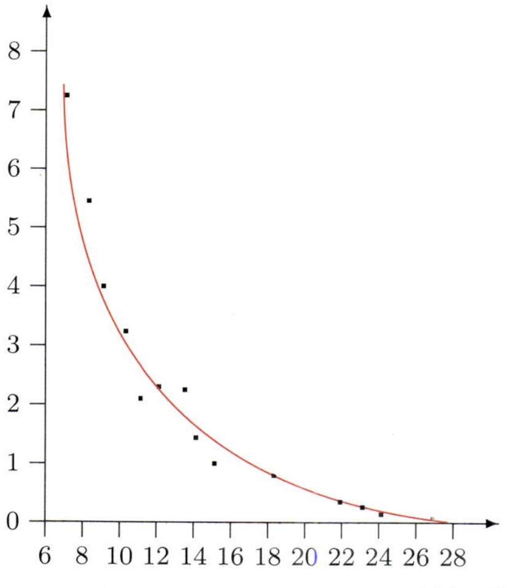

Abb. 9

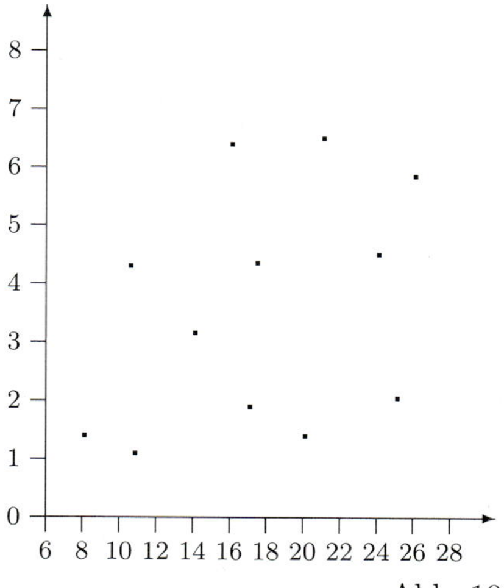

Abb. 10

In Abbildung 9 ist ein Zusammenhang gegeben, der aber offenbar nicht linear ist. In Abbildung 10 ist kein Zusammenhang erkennbar.

Die allgemeine Aufgabenstellung, eine Gleichung für eine Näherungskurve zu ermitteln, wird als **Anpassen von Kurven** bezeichnet. Im weiteren soll als Näherungskurve stets eine Gerade benutzt werden.

freihändiges Anpassen

Die einfachste Art der Anpassung ist das sogenannte **freihändige Anpassen**. Dabei wird in das Streudiagramm eine Gerade so eingetragen, daß möglichst viele der Punkte möglichst nahe an dieser Geraden liegen.

④
Passen Sie freihändig an die beiden Streudiagramme der Abbildungen 7 und 8 eine Gerade an. Ermitteln Sie deren Gleichungen. Vergleichen Sie das Ergebnis mit dem Ihrer Mitschüler.
Abbildung 7 ist das Streudiagramm zum Federwaagenexperiment. Welche Federlänge errechnet man mit Hilfe der Gleichung der Näherungsgeraden für ein Gewicht von 1,7 N; welche für ein Gewicht von 10 N?
Diskutieren Sie das Ergebnis.

Die Methode des freihändigen Anpassens hat den Nachteil, daß verschiedene Beobachter zu verschiedenen Geraden kommen können. Um eine zu subjektive Entscheidung zu vermeiden, ist es notwendig, sich auf eine Definition einer »am besten passenden« Geraden zu einigen. Eine Möglichkeit ist die folgende:
Zu jedem Punkt $(x_i; y_i)$ wird der vertikale Abstand D_i zur Näherungsgeraden ermittelt (s. Abb. 11).

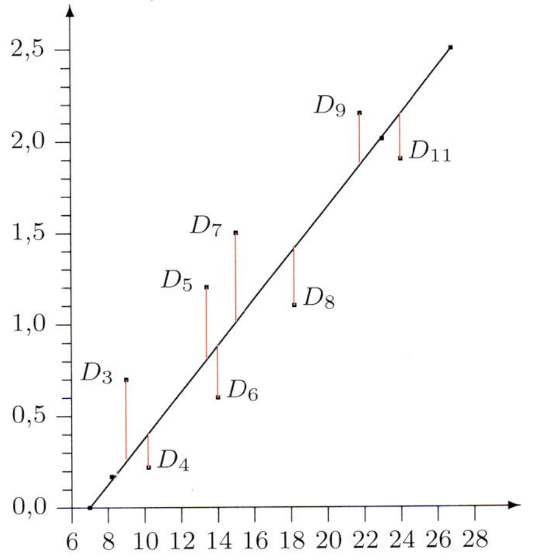

Abb. 11

Regressionsgerade

Definition 4
Von allen Geraden, die als Näherungsgeraden in Betracht kommen, wird diejenige als die »am besten passende« ausgewählt, für die der Ausdruck

$$D_1^2 + D_2^2 + \cdots + D_N^2$$

minimal wird.
Die am besten passende Gerade wird oft als **Gerade kleinster Quadrate** oder als **Regressionsgerade** bezeichnet.

Die Bestimmung der Näherungsgeraden ist also eine Extremwertaufgabe für eine Funktion mehrere Veränderlicher. Benutzt man in der Differentialrechnung entwickelte Extremwertkriterien für solche Funktionen, so läßt sich folgender Satz beweisen:

Satz 1
Die Gerade kleinster Quadrate, die die Menge der Punkte $(x_1; y_1)$, $(x_2; y_2)$, $\ldots (x_N; y_N)$ annähert, habe die Gleichung

$$y = a_0 + a_1 \cdot x.$$

Dann gilt für die Koeffizienten a_0 und a_1

$$a_0 = \frac{\left(\sum_{i=1}^{N} y_i\right)\left(\sum_{i=1}^{N} x_i^2\right) - \left(\sum_{i=1}^{N} x_i\right)\left(\sum_{i=1}^{N} x_i y_i\right)}{N\left(\sum_{i=1}^{N} x_i^2\right) - \left(\sum_{i=1}^{N} x_i\right)^2}$$

$$a_1 = \frac{N\left(\sum_{i=1}^{N} x_i y_i\right) - \left(\sum_{i=1}^{N} x_i\right)\left(\sum_{i=1}^{N} y_i\right)}{N\left(\sum_{i=1}^{N} x_i^2\right) - \left(\sum_{i=1}^{N} x_i\right)^2}.$$

⑤

Gegeben seien die beiden Punkte $(x_1; y_1)$, $(x_2; y_2)$. Ermitteln Sie die Koeffizienten $\overline{a_0}$ und $\overline{a_1}$ der Gleichung $y = \overline{a_0} + \overline{a_1}x$ der Geraden durch diese beiden Punkte. Vereinfachen Sie für den Fall $N = 2$ die Ausdrücke für die Koeffizienten a_0 und a_1 der Regressionsgeraden zu diesen beiden Punkten. Vergleichen Sie.

⑥

Überlegen Sie, welche weiteren Ansätze für die Festlegung einer »am besten passenden Geraden« sinnvoll sein könnten.

Bezeichnet die unabhängige Variable x die Zeit, so zeigen die Daten die Werte von y zu verschiedenen Zeitpunkten. Daten, die nach der Zeit geordnet sind, heißen Zeitreihen. Näherungskurven für Zeitreihen werden oft zum Zwecke der Vorhersage oder Prognose für spätere Zeitpunkte benutzt.

Eine weitere Fragestellung ist die, wie gut eine Näherungsgerade den Zusammenhang widerspiegelt. Wünschenswert wäre eine Maßzahl, die anzeigt, ob die Punkte in einem Streudiagramm einen linearen Zusammenhang als gegeben erscheinen lassen.
Betrachten wir dazu das Streudiagramm in Abbildung 7. Ist der Zusammenhang zwischen x und y ohne jede Einschränkung linear, dann ist auch der Zusammenhang zwischen y und x linear. Es muß sich also bei der Verwendung von x als unabhängiger Variable und y als abhängiger Variable dieselbe Regressionsgerade ergeben wie im umgekehrten Fall. Die Regressionsgeraden

$$y = a_0 + a_1 \cdot x \quad \text{und} \quad x = b_0 + b_1 \cdot y$$

fallen dann zusammen. Für die Anstiege a_1, b_1 gilt dann $a_1 \cdot b_1 = 1$.

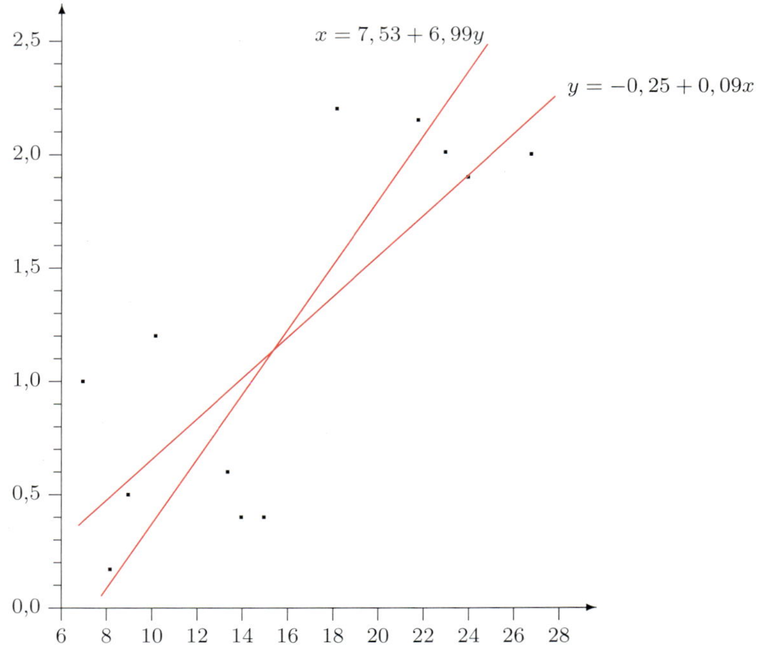

Abb. 12

Ist der Zusammenhang zwischen x und y nicht streng linear, so wird man zwei verschiedene Regressionsgeraden erhalten, je nach Wahl von x oder y als unabhängiger Variablen. Dann ist auch das Produkt der beiden Anstiege nicht mehr gleich Eins. Diese Beobachtung liefert den Ansatz dafür, als Maßzahl zur Einschätzung der Linearität des Zusammenhangs den nachfolgend definierten empirischen Korrelationskoeffizienten zu verwenden.

empirischer Korrelationskoeffizient

Definition 5
Als **empirischen Korrelationskoeffizienten** für eine Menge von Punkten $(x_1; y_1)$, $(x_2; y_2)$, $\dots (x_N; y_N)$ bezeichnet man die Zahl

$$r := \frac{N\left(\sum\limits_{i=1}^{N} x_i y_i\right) - \left(\sum\limits_{i=1}^{N} x_i\right)\left(\sum\limits_{i=1}^{N} y_i\right)}{\sqrt{\left(N\left(\sum\limits_{i=1}^{N} x_i^2\right) - \left(\sum\limits_{i=1}^{N} x_i\right)^2\right)\left(N\left(\sum\limits_{i=1}^{N} y_i^2\right) - \left(\sum\limits_{i=1}^{N} y_i\right)^2\right)}}.$$

(7)
Stellen Sie eine Formel für den Anstieg b_1 auf. Vergleichen Sie den Ausdruck für r mit dem Produkt aus den Anstiegen a_1 und b_1.

Die folgenden Abbildungen zeigen verschiedene Streudiagramme und die zugehörigen empirischen Korrelationskoeffizienten.

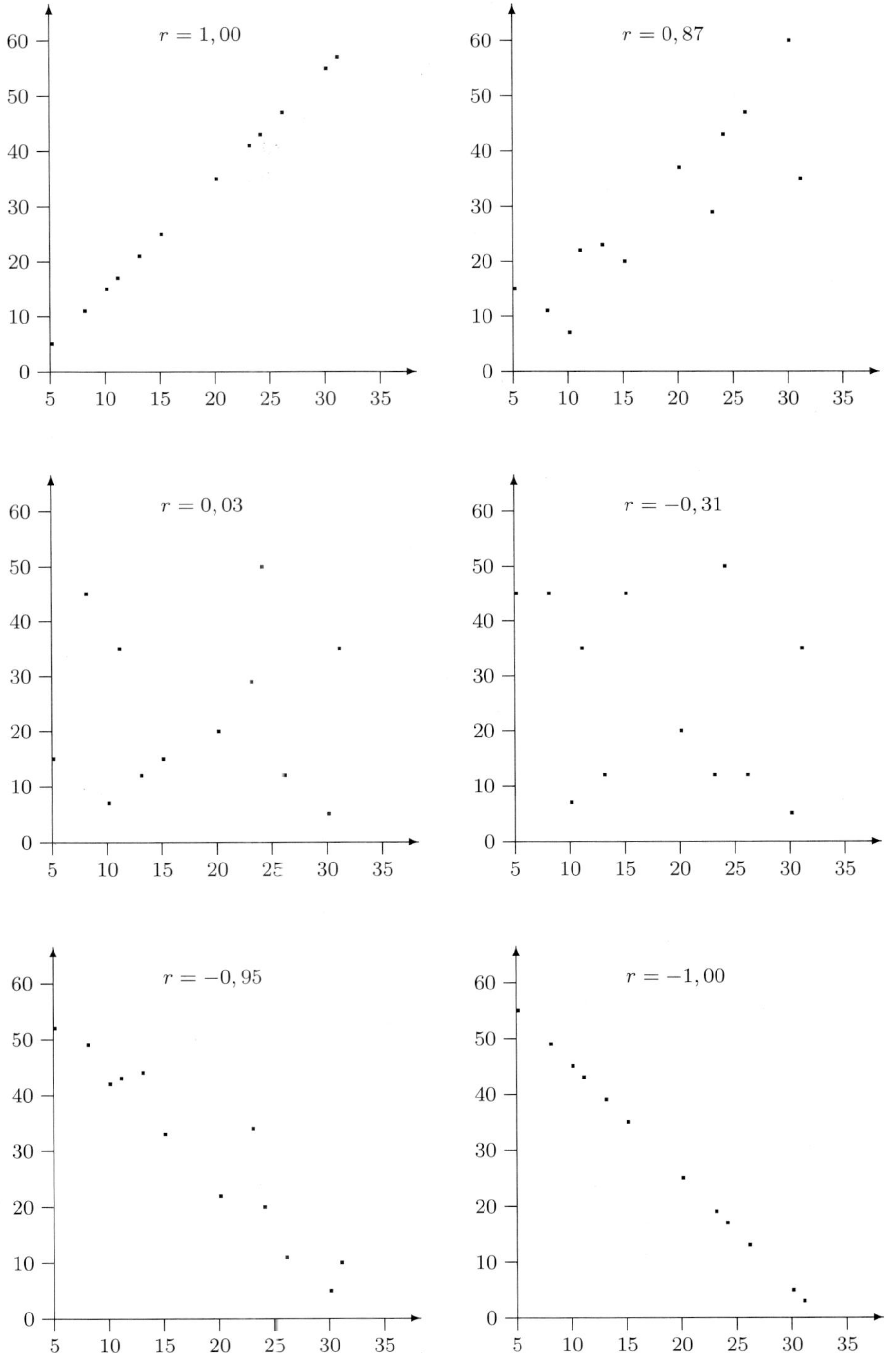

Abb. 13

Im Fall eines monoton wachsenden linearen Zusammenhangs, d.h. bei positiver linearer Korrelation ist $r > 0$; ist er linear fallend, d.h. bei negativer linearer

Korrelation ist $r < 0$. Ist der Zusammenhang streng linear, so nimmt der Korrelationskoeffizient r einen der Werte -1 oder $+1$ an. Je weniger das Datenmaterial auf einen linearen Zusammenhang hinweist, um so näher liegt r bei Null.

Beispiel 2
Die folgende Tabelle zeigt die Anzahl der Kraftfahrzeuge und die Anzahl der bei Verkehrsunfällen getöteten Personen in der Bundesrepublik Deutschland in den Jahren 1961 bis 1969, wie sie vom Statistischen Bundesamt festgestellt wurden.

Jahr	Kraftfahrzeuge in Millionen x_i	Verkehrstote in Tausend y_i
1961	8,825	14,543
1962	9,714	14,445
1963	10,486	14,513
1964	11,284	16,495
1965	12,168	15,753
1966	13,147	16,868
1967	13,745	17,084
1968	14,391	16,636
1969	15,343	16,646

Tab. 6

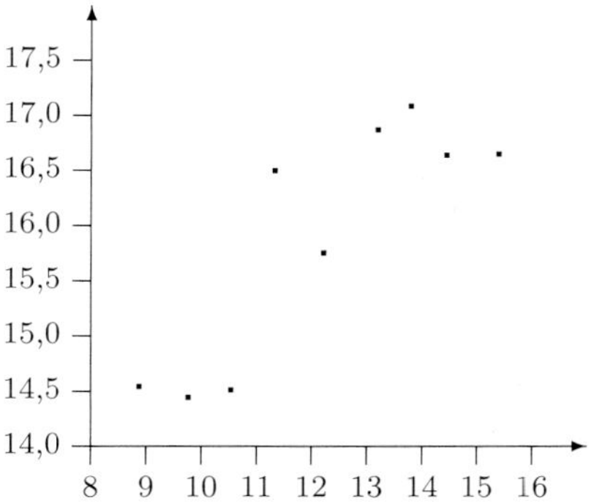

Abb. 14: Streudiagramm zu Tab. 6

In Abbildung 14 ist das zugehörige Streudiagramm gezeichnet. Ein Blick auf das Streudiagramm zeigt, daß die Annahme eines linearen Zusammenhangs gerechtfertigt erscheint. Zur Bestimmung der Regressionsgeraden $y = a_0 + a_1 \cdot x$ ist folgendes **Rechenschema** hilfreich:

x_i	y_i	$x_i y_i$	x_i^2	y_i^2
8,825	14,543	128,342	77,881	211,499
9,714	14,445	140,319	94,362	208,658
10,486	14,513	152,183	109,956	210,627
11,284	16,495	186,128	127,329	272,085
12,168	15,753	191,683	148,060	248,157
13,147	16,868	221,764	172,844	284,529
13,745	17,084	234,820	188,925	291,863
14,391	16,636	239,409	207,101	276,757
15,343	16,646	255,400	235,408	277,089
109,103	142,982	1750,048	1361,866	2281,264

Werden insbesondere die in der letzten Zeile stehenden Summen in die entsprechenden Formeln aus Satz 1 eingesetzt, so ergeben sich als Koeffizienten die Zahlen $a_0 = 10,721$ und $a_1 = 0,426$. Die Regressionsgerade hat also die Gleichung

$$y = 10,721 + 0,426 \cdot x.$$

Der Korrelationskoeffizient ist $r \approx 0,86$.

(8)
Ermitteln Sie die Gleichung der Regressionsgeraden $x = b_0 + b_1 \cdot y$. Zeichnen Sie beide Regressionsgeraden in das Streudiagramm ein.

Aufgaben 9–12

Aufgaben

1. Eine 12. Klasse eines Gymnasiums beteiligte sich am Wettbewerb um das Sportabzeichen. Während des Wettbewerbs trug jeder Schüler eine Startnummer. Die geforderte Norm für das bronzene Abzeichen und die erreichten Ergebnisse der zwölf Jungen der Klasse in fünf ausgewählten Disziplinen ist in der Tabelle wiedergegeben. Werten Sie das Datenmaterial graphisch aus. Ermitteln Sie geeignete Kennziffern für den Vergleich der Schülerleistungen. In welcher Disziplin wurden die besten Leistungen erzielt?

Disziplin	Norm	1	2	3	4	5	6
200-m-Schwimmen	6:00	4:23	4:35	5:23	5:58	5:12	5:44
Weitsprung	4,75	4,95	5,48	5,13	4,77	4,99	4,73
100-m-Lauf	13,4	13,9	12,8	13,2	13,8	13,4	13,3
Kugel Männer 7,25 kg	8,00	7,18	8,03	8,56	8,34	9,13	8,12
5000-m-Lauf	23:00	21:25	19:55	22:05	23:45	25:45	22:10

Disziplin	Norm	7	8	9	10	11	12
200-m-Schwimmen	6:00	5:43	5:21	4:48	4:24	5:23	5:55
Weitsprung	4,75	4,83	4,89	5,07	5,23	5,01	4,57
100-m-Lauf	13,4	13,4	13,3	13,1	12,9	13,5	14,3
Kugel Männer 7,25 kg	8,00	8,23	8,33	8,11	7,89	8,24	8,12
5000-m-Lauf	23:00	21:30	21:25	21:25	20:45	22:15	22:55

2. a) Zeichnen Sie in ein Koordinatensystem die Polygonzugdiagramme für die Zensurenlisten aller fünf Klassen aus Auftrag (1) (S. 6).
   b) Zeichnen Sie für die Zensurenliste der Klasse A (S. 6) die empirische Verteilungsfunktion.

3. Bei einem Boxturnier werden von Montag bis Freitag die Vorkämpfe und am Sonnabend die Finalkämpfe ausgetragen. Eine Übersicht über die Zuschauerzahlen an den einzelnen Tagen gibt die folgende Tabelle:

Mo	Di	Mi	Do	Fr	So
315	342	315	467	389	1576

Bestimmen Sie den empirischen Mittelwert, den empirischen Median und den empirischen Modalwert dieser statistischen Erhebung. Welche dieser drei Zahlen beschreibt nach Ihrer Meinung am besten die Zuschauerbeteiligung?

4. Folgende Zahlen sind einer Bestandserhebung des Landessportbundes Sachsen-Anhalt vom 31. Dezember 1991 entnommen:

Lfd. Nr.	Kreis	Wohn-bevölkerung Stand 12'90	Anzahl der Mitglieder im LSB
1	Aschersleben	62971	4780
2	Bernburg	73703	5054
3	Bitterfeld	119981	7498
4	Burg	61058	4569
5	Dessau	96754	7547
6	Eisleben	67800	6391
7	Gardelegen	37746	3766
8	Genthin	38116	2609
9	Gräfenhainichen	38159	3022
10	Halle (Saale)	310234	21821

Ergänzen Sie die Tabelle durch eine fünfte Spalte, in die Sie den prozentualen Anteil der organisierten Sportler in Bezug auf die Einwohnerzahl eintragen. Berechnen Sie für die Spalten den empirischen Mittelwert, den empirischen Median und die empirische Streuung. Warum ist es nicht sinnvoll, den empirischen Modalwert als charakteristischen Parameter heranzuziehen?

5. Ermitteln Sie die empirischen Streuungen für die beiden Meßreihen in Tabelle 4 (S. 12).

6. Ermitteln Sie die empirischen Streuungen der Saalepegelstände in jedem der angegebenen Monate (s. Tab. 3, S. 10).

7. Bei den Bundesjugendspielen gab es im Weitsprung in Ulrikes Riege folgende Ergebnisse (in cm): 373; 362; 333; 329; 345; 357; 349; 340; 371; 364.

   In Bernds Riege waren die Ergebnisse: 392; 384; 423; 408; 397; 446; 417; 402.

   Berechnen Sie jeweils den empirischen Mittelwert und die empirische Streuung. Vergleichen Sie beide Riegen.

8. Zwei verschiedene Typen von Camping-Gaspatronen wurden jeweils an acht Gaskochern getestet. Gemessen wurde die Brenndauer in Minuten. Das Ergebnis ist unten festgehalten.
   Berechnen Sie für beide Typen die mittlere Brenndauer und die Standardabweichung.

   Typ A: 82; 78; 70; 91; 85; 88; 82; 86.
   Typ B: 81; 94; 72; 64; 99; 87; 71; 88.

9. Stellen Sie zu folgender Wertetabelle ein Streudiagramm her. Passen Sie freihändig eine Gerade an, und ermitteln Sie deren Gleichung.

x_i	1	2,5	2,5	0,5	5	4,5	3,5	3,5
y_i	0,5	0,5	1,5	-1	2,5	3,5	2	3

10. Gegeben sei die Meßreihe

i	1	2	3	4
x_i	109	98	109	94
y_i	7,3	7,7	9	6,6

a) Bestimmen Sie den Korrelationskoefizienten r und die Regressionsgerade $y = a_0 + a_1 \cdot x$.

b) Erweitern Sie die angegebene Meßreihe um den Punkt $(x_5; y_5) = (49; 10,2)$. Berechnen Sie dann den Korrelationskoeffizienten und die Regressionsgerade $y = a_0 + a_1 \cdot x$. Zeichnen Sie in das Streudiagramm die unter a) und b) ermittelten Regressionsgeraden ein, und diskutieren Sie das Ergebnis.

11. In der folgenden Tabelle sind die Nikotin- und Kondensatgehalte in mg von 12 handelsüblichen Zigarettensorten angegeben. Bestimmen Sie die beiden Regressionsgeraden.

i	1	2	3	4	5	6	7	8	9	10	11	12
Nikotin (x_i)	0,78	0,67	0,19	1,47	0,15	1,31	1,24	1,13	0,98	0,58	1,30	1,11
Kondensat (y_i)	14,7	13,9	7,0	23,1	6,7	20,5	18,3	17,5	17,4	10,9	22,9	19,9

12. In einem Handelsunternehmen werden in einem bestimmten Zeitraum die Angebotspreise und die Absatzmengen für eine bestimmte Ware aufgezeichnet.

Angebotspreis x_i in DM/kg	2,49	2,51	2,53	2,57	2,58	2,62
Absatzmenge y_i in kg	670	620	680	630	680	520

Angebotspreis x_i in DM/kg	2,67	2,68	2,77	2,78	2,84	2,85
Absatzmenge y_i in kg	560	620	530	580	540	560

a) Berechnen Sie den Korrelationskoeffizienten.

b) Stellen Sie den Zusammenhang zwischen Angebotspreis und Absatzmenge durch eine lineare Funktion $y = a_0 + a_1 \cdot x$ dar.

c) Zeichnen Sie das Streudiagramm und die Regressionsgerade.

Kurzvortragsthemen

1. Sprechen Sie über graphische Auswertungsmethoden für statistische Erhebungen.

2. Stellen Sie ein Ihnen bekanntes Tabellenkalkulationsprogramm vor, und erläutern Sie wie sich damit graphische Auswertungen für statistische Erhebungen durchführen lassen.

3. Sprechen Sie über numerische Charakteristika von statistischen Erhebungen.

4. Demonstrieren Sie an Ihrem Taschenrechner die Berechnung numerischer Charakteristika anhand von Zensurenlisten.

5. Stellen Sie ein Computerprogramm vor, mit dessen Hilfe man eine Menge von Zahlenpaaren zunächst eingeben und dann die Regressionsgerade und den Korrelationskoeffizienten berechnen kann.
(Nutzen Sie z.B. die Daten aus Aufgabe 9.)

B Der Wahrscheinlichkeitsbegriff

Der
allezeit fertige
Polonoisen-
und
Menuettencomponist
von
Johann Philipp Kirnberger.

Berlin, 1767.
Gedruckt und zu finden bey George Ludewig Winter, königl. privilegirten Buchdrucker.

Eines der bekanntesten musikalischen Würfelspiele wurde im Jahre 1757 von J. PH. KIRNBERGER vorgestellt. Ziel dieses Spieles ist die Komposition von kleinen Musikstücken. Das Kompositionsverfahren ist einfach. In dem Buch von Kirnberger, dessen Titelseite das obige Bild zeigt, ist eine Liste von vorgefertigten Takten enthalten. Um einen Takt auszuwählen, wird gewürfelt. Anschließend wird anhand einer Tabelle der gewürfelten Augenzahl ein Takt zugeordnet. Mit jedem Wurf der Würfel ist ein Takt fertig. Die Komposition ist bald vollendet.

B 1 Grundbegriffe

B 1.1 Zufallsexperimente

Vor allem in den Naturwissenschaften, aber auch in der Medizin, den Wirtschaftswissenschaften oder der Soziologie werden Erkenntnisse aus Experimenten gewonnen und Hypothesen mit Hilfe von Experimenten bekräftigt oder widerlegt. In Abhängigkeit von der zu untersuchenden Fragestellung und vom Zweck, der mit dem Experiment verfolgt werden soll, lassen sich zwei Grundtypen von Experimenten unterscheiden. Da sind zum einen die Experimente, bei denen das Versuchsergebnis von vornherein eindeutig feststeht. Solchen Experimenten begegnet ein Schüler häufig im Zusammenhang mit dem Kennenlernen von Gesetzmäßigkeiten. Dem gegenüber stehen Experimente, bei denen das konkrete Versuchsergebnis trotz präzise formulierter Versuchsbedingungen nicht eindeutig feststeht. Es besteht zwar ein umfassender Überblick über die möglichen Versuchsausgänge, jedoch tritt das konkrete Ergebnis im Resultat der Versuchsdurchführung zufällig ein.

Zufalls-experiment

Derartige Experimente sollen **Zufallsexperimente** genannt werden.

Zufallsexperimente	Experimente ohne Zufallscharakter
Aus einer laufenden Produktion werden auf gut Glück Proben entnommen. Dabei steht nicht von vornherein fest, ob das Probestück im Ergebnis als normgerecht oder als mangelhaft eingestuft werden muß.	Wird Wasser bei Normaldruck auf $-20\,°C$ abgekühlt, so liegt es im Ergebnis im festen Aggregatzustand vor.
Bei einer repräsentativen Befragung von Bürgern in Bezug auf ihr Wählerverhalten bei einer bevorstehenden Wahl erscheint das Befragungsergebnis aus der Sicht des Fragenden als ein zufälliges.	Entzündet man an einem Bunsenbrenner eine Flamme, so steht außer Zweifel, daß im Ergebnis der Verbrennung des Gases chemisch gebundene Energie in Form von Wärme freigesetzt wird.

Tab. 1

Besonders deutlich wird der Zufallscharakter bei den sogenannten Glücksspielen. Beispiele dafür sind:

- das Würfeln,
- das Lotto-Spiel,
- das Roulette-Spiel,
- Spielautomaten.

Glücksspiele sind für das Erlernen der Wahrscheinlichkeitsrechnung unter verschiedenen Gesichtspunkten von nicht zu unterschätzender Bedeutung.

- Die Wahrscheinlichkeitsrechnung hat ihre historischen Wurzeln in der Betrachtung von Glücksspielen vor etwa 200 Jahren. Der Versuch, Gewinnchancen systematisch zu ermitteln, führte zur Herausbildung der Wahrscheinlichkeitsrechnung als einer eigenständigen mathematischen Disziplin.
- Die Spielregeln vieler Glücksspiele sind kurz, knapp und leicht verständlich.
- Die Betrachtung vieler Aufgaben läßt sich auf die Behandlung von Glücksspielsituationen zurückführen.

Ergebnismenge
Ergebnisse

Zu jedem zufälligen Experiment gehört eine Menge von Versuchsergebnissen. Diese Menge heißt die **Ergebnismenge**. Sie wird im weiteren mit Ω bezeichnet. Ihre Elemente, die **Ergebnisse**, werden in der Regel mit ω oder e bezeichnet.
Wie die Ergebnismenge festzulegen ist, hängt wesentlich von den Versuchsbedingungen und von der zu bearbeitenden Aufgabenstellung ab. So sind bei einer Qualitätskontrolle folgende Beispiele möglich:

- $\Omega_1 :=$ {Produkt ist verdorben; Produkt ist nicht verdorben}
- $\Omega_2 :=$ {Produkt hat 1. Qualität; Produkt hat 2. Qualität, aber nicht 1. Qualität; Produkt ist Ausschuß}
- $\Omega_3 :=$ {Produkt genügt sofort der Norm; Produkt genügt erst nach Nacharbeit der Norm; Produkt ist Ausschuß}.

Bei einer Umfrage unter Schülern nach ihrer Religionszugehörigkeit sind folgende Ergebnismengen möglich:

- $\Omega_1 :=$ {evangelisch; katholisch; andere; keine}
- $\Omega_2 :=$ {christlich; islamisch; andere; keine}.

Bei der Festlegung von Ergebnismengen sind zwei Mindestforderungen zu erfüllen:

1. Als Beobachtungsergebnis bei einem zufälligen Versuch darf nie ein Resultat eintreten, welches nicht zur Ergebnismenge gehört. Deshalb darf z.B. bei der Umfrage nach der Religionszugehörigkeit das Ergebnis *andere* nicht fehlen.
2. Keine Versuchsdurchführung darf ein Resultat liefern, welches durch zwei oder mehr Elemente der Ergebnismenge gleichzeitig beschrieben wird.

①

Der Gewinner einer Spielshow darf sich aus einer Palette von fünf Produkten $\{A; B; C; D; S\}$ drei auswählen. Geben Sie eine Ergebnismenge und die Anzahl der darin enthaltenen Ergebnisse an, wenn
a) der Gewinner beliebig wählen darf,
b) der Superpreis S immer zu den Gewinnen gehören muß.

②

Beim Werfen zweier unterscheidbarer Würfel haben die Schüler einer Klasse die unten aufgeführten Mengen als mögliche Ergebnismengen aufgeschrieben. Untersuchen Sie, ob die Bedingungen an eine Ergebnismenge berücksichtigt wurden. Wie viele Ergebnisse enthalten die angegebenen Ergebnismengen?

1. $\Omega := \{(1;1);(1;2);\ldots;(3;6);(4;1);\ldots;(6;5);(6;6)\} = \{(i;j)\,|1 \leqq i, j \leqq 6\}$
2. $\Omega := \{(1;1);(1;2);\ldots;(3;6);(4;4);\ldots;(5;6);(6;6)\} = \{(i;j)\,|1 \leqq i \leqq j \leqq 6\}$
3. $\Omega :=$ {Augensumme ist eine Primzahl; Augensumme=9; Augensumme ist gerade, aber nicht 2}
4. $\Omega :=$ {Augensumme ist eine Primzahl; Augensumme ist durch 3 teilbar}
5. $\Omega :=$ {Augensumme ist durch 2 teilbar; Augensumme ist durch 3 teilbar; Augensumme ist durch 5 teilbar}
6. $\Omega :=$ {Augensumme ist kleiner als 6; Augensumme ist größer als 6}

③

Beschreiben Sie je eine mögliche Ergebnismenge für folgende Experimente:
a) Wurf mit drei nichtunterscheidbaren Würfeln;
b) Wurf mit drei unterscheidbaren Würfeln.

Beispiel 1

An einer Losbude werden Lose verkauft. In der Lostrommel befinden sich Lose für Hauptgewinne (h), für kleine Gewinne (k) und Nieten (n). Die möglichen Ergebnisse beim Kauf dreier Lose sind in folgender Übersicht dargestellt.

(n;n;n)	(k;k;k)	(h;h;h)
(n;n;k)	(k;k;h)	(h;k;n)
(n;k;k)	(k;h;h)	
(n;n;h)		
(n;h;h)		

Rot hervorgehoben sind alle Ergebnisse, die zu einem Hauptgewinn führen. Das Ereignis »Hauptgewinn« wird durch die gekennzeichnete Teilmenge der Ergebnismenge beschrieben.

Ereignisse
unmögliches Ereignis
Elementarereignis
sicheres Ereignis

Definition 1

Zusammenfassungen von Ergebnissen zu Teilmengen der Ergebnismenge heißen **Ereignisse**.
Man sagt: Ein Ereignis A ist bei einem Versuch **eingetreten**, wenn als Versuchsergebnis ein Ergebnis aus A erzielt wurde.
Das Ereignis, welches keine Ergebnisse enthält, heißt das **unmögliche Ereignis**. Es wird mit dem Symbol $\emptyset$ bezeichnet.
Ereignisse, die genau ein Ergebnis umfassen, heißen **Elementarereignisse**.
Das Ereignis Ω, welches alle Ergebnisse enthält, heißt das **sichere Ereignis**.

Ereignisse lassen sich häufig durch Worte gut beschreiben. Will man mit ihnen mathematisch arbeiten, so ist die Benutzung von kurzen Bezeichnungen vorteilhaft. Die Betrachtung von Ereignissen als Mengen hat den Vorteil, daß man mit Ereignissen so rechnen kann wie mit Mengen. Durch Verknüpfen von Mengen (Ereignissen) kann man neue Mengen (Ereignisse) bilden.

Beim Werfen mit einem Spielwürfel ist z. B. $\Omega := \{1; 2; 3; 4; 5; 6\}$ eine Ergebnismenge.

$A :=$ Die Augensumme ist gerade; $A = \{2;4;6\}$ und
$B :=$ Die Augenzahl ist eine Primzahl; $B = \{2;3;5\}$
sind zwei Ereignisse dieses Zufallsexperiments.

Die folgende Übersicht zeigt das Verknüpfen dieser Ereignisse zu zwei neuen Ereignissen.

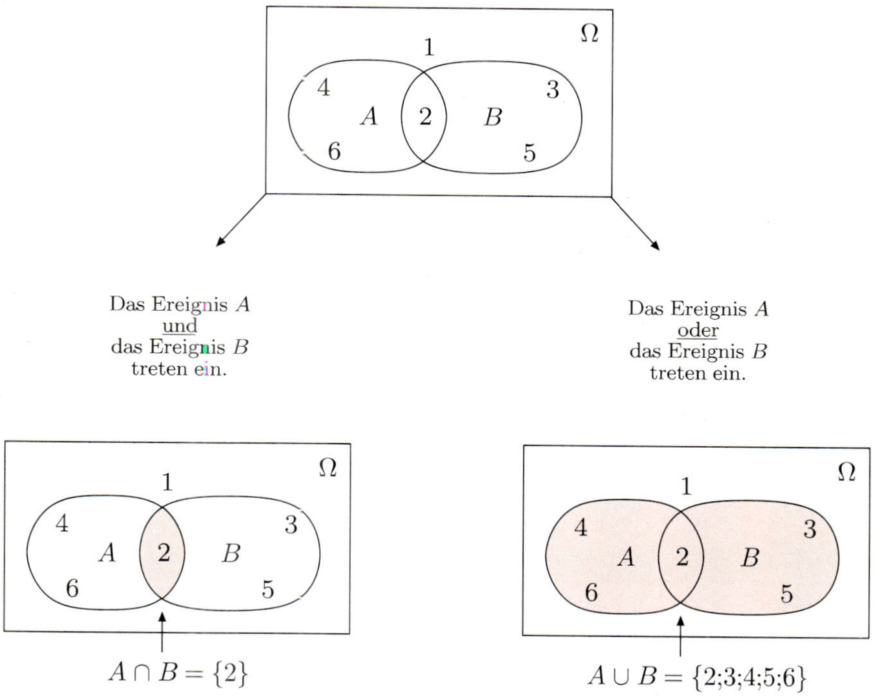

Abb. 1

Die folgende Übersicht zeigt weitere Möglichkeiten für Verknüpfungen von Ereignissen und Relationen zwischen Ereignissen.

Gegen-ereignis

Mengenbild	Symboldarstellung	Sprechweisen
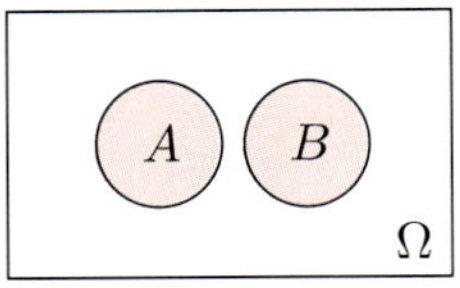	$A \cap B = \emptyset$	Die Ereignisse A und B sind **unvereinbar**. A und B können nicht gleichzeitig eintreten.
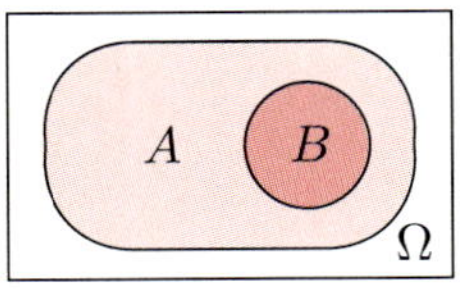	$B \subset A$	Das Ereignis B **zieht** A **nach sich**. B ist Teilereignis von A. Immer, wenn B eintritt, tritt auch A ein.
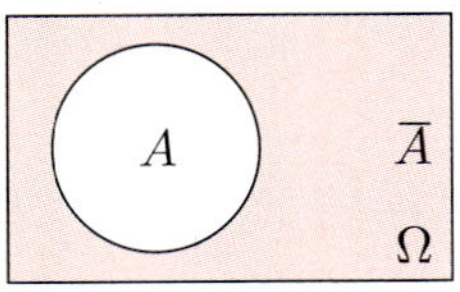	$\overline{A}$	$\overline{A}$ ist das **Gegenereignis** von A. Das Gegenereignis tritt ein, wenn das Ereignis nicht eintritt.
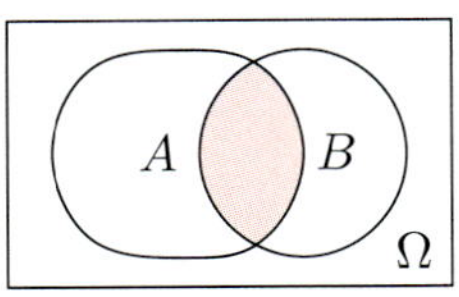	$A \cap B$	A **und** B tritt ein. Beide Ereignisse treten gleichzeitig ein.
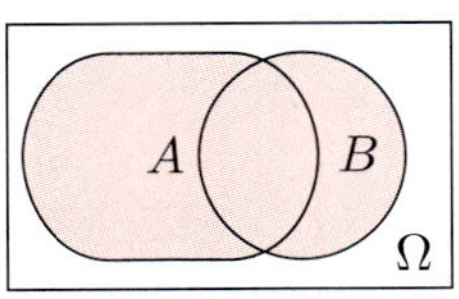	$A \cup B$	A **oder** B tritt ein. Eines der Ereignisse oder beide treten ein.
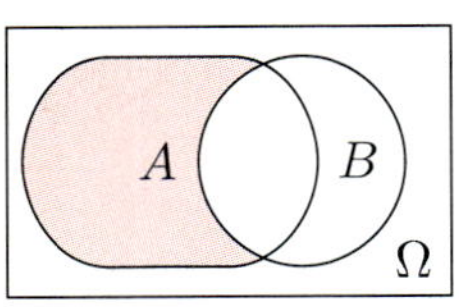	$A \setminus B$	A **minus** B (A **ohne** B) tritt ein. A tritt ein und B tritt nicht ein.
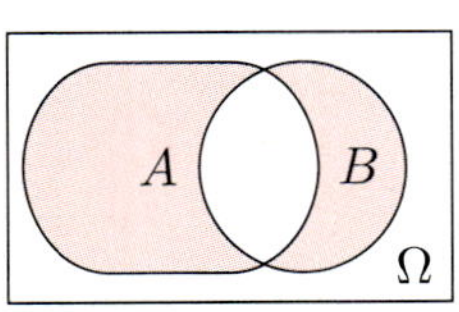	$(A \cap \overline{B}) \cup (\overline{A} \cap B)$	**Entweder** $\boldsymbol{A}$ **oder** $\boldsymbol{B}$ tritt ein. Genau eines der beiden Ereignisse tritt ein.

Tab. 2

Beispiel 2

In einem Büro sind drei Computer vernetzt. Es soll zwischen dem eingeschalteten Zustand (1) und dem ausgeschalteten Zustand (0) der Computer unterschieden werden. Als Ergebnismenge Ω wird die Menge aller Tripel aus Nullen und Einsen gewählt. Das Ereignis A_1 (bzw. A_2, A_3) bedeutet, der erste Computer (bzw. der zweite, der dritte) ist eingeschaltet. Dann gilt für das Ereignis

$A :=$ Alle Computer sind eingeschaltet.	$A = A_1 \cap A_2 \cap A_3$
$B :=$ Nicht alle Computer sind eingeschaltet.	$B = \overline{A}_1 \cup \overline{A}_2 \cup \overline{A}_3$
$C :=$ Der erste Computer ist eingeschaltet.	$C = A_1$
$D :=$ Nur der erste Computer ist ausgeschaltet.	$D = \overline{A}_1 \cap A_2 \cap A_3$
$E :=$ Ein Computer ist eingeschaltet.	$E = A_1 \cup A_2 \cup A_3$

Beispiel 3
Eine Münze wird viermal geworfen. Man unterscheidet Wappen (w) und Zahl (z).
Die Ergebnismenge ist $\Omega := \{(w; w; w; w); (w; w; w; z); \ldots; (z; z; z; z)\}$.
Es werden die folgenden Ereignisse betrachtet:
$A :=$ Beim 1. Wurf Wappen,
$B :=$ Beim 3. Wurf Zahl,
$C :=$ Mindestens eine Zahl.
Dann bedeutet
$A \cap B =$ Beim 1. Wurf Wappen und beim 3. Wurf Zahl,
$\overline{A} \cap \overline{B} =$ Weder beim 1. Wurf Wappen noch beim 3. Wurf Zahl,
$B \cup C =$ Mindestens eine Zahl.

④
Geben Sie zu Beispiel 3 für A, B, C die zugehörigen Ergebnisse an.
Beschreiben Sie das Gegenereignis zu C mit Worten.
Welcher Zusammenhang besteht zwischen $A \cup B$ und $\overline{A} \cap \overline{B}$?

Da die Gesamtheit aller Ereignisse einschließlich des sicheren und des unmöglichen Ereignisses im weiteren von besonderer Bedeutung ist, soll sie einen Namen erhalten und mit einem speziellen Symbol gekennzeichnet werden.

Ereignisfeld

Definition 2
Die Menge aller Ereignisse eines Zufallsexperiments heißt **Ereignisfeld**. Sie wird in der Regel mit $\mathcal{F}$ bezeichnet.

Aufgaben 1–8

B 1.2 Absolute und relative Häufigkeiten

Der zufällige Münzwurf wird von alters her als Standardbeispiel für ein Zufallsexperiment benutzt. So warf der Mathematiker G.-L. Buffon (1707–1788) eine Münze insgesamt 4040mal und beobachtete 2048mal, daß das Wappen oben lag. K. Pearson (1857–1936) warf die Münze gar 24000mal. Das Wappen war 12012mal zu sehen.

absolute Häufigkeit

Die Zahl $H_n(E)$, die angibt, wie oft bei einer n-maligen Versuchswiederholung das Ereignis E eingetreten ist, heißt die **absolute Häufigkeit** von E. Da die absoluten Häufigkeiten einen Informationswert nur im Vergleich mit anderen absoluten

Häufigkeiten und unter Heranziehung der Gesamtzahl n der Versuchswiederholungen besitzen, betrachtet man in der Regel auch die relativen Häufigkeiten. Ist n die Zahl der Versuchsdurchführungen und $H_n(E)$ die absolute Häufigkeit des Eintretens des Ereignisses E, so nennt man den Quotienten $h_n(E) = \frac{H_n(E)}{n}$ die **relative Häufigkeit** des Ereignisses E. Relative Häufigkeiten werden im täglichen Leben oft in Prozent angegeben.

relative Häufigkeit

⑤

Würfeln Sie 10- (20-, 30-) mal mit einem Spielwürfel.
Ermitteln Sie mit einer Strichliste die absoluten Häufigkeiten für das Eintreten folgender Ereignisse:
A_i := Die Zahl i wurde gewürfelt ($i = 1, 2, \ldots, 6$).
B := Eine gerade Zahl wurde gewürfelt.
C := Eine Primzahl wurde gewürfelt.

⑥

a) Entwickeln Sie ein Computer-Programm, welches das Würfeln mit einem regulären Würfel durch Erzeugung von Zufallszahlen[1] simuliert.

In der Programmiersprache PASCAL könnte es wie folgt aussehen.

```
program Wuerfel;
begin
  randomize                {Initialisiert den}
                           {Zufallszahlengenerator}
  writeln(random(6)+1);    {Schreibt auf den Bildschirm}
                           {eine ganze Zufallszahl aus}
                           {  {1;2;3;4;5;6}.}
end.
```

b) Übertragen Sie das Programm auf einen Computer. Simulieren Sie dann das wiederholte Würfeln durch mehrfaches Starten des Programms.
c) Ermitteln Sie mit einer Strichliste die absoluten Häufigkeiten für das Eintreten folgender Ereignisse:
A_i := Die Zahl i wurde ausgegeben ($i = 1, 2, \ldots, 6$).
B := Eine gerade Zahl wurde ausgegeben.
C := Eine Primzahl wurde ausgegeben.
Führen Sie 10, 20, 30 Versuchswiederholungen aus.
d) Gestalten Sie das Programm nutzerfreundlicher. Übertragen Sie auch die Anfertigung der Häufigkeitstabellen dem Computer.

Der folgende Satz bedarf wegen seiner Einfachheit keines ausführlichen Beweises.

1 Auf die Tatsache, daß ein Computer, der bekanntlich auf der Grundlage von Algorithmen arbeitet, keine echten Zufallszahlen sondern sogenannte Pseudozufallszahlen erzeugt, sei hier nur hingewiesen. Eine Behandlung des Themas Pseudozufallszahlen führt über den Rahmen dieses Buches hinaus.

Satz 1
Für die absolute Häufigkeit $H_n(E)$ des Eintretens des Ereignisses E bei n Versuchswiederholungen gilt:

$$0 \leqq H_n(E) \leqq n.$$

Für die absolute Häufigkeit $H_n(\Omega)$ des Eintretens des sicheren Ereignisses gilt:

$$H_n(\Omega) = n.$$

Sind zwei Ereignisse E und F unvereinbar, so gilt:

$$H_n(E \cup F) = H_n(E) + H_n(F).$$

Entsprechend gilt für die relativen Häufigkeiten:

Satz 2
Für die relative Häufigkeit $h_n(E)$ des Eintretens des Ereignisses E bei n Versuchswiederholungen gilt:

$$0 \leqq h_n(E) \leqq 1.$$

Für die relative Häufigkeit $h_n(\Omega)$ des Eintretens des sicheren Ereignisses gilt:

$$h_n(\Omega) = 1.$$

Sind zwei Ereignisse E und F unvereinbar, so gilt:

$$h_n(E \cup F) = h_n(E) + h_n(F).$$

Mit Hilfe der Aussagen in Satz 1 läßt sich der folgende Satz beweisen.

Satz 3
Für die absolute Häufigkeit des Eintretens des unmöglichen Ereignisses gilt:

$$H_n(\emptyset) = 0.$$

Ist $\overline{E}$ das Gegenereignis zum Ereignis E, so gilt

$$H_n(E) + H_n(\overline{E}) = n.$$

⑦
Formulieren Sie einen zu Satz 3 analogen Satz für die relativen Häufigkeiten.

In der Tabelle 4 auf Seite 12 sind die Meßwerte von Teilen, die auf der Maschine A produziert wurden, festgehalten. Es bedeute das Ereignis

$E :=$ der gemessene Wert liegt unter dem Sollwert von 115 mm.
Es bedeute das Ereignis
$F :=$ das Teil ist normgerecht, d.h der Wert liegt zwischen 114,85 und 115,15 mm.

Aus der Tabelle liest man $H_n(E) = 29$ und $H_n(F) = 85$ ab. Aus $H_n(E)$ und $H_n(F)$ kann man die Häufigkeit von $E \cup F$ nicht durch einfache Addition ermitteln, denn die Ergebnisse »114,90 mm« und »114,95 mm« würden doppelt gezählt werden, weil sie gleichzeitig in E und in F, also in $E \cap F$ liegen. Es errechnet sich also die absolute Häufigkeit von $E \cup F$ zu

$$H_n(E \cup F) = H_n(E) + H_n(F) - H_n(E \cap F) = 29 + 85 - 20 = 94.$$

Dies wird noch einmal durch das folgende Diagramm verdeutlicht.

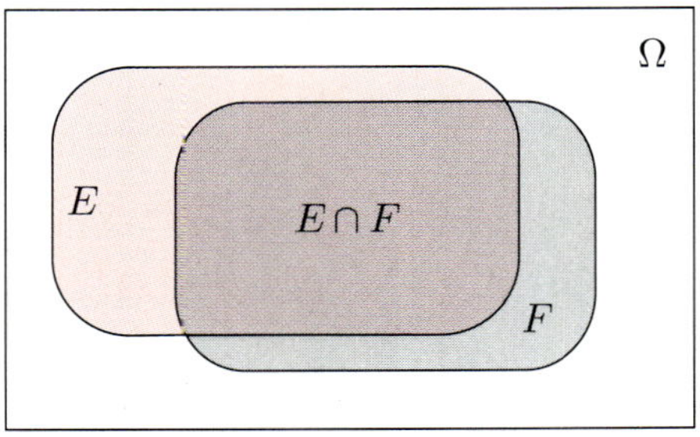

Abb. 2

Satz 4
Für zwei beliebige Ereignisse E und F gilt

$$H_n(E \cup F) = H_n(E) + H_n(F) - H_n(E \cap F).$$

Für die relativen Häufigkeiten gilt ein analoger Satz.

Satz 5
Für zwei beliebige Ereignisse E und F gilt

$$h_n(E \cup F) = h_n(E) + h_n(F) - h_n(E \cap F).$$

Bei der Bezeichnung von absoluten und relativen Häufigkeiten eines Ereignisses E bei n Versuchswiederholungen mit den Symbolen $H_n(E)$ und $h_n(E)$ kann der Eindruck entstehen, daß diese Zahlen *nur* von n und E abhängen. Das ist nicht so! Absolute und relative Häufigkeiten sind Zahlen, die immer im direkten Zusammenhang mit einer konkreten Versuchsreihe stehen. Zu festgehaltenen n und E wird man bei einer anderen Vesuchsreihe in der Regel andere Häufigkeiten $H_n(E)$ und $h_n(E)$ erhalten.

⑧

Werfen Sie zwei verschiedenartige Reißzwecken auf gut Glück auf eine ebene Unterlage. Führen Sie 10, 20, …, 90, 100 Versuchswiederholungen durch. Notieren Sie für jede Reißzwecke, ob die Nadelspitze nach oben oder nach unten zeigt. Ermitteln Sie nach jeweils 10 Versuchswiederholungen die absolute und die relative Häufigkeit für das Ereignis »Nadelspitze zeigt nach oben«. Diskutieren Sie das Resultat.

⑨

Starten Sie erneut Ihr Computerprogramm zur Simulation des Würfelns (s. ⑥), und vergleichen Sie die neue Ergebnisserie mit der zuerst erzielten. Untersuchen Sie das Verhalten der relativen Häufigkeiten in Abhängigkeit von n bei einer konkreten Versuchsserie. Zeichnen Sie in einem kartesischen Koordinatensystem ein Diagramm, in dem Sie auf der horizontalen Achse die Anzahl n der Versuchswiederholungen und auf der vertikalen Achse jeweils die relativen Häufigkeiten des Ereignisses »Die Zahl ›1‹ wurde ermittelt« abtragen.

Die nachfolgende Tabelle zeigt die Ergebnisse einer Simulation des Münzwurfes, wobei die ›0‹ für »Zahl oben« und die ›1‹ für »Wappen oben« steht. Es wurden 1000 Würfe simuliert.

00001001001000000111110001000100011000010001111111
01000111001110001110110111010000111000101000000000
10111111111001010000100000000110001011000011101110
01110111110000000000111001000000101111110100010110
01010111101101010001101101010100110011011101011000
10001110110101110100010011111011110110111010100110
11000101001101111110001110000110001101010110101111
00100111001001101001011101110011100101101100101110
11101011000001000010100001101011101001010000010011
00011101011100000111000011110110000011001111111111
10010110110111001110001100110110110110100101100000
11110101011111000111001011000101000110100101101111
01011000010000110011101000101000110100011011110011
01111000101001011101010110000010110100001101010011
11011100000101100010001000011010000000010100000110
11100010001100001100001010110111101110011111001100
11001011100011100011100011111010100001111111011011
01001011010110110101010101010001110011100110110110
01000001111110111110011101100100100010101111100111
11100010101110100101111101010011110100110011100010

Tab. 3

Trägt man in einem Koordinatensystem auf der x-Achse die Versuchsanzahl ab und auf der y-Achse die relativen Häufigkeiten von »Wappen oben«, so ergibt sich folgendes Diagramm. Die rote Linie zeigt die relativen Häufigkeiten für das obenstehende konkrete Beispiel. Die beiden anderen Kurven zeigen den Verlauf bei zwei weiteren Versuchsserien.

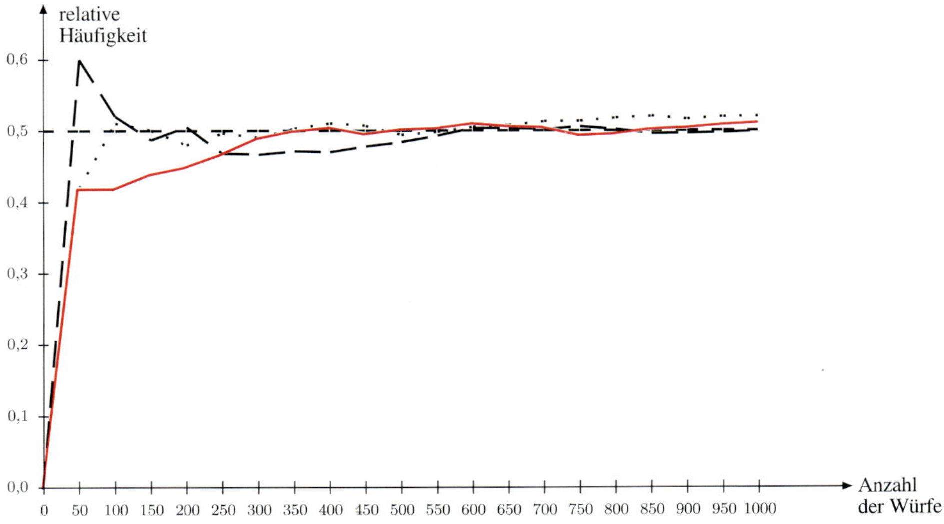

Abb. 3

Bei diesem Versuch erwartet man, daß Zahl und Wappen etwa gleich oft oben liegen werden. Tatsächlich sieht man im Diagramm, daß die relativen Häufigkeiten um den Wert 0,5 schwanken. Wenngleich auch immer wieder einmal Abweichungen auftreten können, scheinen mit zunehmender Zahl der Versuchswiederholungen die Schwankungen stets kleiner zu werden. Zu diesem Verhalten der relativen Häufigkeiten sagt man auch: Die relativen Häufigkeiten des Ereignisses stabilisieren sich mit zunehmender Anzahl der Versuchswiederholungen.
Ein solches Verhalten ist im Laufe der systematischen Untersuchung von zufälligen Erscheinungen immer wieder beobachtet worden. Deshalb wird diese Erfahrungstatsache heute auch als das empirische Gesetz der großen Zahlen bezeichnet.

empirisches Gesetz der großen Zahlen

Das empirische Gesetz der großen Zahlen: Sei A ein Ereignis, welches bei einem zufälligen Versuch beobachtet werden kann. Dann stabilisieren sich die relativen Häufigkeiten von A mit zunehmender Anzahl von Versuchswiederholungen.

Die an sich überraschende Tatsache, daß selbst das Zufallsgeschehen erkennbaren Gesetzen unterliegt, ist die Grundlage der Wahrscheinlichkeitsrechnung, die diese Gesetzmäßigkeiten untersucht.
Wie man an die Untersuchung der Gesetzmäßigkeiten herangeht, dafür gibt es verschiedene Ansätze. So wählte der deutsche Forscher RICHARD EDLER VON MISES (1883–1953) den Sachverhalt des Stabilwerdens der relativen Häufigkeiten bei großen Versuchsanzahlen als Ausgangspunkt für eine Definition der Wahrscheinlichkeit. In dem vorliegenden Buch werden wir noch andere Zugänge zum Begriff der Wahrscheinlichkeit kennenlernen.

Aufgaben 9–12

B 1.3 Zufallsexperimente mit gleichberechtigten Versuchsausgängen

⑩

Im Lotto soll aus zehn Kugeln, die mit 0 beginnend durchnumeriert sind, die Superzahl gezogen werden.
Entwickeln Sie ein Computer-Programm, das die Ziehung der Superzahl simuliert. In der Sprache PASCAL könnte es wie folgt aussehen.

```
program Superzahl;
var r,n,i   : integer;
    Hn      : array[0..9] of integer;          {Feld der
                                                absoluten
                                                Haeufigkeiten}
begin
  for i:=0 to 9 do Hn[i]:=0;                  {absolute
                                               Haeufigkeiten
                                               auf Null
                                               setzen}
  write('Geben Sie die Versuchsanzahl n ein: ');
  readln(n);
  for i:=1 to n do begin r:=random(10);       {Ziehen der
                                               Zufallszahl}
                         case r of            {Erhoehen der
                                               entsprechenden
                                               absoluten
                                               Haeufigkeit}
                            0: Hn[0]:=Hn[0]+1;
                            1: Hn[1]:=Hn[1]+1;
                            2: Hn[2]:=Hn[2]+1;
                            3: Hn[3]:=Hn[3]+1;
                            4: Hn[4]:=Hn[4]+1;
                            5: Hn[5]:=Hn[5]+1;
                            6: Hn[6]:=Hn[6]+1;
                            7: Hn[7]:=Hn[7]+1;
                            8: Hn[8]:=Hn[8]+1;
                            9: Hn[9]:=Hn[9]+1
                         end;
                     end;
  for i:=0 to 9 do
    writeln('absolute Haeufigkeit von ',i,': ',Hn[i],
          '   relative Haeufigkeit von ',i,': ',Hn[i]/n:5:3);
end.
```

(11)

Übertragen Sie Ihr Programm auf einen Computer.
Lassen Sie den Computer die Ziehung der Superzahl 300-, 500-, 1000mal durchführen, und beobachten Sie das Verhalten der relativen Häufigkeiten der Ereignisse

E_i:=die Zahl i wurde gezogen;

für $i = 0, 1, \ldots, 9$.

Das empirische Gesetz der großen Zahlen wird sich auch in obigem Beispiel bestätigen.

Neben der Aussage, daß sich die relativen Häufigkeiten stabilisieren, läßt das Gesetz auch folgenden Schluß zu:
Ist ein Zufallsversuch gegeben, so gibt es zu jedem Ereignis E aus dem Ereignisfeld $\mathcal{F}$ eine von der konkreten Versuchsdurchführung unabhängige Zahl zwischen 0 und 1, die für dieses Ereignis E charakteristisch ist. Man nennt sie die **Wahrscheinlichkeit** von E und bezeichnet sie mit $P(E)$[2]. In diesem Sinne ist die Wahrscheinlichkeit gemeinsam mit der Ergebnismenge und dem Ereignisfeld eine Idealisierung, oder wie man auch sagt ein **mathematisches Modell** für den Zufallsversuch. Mit diesem Modell kann unabhängig von konkreten Versuchsdurchführungen weiter gearbeitet werden. Das Erstaunliche ist, daß diese Modelle, wenn sie gut durchdacht sind, genau das Richtige treffen. Es gelingt, mit ihnen – wie wir sehen werden – Resultate zu erzielen, die in Übereinstimmung mit der Erfahrung stehen.

Wahrscheinlichkeit

mathematisches Modell

Da also davon ausgegangen werden kann, daß es für jedes Ereignis $E \in \mathcal{F}$ eine Wahrscheinlichkeit $P(E)$ gibt, ist es sinnvoll, eine **Wahrscheinlichkeitsfunktion** P mit dem Ereignisfeld $\mathcal{F}$ als Definitionsbereich und Werten im Intervall $[0;1]$ einzuführen;

$$P : \mathcal{F} \to [0;1] \quad \text{mit} \quad P : E \mapsto P(E).$$

Wie diese Funktion konkret aussieht, ist durch den zugrundeliegenden Zufallsversuch bestimmt. Es ist unter anderem ein Ziel des vorliegenden Kurses aufzuzeigen, wie aus einer konkreten Versuchsbeschreibung ein Ereignisfeld $\mathcal{F}$ und eine darauf definierte Funktion P gewonnen werden kann.

(12)

Betrachten wir die Ziehung der Lotto-Zahlen.
Auf welches der nachfolgend aufgezählten Ergebnisse bei der Ziehung der sechs Gewinnzahlen einschließlich der Zusatzzahl würden Sie setzen: auf den Tip {6;13;15;19;33;42;47} oder auf den Tip {13;6;33;15;42;47;19}? Beantworten Sie dieselbe Frage für das Paar {20;21;22;23;24;25;26} und {13;6;33;15;42;47;19}.
Begründen Sie Ihre Antworten.
Die unabhängige Stiftung Warentest veröffentlichte den folgenden Rat.
Glücksspiele sind Glücksspiele. Gewinner wird auf lange Sicht nur der Veranstalter. Wer es aber dennoch nicht lassen kann, das Schicksal herauszufordern, kann

2 Der Buchstabe P ist der erste Buchstabe von *probabilitas*, dem lateinischen Wort für Wahrscheinlichkeit, aus dem das englische Wort *probability* und das französische Wort *probabilité* entstanden.

seine Chancen zumindest etwas erhöhen, wenn er folgendes beachtet: Tippen Sie beim Lotto keine einprägsamen Bilder oder Geburtsdaten, sondern ungewöhnliche Zahlen.
Nehmen Sie zu diesem Rat Stellung.

Laplace-Experiment

Zufallsexperimente mit endlicher Ergebnismenge, bei denen kein Elementarereignis gegenüber den anderen Elementarereignissen in Bezug auf das Eintreten oder Nichteintreten bei einer konkreten Versuchsdurchführung bevorzugt ist, heißen **Laplace-Experimente**.[3] Bei der Betrachtung derartiger Experimente wird also Chancengleichheit für alle Elementarereignisse unterstellt.
Ist n die Anzahl der Ergebnisse in der Ergebnismenge $\Omega = \{e_1; \ldots; e_n\}$ und soll kein Elementarereignis in Bezug auf sein Eintreten oder Nichteintreten gegenüber den anderen bevorzugt sein, so ist die Wahrscheinlichkeit 1 des sicheren Ereignisses gleichmäßig auf die n Elementarereignisse $E_i = \{e_i\}$, $i = 1, \ldots, n$ zu verteilen. Für die zugehörige Wahrscheinlichkeitsfunktion P gilt demnach

$$P(E_i) = \frac{1}{n} = \frac{1}{\text{Anzahl der möglichen Ergebnisse}}\,.$$

Für beliebige Ereignisse E berechnet sich die Wahrscheinlichkeit als

$$P(E) = \frac{\text{Anzahl der Elemente in } E}{\text{Anzahl der möglichen Ergebnisse}},$$

oder, was dasselbe bedeutet,

$$P(E) = \frac{\text{Anzahl der für das Ereignis } E \text{ günstigen Ergebnisse}}{\text{Anzahl der möglichen Ergebnisse}}\,.$$

In dieser Form wurde der Wahrscheinlichkeitsbegriff von P.S. Laplace 1812 definiert. Obwohl er historisch gesehen nicht der erste war, der diesen Ansatz festhielt, ist diese Definition heute unter seinem Namen als Laplace-Wahrscheinlichkeit bekannt.
Offensichtlich ist für die Wahrscheinlichkeitsfunktion, die zu einem Laplace-Experiment gehört, der folgende Satz richtig:

Satz 6
1. Für alle Ereignisse E gilt $0 \leqq P(E) \leqq 1$.
2. Für das sichere Ereignis Ω ist $P(\Omega) = 1$.
3. Sind E und F zwei unvereinbare Ereignisse, d.h. $E \cap F = \emptyset$, dann gilt

$$P(E \cup F) = P(E) + P(F).$$

3 Pierre Simon Laplace (1749–1827) franz. Mathematiker und Physiker

Weiterhin gilt:

Satz 7

1. Sind E und F Ereignisse und zieht das Ereignis E das Ereignis F nach sich, d.h. $E \subset F$, dann ist $P(E) \leqq P(F)$.

2. Die Wahrscheinlichkeit des unmöglichen Ereignisses $\emptyset$ ist $P(\emptyset) = 0$.

3. Ist $\overline{E}$ das Gegenereignis zum Ereignis E, so gilt $P(\overline{E}) = 1 - P(E)$.

4. Sind E und F zwei beliebige Ereignisse, so gilt

$$P(E \cup F) = P(E) + P(F) - P(E \cap F).$$

Beweis: Es sei n die Anzahl der Ergebnisse in Ω.

1. Seien E und F zwei Ereignisse und $E \subset F$. Zählt man die Ergebnisse in E und F ab, so ist klar, daß in F mindestens so viele Ergebnisse enthalten sind, wie in E. Daraus folgt sofort die Behauptung.

2. Da das unmögliche Ereignis keine Ergebnisse umfaßt, ergibt sich unmittelbar $P(\emptyset) = 0$.

3. Aus $E \cup \overline{E} = \Omega$ und $P(\Omega) = 1$ folgt wegen Punkt 3 aus Satz 6 sofort die Behauptung.

4. Seien E und F zwei beliebige Ereignisse. Sind E und F unvereinbar, so folgt die Behauptung aus Punkt 3 des Satzes 6.

   Sind die Ereignisse E und F nicht unvereinbar, dann gibt es Elemente im Durchschnitt $E \cap F$. Zählt man nun die Ergebnisse in E und anschließend die in F, so hat man die Ergebnisse im Durchschnitt $E \cap F$ doppelt gezählt. Das ist der Grund für die Richtigkeit der zu beweisenden Formel. Den Sachverhalt verdeutlicht Abbildung 4.

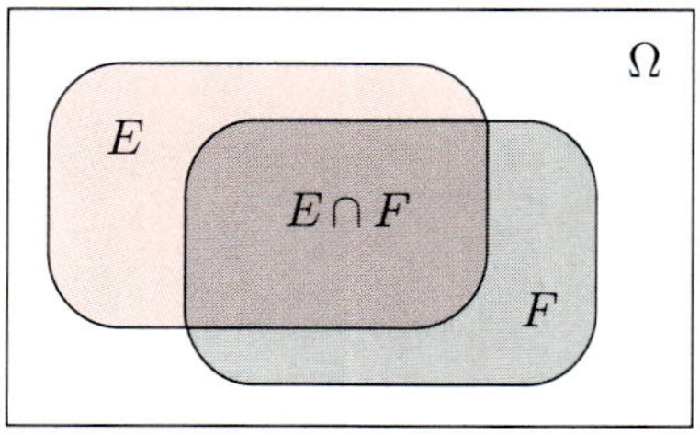

Abb. 4

Der Satz ist bewiesen.

Die grundlegende Schwierigkeit beim Umgang mit der Definition der Wahrscheinlichkeit nach Laplace, nämlich festzustellen, ob die Annahme der Chancengleichheit für alle Elementarereignisse erfüllt ist, war Laplace selbst voll bewußt. Es kam im Verlauf der Geschichte immer wieder zu diesbezüglichen Fehlurteilen. Selbst

dem bekannten Mathematiker G.W. LEIBNIZ (1646–1716) unterlief im Jahre 1714 der Fehler zu behaupten, daß es ebenso leicht sei, mit zwei Würfeln die Augensumme 12 wie die Augensumme 11 zu würfeln, weil beide nur auf eine Art zustande kämen, daß die 7 hingegen 3mal leichter zu erreichen sei.
Betrachten wir das Würfeln mit zwei Würfeln genauer. Es lassen sich zwei wichtige Fälle unterscheiden, wobei der zweite die Standardsituation beim Glücksspiel ist.

⑬

Stellen Sie die Ergebnismenge Ω_1 für das Würfeln mit zwei unterscheidbaren Würfeln auf.
Stellen Sie die Ergebnismenge Ω_2 für das Würfeln mit zwei nichtunterscheidbaren Würfeln auf.
Ermitteln Sie von den Ergebnismengen Ω_1 und Ω_2 die Anzahl der Elemente.

Anmerkung:
Es ist leicht einzusehen, daß die Wahrscheinlichkeit für das Eintreten einer gewissen Augensumme nicht davon abhängen kann, ob die benutzten Würfel unterscheidbar sind oder nicht. Bei unterscheidbaren Würfeln sind die Elementarereignisse also gleich wahrscheinlich und bei nichtunterscheidbaren Würfeln nicht.

Will man nun konkrete Wahrscheinlichkeiten berechnen, so muß man die Ergebnisse in der Ergebnismenge abzählen können. Im allgemeinen wird dies sehr leicht möglich sein. Das folgende Beispiel zeigt, wie auch in unübersichtlichen Situationen durch überlegtes Abzählen schnell ein Resultat erzielt werden kann.

Beispiel 4
In einer Kreisstadt versucht ein Getränkehändler einen möglichst großen Kundenkreis dadurch zu gewinnen, daß er z. B. ständig 40 Getränkesorten auf Lager hat. Familie Fleißig hat in diesem Jahr Silberhochzeit, und Herr Fleißig möchte seinen Gästen eine Auswahl von 10 Sorten zum Fest anbieten. Wieviel verschiedene Angebote kann der Händler Herrn Fleißig zusammenstellen?

Lösung:
Das Abzählen der Angebote soll systematisch erfolgen. Sei n=40 die Zahl der vorhandenen Getränkesorten und k=10 die Zahl der daraus auszuwählenden.

Für die 1. Sorte hat der Händler 40 Auswahlmöglichkeiten.
Für die 2. Sorte hat er noch 39 Auswahlmöglichkeiten.

Für das Auswählen der ersten beiden Sorten gibt es also $40 \cdot 39$ Möglichkeiten.

Für die 3. Sorte hat der Händler 38 Auswahlmöglichkeiten.

⋮

Für die 10. Sorte verbleiben 31 Auswahlmöglichkeiten.

Um also in *geordneter* Reihenfolge 10 verschiedene Getränkesorten auszuwählen, hat der Händler

$$n \cdot (n-1) \cdots (n-k+1) = 40 \cdot 39 \cdots 31 \text{ Möglichkeiten.}$$

Für den Fall $n = k$ ergibt sich eine Formel für die Anzahl der möglichen Anordnungen von n Elementen einer Menge in geordneter Reihe:

$$n \cdot (n-1) \cdots 3 \cdot 2 \cdot 1.$$

Für dieses Produkt wird die abkürzende Schreibweise $n!$ (gelesen: n Fakultät) eingeführt. Aus praktischen Gründen wird $0!=1$ gesetzt.
Für Herrn Fleißig ist es aber nicht maßgeblich, in welcher Reihenfolge der Händler die einzelnen Getränkesorten auswählt. Für ihn sind zwei Angebote gleich, wenn sie nur dieselben Sorten umfassen. Von den

$$n \cdot (n-1) \cdots (n-k+1) = 40 \cdot 39 \cdots 31$$

geordneten Angeboten sind also jeweils

$$k \cdot (k-1) \cdots 2 \cdot 1 = 10 \cdot 9 \cdots 2 \cdot 1$$

als gleich anzusehen, weil man sie durch Umsortieren der geordneten Auswahl ineinander überführen kann.
Der Händler hat demnach die Möglichkeit, insgesamt

$$\frac{n \cdot (n-1) \cdots (n-k+1)}{k \cdot (k-1) \cdots 2 \cdot 1} = \frac{n!}{k!\,(n-k)!}$$

verschiedene Angebote zu unterbreiten. Für das konkrete Beispiel mit $n = 40$ und $k = 10$ ist dies die fast unvorstellbare Zahl

$$847\,660\,528.$$

Verallgemeinert man Beispiel 4, so kommt man zu dem Schluß, daß es $\frac{n!}{k!\,(n-k)!}$ Möglichkeiten gibt, aus einer Menge mit n Elementen eine k-elementige Teilmenge auszuwählen. Damit ist gleichzeitig der folgende Satz bewiesen:

Satz 8
Ist M eine beliebige Menge mit n Elementen, dann gibt es

$$\frac{n!}{k!\,(n-k)!}$$

Teilmengen von M mit k Elementen.

Binomialkoeffizient

Definition 3
Sind n und k zwei natürliche Zahlen mit $n \geqq k$, so heißt die Zahl

$$\binom{n}{k} := \frac{n!}{k!\,(n-k)!}$$

der **Binomialkoeffizient** von n und k.
($\binom{n}{k}$ lies: n über k, – *oder* – k aus n.)

(14)
Die 15 Jungen einer 12. Klasse sollen eine Volleyballmannschaft für das Sportfest des Gymnasiums aufstellen. Wie viele verschiedene Mannschaftszusammenstellungen sind theoretisch möglich?

Aufgaben 13–30

Aufgaben

1. Geben Sie zwei Zufallsversuche an, und charakterisieren Sie die Ergebnisse. Geben Sie zu jedem von Ihnen genannten Zufallsversuch mindestens zwei zufällige Ereignisse an, die mehr als ein Ergebnis umfassen.

2. In einem elektrischen Schaltkreis befinden sich vier Schalter und eine Glühlampe. Die Schalter werden zufällig geöffnet und geschlossen.

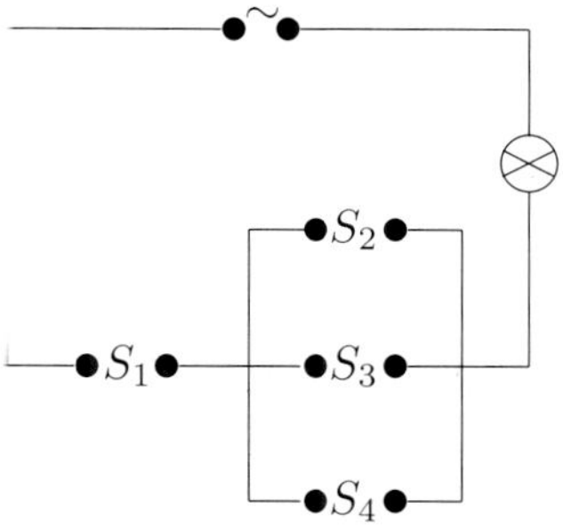

   a) Geben Sie eine Ergebnismenge Ω_1 so an, daß
   $\omega :=$ die Glühlampe leuchtet
   ein Ergebnis ist.
   b) Geben Sie eine Ergebnismenge Ω_2 so an, daß
   $E :=$ die Glühlampe leuchtet
   eine echte Teilmenge von Ω_2 bildet, die mehr als nur ein Ergebnis umfaßt.

3. In einer Urne befinden sich vier Kugeln, die mit den Zahlen 1 bis 4 durchnumeriert sind. Beschreiben Sie je eine Ergebnismenge für folgende Zufallsversuche:

   a) Herausnehmen von zwei Kugeln mit einem Griff;
   b) nacheinander erfolgendes Herausnehmen von zwei Kugeln ohne Zurücklegen der ersten;
   c) nacheinander erfolgendes Herausnehmen von zwei Kugeln mit Zurücklegen der ersten.

4. Ein Schiff besitzt eine Steuereinrichtung, vier Kessel und zwei Turbinen. Die Ereignisse A, B_k, C_j bedeuten, daß jeweils die Steuereinrichtung, der k-te Kes-

sel (k=1,...,4) bzw. die j-te Turbine (j=1,2) intakt sind. Das Schiff ist manövrierfähig (Ereignis D), wenn die Steuereinrichtung sowie mindestens ein Kessel und eine Turbine intakt sind. Beschreiben Sie die Ereignisse D und $\overline{D}$ mit Hilfe der Ereignisse A, B_k und C_j.

5. Aus den Zuschauern einer Unterhaltungsshow wird auf gut Glück eine Person ausgewählt. Das Ereignis A bestehe darin, daß die ausgewählte Person eine Frau ist. Das Ereignis B besage, daß die Person Nichtraucher ist. Das Ereignis C bedeute, daß die Person am Veranstaltungsort wohnt.

   a) Man beschreibe das Ereignis $A \cap B \cap \overline{C}$.
   b) Unter welchen Bedingungen gilt $A \cap B \cap C = A$?
   c) Unter welchen Bedingungen gilt $\overline{C} \subset B$?

6. Ein in Spielcasinos verbreitetes Glücksspiel ist das Roulette. Eine Kugel fällt in eines der Fächer einer drehbaren Scheibe, die mit den Zahlen von 0 bis 36 numeriert sind. Man setzt auf dem Spielbrett Chips auf eine Zahl oder eine Zahlenkombination. In der Sprechweise der Wahrscheinlichkeitsrechnung heißt dies, man setzt auf ein Ereignis. Um alle wichtigen Ereignisse beschreiben zu können, wählt man als Ergebnismenge Ω zweckmäßigerweise die Menge $\{0; 1; 2; \ldots; 36\}$. Einen Überblick über die möglichen Ereignisse, die beim Roulette-Spiel eine Rolle spielen, gibt die folgende Tabelle. Dabei bedeutet Gewinn wie bei jedem Glücksspiel Auszahlung minus Einsatz.

Setzmöglichkeiten		Teilmenge von Ω	Auszahlung	Gewinn
Name	Beschreibung		als Vielfaches des Einsatzes	
plein	eine Zahl	z.B. $\{6\}$	36	35
à cheval	zwei angrenzende Zahlen	z.B. $\{13;16\}$	18	17
transversale pleine	Querreihe von drei Zahlen	z.B. $\{28;29;30\}$	12	11
transversale simple	zwei benachbarte Querreihen	z.B. $\{7;8;9;10;11;12\}$	6	5
carré	vier Zahlen, deren Felder in einem Punkt zusammenstoßen, bzw. die ersten vier Zahlen	z.B. $\{14;15;17;18\}$ oder $\{0;1;2;3\}$	9	8
colonne	Längsreihe von zwölf Zahlen	z.B. $\{1;4;7;...;34\}$	3	2
douze premier	das erste Dutzend	$\{1;2;...;12\}$		2
douze milieu	das mittlere Dutzend		3	2
douze dernier	das letzte Dutzend	$\{25;26;...;36\}$	3	
pair	alle geraden Zahlen außer 0	$\{2;4;...;36\}$	2	1
impair	alle ungeraden Zahlen	$\{1;3;...;35\}$		1
rouge	alle roten Zahlen		2	1
noir	alle schwarzen Zahlen	$\{2;4;...;35\}$	2	
manque	die erste Hälfte	$\{1;2;...;18\}$	2	1
passe	die zweite Hälfte		2	1

Tab. 4

Vervollständigen Sie die obige Tabelle, und geben Sie in den ersten Zeilen weitere Beispiele an.

Ein Spieler setzt zwei Chips, und zwar den ersten auf das transversale pleine $\{16;17;18\}$ und den zweiten auf das carré $\{13;14;16;17\}$. Beschreiben Sie die Ereignisse:
$A :=$ Der Spieler gewinnt mit beiden Chips.
$B :=$ Der Spieler gewinnt mit einem Chip.
$C :=$ Der Spieler verliert seinen Einsatz.
Jeder Chip hatte einen Wert von 100 DM. Ermitteln Sie die jeweiligen Gewinne.

7. Beweisen Sie folgende Aussage: Ein Ereignis $E \neq \emptyset$ ist genau dann ein Elementarereignis, wenn für jedes Ereignis F, welches nicht das unmögliche Ereignis ist, gilt:
entweder $E \cap F = \emptyset$ oder $E \cap F = E$.

8. Von zwei Ereignissen E und F weiß man, daß $E \cap F = \emptyset$ und $E \cup F = \Omega$ gilt. Was kann man über die Ereignisse E und F aussagen?

9. Bei einer Klassenarbeit im Fach Physik ergab sich folgende Notenverteilung:

Note	1	2	3	4	5	6
Anzahl	3	8	7	3	3	1

Berechnen Sie die relativen Häufigkeiten der Noten.

10. In einer kleinen Gemeinde wurden 600 Haushalte befragt, wie viele Kinder im Haushalt leben. Es ergaben sich die folgenden relativen Häufigkeiten (in Prozent):

Anzahl der Kinder	0	1	2	3	4	5	mehr als 5
relative Häufigkeit	$6\frac{2}{3}$	$17\frac{1}{2}$	$29\frac{1}{6}$	$21\frac{2}{3}$	$10\frac{5}{6}$	$8\frac{1}{3}$	$5\frac{5}{6}$

a) Wie viele Kinder leben mindestens in der Gemeinde?
b) In wie vielen der befragten Haushalte leben keine Kinder?
c) Berechnen Sie die relativen Häufigkeiten der folgenden Ereignisse:

i) In einem Haushalt leben zwei oder drei Kinder.
ii) In einem Haushalt leben höchstens zwei Kinder.
iii) In einem Haushalt leben höchstens zwei oder mindestens vier Kinder.

11. Bestimmen Sie die relative Häufigkeit der Primzahlen

a) zwischen 1 und 100, 101 und 200, ..., 901 und 1000,
b) zwischen 1 und 100, 1 und 200, ... 1 und 1000.

12. Zeigen Sie, daß unabhängig von jeder konkreten Versuchsdurchführung stets gilt: Ist $E_1, E_2, \ldots, E_k$ die Gesamtheit aller Elementarereignisse des Versuches, dann ist $h_n(E_1) + h_n(E_2) + \cdots + h_n(E_k) = 1$.

13. Nennen Sie Beispiele für Laplace-Experimente.

14. Zeigen Sie, daß die zu einem Laplace-Experiment gehörende Wahrscheinlichkeitsfunktion folgende Eigenschaften besitzt:

a) Für jedes Ereignis F gilt: $0 \leqq P(F) \leqq 1$.
b) Sind E und F unvereinbare Ereignisse, so gilt: $P(E \cup F) = P(E) + P(F)$.
c) Für das sichere Ereignis Ω ist $P(\Omega) = 1$.

15. In einer Urne liegen fünf Stäbe mit den Längen 1 cm, 3 cm, 4 cm, 5 cm und 7 cm. Aus der Urne werden drei Stäbe auf gut Glück entnommen. Wie groß ist die Wahrscheinlichkeit, daß man aus diesen ein Dreieck legen kann?

16. Ein Zufallsversuch bestehe in der willkürlichen Auswahl einer natürlichen Zahl. Bei der gewählten Zahl ist nur von Interesse, welchen Rest sie bei Division durch 5 läßt. Geben Sie eine geeignete Ergebnismenge an sowie die Wahr-

scheinlichkeiten für jedes Elementarereignis. Wie groß ist die Wahrscheinlichkeit der folgenden Ereignisse?
E := Der ermittelte Rest ist eine Primzahl.
F := Der ermittelte Rest ist eine gerade Zahl.

17. Ein Zufallsversuch bestehe in der willkürlichen Auswahl einer natürlichen Zahl. Wie groß ist die Wahrscheinlichkeit für das Ereignis
Z := Die ermittelte Zahl ist eine Zehnerpotenz?

18. Ein Glücksrad ist in acht gleiche Sektoren eingeteilt, die mit 0 beginnend durchnumeriert sind. Der Zufallsversuch bestehe im einmaligen Drehen des Glücksrades. Geben Sie eine geeignete Ergebnismenge an sowie die Wahrscheinlichkeiten für jedes Elementarereignis. Wie groß ist die Wahrscheinlichkeit der folgenden Ereignisse?
A := Die ermittelte Zahl ist gerade.
B := Die ermittelte Zahl ist eine Primzahl.
C := Die ermittelte Zahl ist ungerade.
D := Die ermittelte Zahl ist eine einziffrige Zahl.
E := Die ermittelte Zahl ist größer als 10.

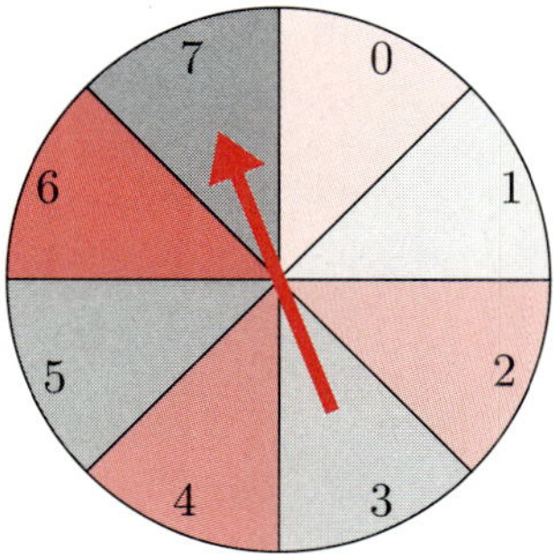

19. In den Fahrstuhl eines Hauses mit zehn Etagen sind im Erdgeschoß drei Personen, Herr Meier, Herr Müller und Frau Schulze, eingestiegen. Jeder von ihnen steigt zufällig auf einer der neun darüberliegenden Etagen aus. Geben Sie eine Ergebnismenge an. Beschreiben Sie durch Angabe der zugehörigen Ergebnisse die folgenden Ereignisse:
A := Alle Personen steigen auf der 4. Etage aus.
B := Alle Personen steigen gleichzeitig aus.
C := Alle Personen steigen auf verschiedenen Etagen aus.
Berechnen Sie die Wahrscheinlichkeiten dieser Ereignisse.

20. Auf einem Computer werden 3stellige natürliche Zufallszahlen erzeugt. Wie groß ist die Wahrscheinlichkeit, daß eine Zufallszahl die Quersumme 9 hat?

*21. Schreiben Sie ein Computerprogramm, welches den zufälligen Versuch aus Aufgabe 20 realisiert. Vergleichen Sie die erzielten relativen Häufigkeiten für große Anzahlen von Versuchswiederholungen mit der in Aufgabe 20 ermittelten Wahrscheinlichkeit.

22. Auf einem Computer werden 4stellige natürliche Zufallszahlen erzeugt. Wie groß ist die Wahrscheinlichkeit, daß eine Zufallszahl durch paarweise verschiedene Ziffern dargestellt wird?

*23. Schreiben Sie ein Computerprogramm, welches den zufälligen Versuch aus Aufgabe 22 realisiert. Vergleichen Sie die erzielten relativen Häufigkeiten für große Anzahlen von Versuchswiederholungen mit der in Aufgabe 22 ermittelten Wahrscheinlichkeit.

24. Man zerlege einen Würfel, dessen sämtliche Seitenflächen gleichartig gefärbt sind, in 1000 kleine Würfel einheitlicher Größe und mische diese intensiv. Es ist die Wahrscheinlichkeit dafür zu bestimmen, daß ein willkürlich ausgewählter Würfel genau zwei gefärbte Seitenflächen hat.

25. Ein Ziffernschloß besteht aus fünf Zahlenrädern zu je zehn Ziffern. Wie lange dauert es höchstens, das Schloß durch Probieren zu öffnen, wenn für jede versuchte Einstellung vier Sekunden benötigt werden?

26. Auf wie viele verschieden Arten kann man einen Lotto-Tip beim Spiel »6 aus 49« abgeben?

27. In Computern werden Zahlen häufig im Hexadezimalsystem[4] verwendet.
    a) Wie viele verschiedene 3stellige Hexadezimalzahlen mit paarweise verschiedenen Ziffern gibt es?
    b) Wie viele verschiedene höchstens 3stellige Hexadezimalzahlen mit paarweise verschiedenen Ziffern gibt es?
    c) Wie viele verschiedene höchstens 3stellige Hexadezimalzahlen gibt es?

28. In Leipzig wurde 1990 begonnen, neue Autokennzeichen einzuführen. Jedes Kennzeichen begann mit ›L-‹ gefolgt von einem Buchstaben und einer höchstens 4stelligen Zahl. Wie viele verschiedene Kennzeichen konnten so maximal vergeben werden?
    Schon bald waren alle diese Kennzeichen vergeben. Die folgenden Kennzeichen hatten anstelle von einem Buchstaben zwei. Wie viele Kennzeichen dieser Form können maximal vergeben werden?

29. Beim Pferderennen kann man auf den »Großen Einlauf« wetten. Dazu hat der Wettspieler anzugeben, welches Pferd auf dem 1. Platz einläuft, welches auf dem 2. Platz und welches Pferd Dritter wird. Es sind elf Pferde am Start. Wie viele verschiedene Tips der großen Einlaufwette sind denkbar?

30. Beim Tanzen können die anwesenden fünf Jungen je eines von acht Mädchen um einen Tanz bitten. Wie viele Möglichkeiten gibt es für die Zusammensetzung der fünf Tanzpaare?

B 2 Urnenmodelle

Sehr häufig begegnet man im täglichen Leben Kontrollen. In Verkehrsmitteln wird die Gesamtheit der Reisenden daraufhin kontrolliert, ob jeder einen gültigen Fahrausweis besitzt. Bei der Herstellung von Waren wird überprüft, ob diese der Norm entsprechen. An Unfallschwerpunkten wird gemessen, ob die vorüberfahrenden Autos eine vorgegebene Geschwindigkeit nicht überschreiten.
Die allgemeine Situation in solchen Fällen ist wie folgt beschreibbar: Aus einer Menge, deren Elemente genau eine Eigenschaft aus einer vorgegebenen Gesamtheit von Eigenschaften besitzen, wird zufällig ein Element entnommen. Es wird

4 Das Hexadezimalsystem ist ein Stellenwertsystem mit der Basis 16

Urnenmodelle

geprüft, welche Eigenschaft dieses Element hat. In der Wahrscheinlichkeitsrechnung benutzt man zur Beschreibung solcher Situationen **Urnenmodelle**. Dabei wird vom konkreten Gegenstand der Kontrolle abstrahiert. In ein Gefäß (die Urne) werden verschieden gefärbte Kugeln gleicher Größe gelegt. Der Versuch besteht im willkürlichen Herausnehmen von Kugeln und dem Feststellen ihrer Farbe.

B 2.1 Einmaliges Ziehen aus einer Urne

In einem Charterflugzeug kommen drei Reisegruppen auf einem Flugplatz an. Mit der deutschen Reisegruppe waren 60 Personen unterwegs, mit der österreichischen 40 und mit der spanischen 35.
Die zufällige Auswahl einer Person zur Zollkontrolle läßt sich unter dem Blickwinkel der Zugehörigkeit zu einer der drei Reisegruppen durch folgendes Urnenmodell nachbilden:
In einer Urne befinden sich 135 Kugeln; 60 schwarze, 40 rote und 35 gelbe. Aus der Urne wird zufällig eine Kugel entnommen.
Die Ergebnismenge Ω wäre für dieses zufällige (Ersatz-)Experiment:

$$\Omega := \{\text{schwarze Kugel } (s);\ \text{rote Kugel } (r);\ \text{gelbe Kugel } (g)\}.$$

Dazu würde das Ereignisfeld

$$\begin{aligned}\mathcal{F} := \{ &\text{ das unmögliche Ereignis } \emptyset;\ \{s\};\ \{r\};\ \{g\};\\ &\{s;r\};\ \{r;g\};\ \{g;s\};\ \text{das sichere Ereignis } \Omega\,\}\end{aligned}$$

gehören. Zur Festlegung der Wahrscheinlichkeitsfunktion P bildet die Idee von Laplace einen vernünftigen Ansatz: Man verteile die Wahrscheinlichkeit für das Eintreten der Elementarereignisse entsprechend ihren Chancen. Danach wäre

$$P(\emptyset) := 0, \quad P(\{s\}) := \frac{60}{135}, \quad P(\{r\}) := \frac{40}{135}, \quad P(\{g\}) := \frac{35}{135}, \quad P(\Omega) := 1.$$

Zur Festlegung der Wahrscheinlichkeiten von Ereignissen, die aus mehr als einem Ergebnis zusammengesetzt sind, benutzt man die folgende Regel:

Summenregel

Summenregel:
Die Wahrscheinlichkeit eines Ereignisses $F = \{\omega_1;\omega_2;\ldots;\omega_l\}$ ist gleich der Summe der Wahrscheinlichkeiten der Elementarereignisse $E_i = \{\omega_i\}$, $i = 1,\ldots,l$, die F nach sich ziehen:

Wenn $F = E_1 \cup E_2 \cup \ldots \cup E_l$ ist, dann ist $P(F) := P(E_1)+P(E_2)+\ldots+P(E_l)$.

In dem obigen Beispiel ergeben sich folgende Wahrscheinlichkeiten:

$$P(\{s;r\}) = \frac{100}{135}, \quad P(\{s;g\}) = \frac{95}{135}, \quad P(\{r;g\}) = \frac{75}{135}.$$

Die Summenregel bildet eine der wichtigen Grundannahmen, auf denen die Wahrscheinlichkeitsrechnung aufbaut. Sie bedarf deshalb keines mathematischen Beweises. Ein Vergleich dieser Regel mit der Berechnungsvorschrift für Wahrscheinlichkeiten zusammengesetzter Ereignisse nach Laplace zeigt, daß diese Summenregel in voller Übereinstimmung mit den dort entwickelten Grundideen der Wahrscheinlichkeitsrechnung steht. Die so festgelegte Wahrscheinlichkeitsfunktion P hat folgende Eigenschaften:

Satz 9

1. Für alle Ereignisse E gilt $0 \leqq P(E) \leqq 1$.
2. Für das sichere Ereignis Ω ist $P(\Omega) = 1$.
3. Sind E und F unvereinbare Ereignisse, d.h. $E \cap F = \emptyset$, dann gilt
$$P(E \cup F) = P(E) + P(F).$$

Satz 10

1. Sind E und F zwei Ereignisse und zieht das Ereignis E das Ereignis F nach sich, d.h. $E \subset F$, dann ist $P(E) \leqq P(F)$.
2. Ist $\overline{E}$ das Gegenereignis zum Ereignis E, so gilt $P(\overline{E}) = 1 - P(E)$.
3. Sind E und F zwei beliebige Ereignisse, so gilt
$$P(E \cup F) = P(E) + P(F) - P(E \cap F).$$

Die Beweise verlaufen analog zu denen der Sätze 6 und 7, obwohl gegenüber der Situation im Laplace-Experiment jetzt die Chancen nicht mehr gleichmäßig auf die Elementarereignisse verteilt sind.

Aufgabe 1

B 2.2 Mehrfaches Ziehen aus einer Urne ohne Zurücklegen

In einer Urne befinden sich sieben Kugeln; vier rote, zwei schwarze und eine weiße. Der Urne wird zufällig eine Kugel entnommen, und die Farbe wird notiert. Danach wird die nächste Kugel entnommen, und deren Farbe wird notiert. Da die entnommene Kugel nicht wieder in die Urne zurückgelegt wurde, nennt man diesen zufälligen Versuch **Ziehen ohne Zurücklegen**.

Baumdiagramm

Das Hilfsmittel der **Baumdiagramme** läßt uns leicht die möglichen Ergebnisse dieses Versuchs ermitteln. Es schafft auch einen Überblick darüber, wie die Ergebnisse entstehen. Um ein Baumdiagramm zu zeichnen, zerlegt man den zufälligen Versuch in seine einzelnen Stufen und notiert auf jeder Stufe die möglichen Teilergebnisse. Zur Erleichterung der Arbeit ist es zweckmäßig, auf jeder Stufe den Urneninhalt festzuhalten.

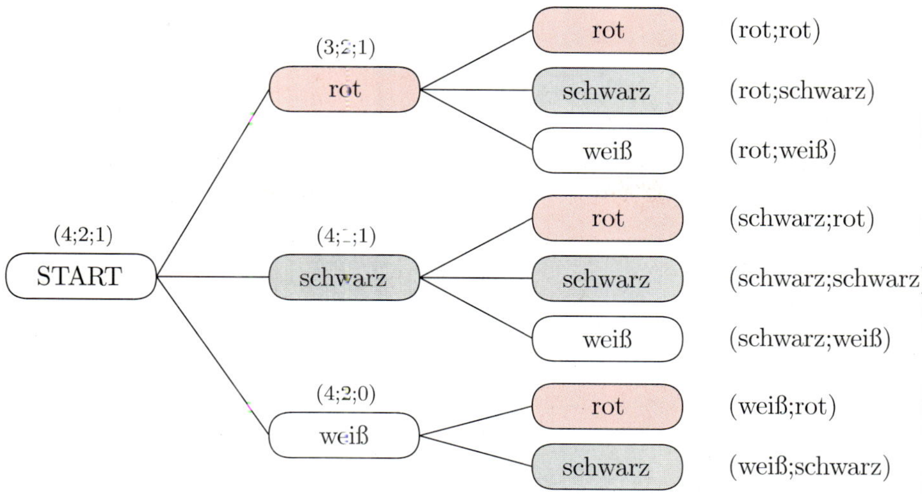

Abb. 5

Aufgaben 2–3

B 2.3 Mehrfaches Ziehen aus einer Urne mit Zurücklegen

Im Unterschied zum Versuchsablauf, der im Abschnitt B 2.2 beschrieben wurde, soll jetzt die gezogene Kugel vor dem Ziehen der nächsten Kugel wieder in die Urne zurückgelegt werden. Im Baumdiagramm erübrigt es sich, den Urneninhalt mit anzugeben, da er stets derselbe ist. Das folgende Baumdiagramm beschreibt die Situation der Urne aus Abschnitt B 2.2 mit Zurücklegen.

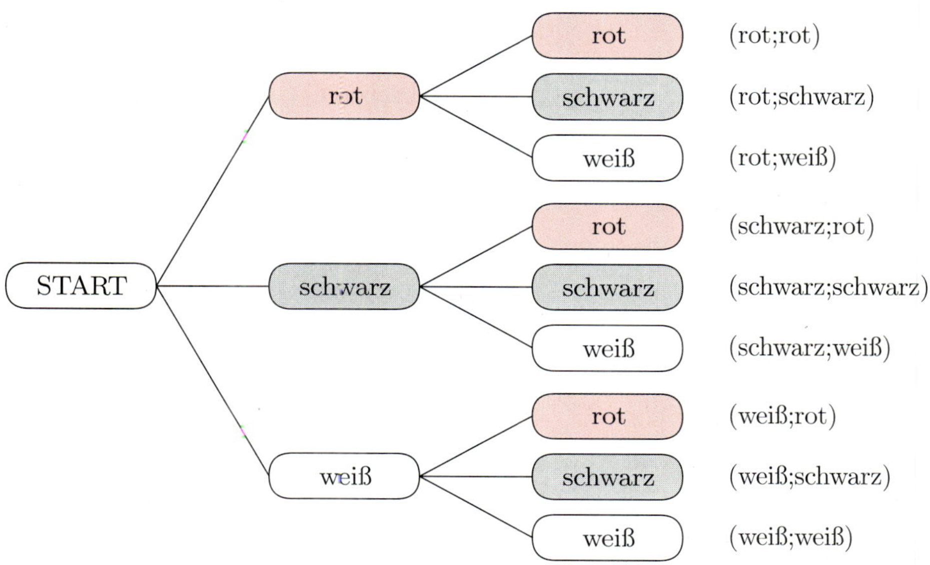

Abb. 6

Beispiel 5

In der 12. Klasse eines Gymnasiums haben Andrea und Michael am gleichen Tag Geburtstag. Zur Untersuchung der Frage, ob solche Doppelgeburtstage einen »ungewöhnlichen Zufall« darstellen oder nicht, soll ein entsprechendes mathematisches Modell erstellt werden. Dabei wird unterstellt, daß für die Geburt eines Kindes kein Tag im Jahr gegenüber den anderen bevorzugt ist.

Lösung:

Geht man von einer Klassenstärke von 25 Schülern aus, so entspricht der obigen Fragestellung folgendes Urnenmodell:

In einer Urne befinden sich 365 verschiedene durchnumerierte Kugeln. Aus der Urne werden nacheinander zufällig 25 Kugeln mit Zurücklegen entnommen.

Jedes Versuchsergebnis ist ein geordnetes 25-Tupel von Kugeln aus der Menge $S := \{1; 2; \ldots; 365\}$ der 365 Kugeln.

Da jedes Elementarereignis die gleiche Chance hat, ist das Laplacesche Herangehen sinnvoll. Dazu ist zunächst die Anzahl der Ergebnisse zu ermitteln.

Für das Ziehen der 1. Kugel gibt es 365 verschiedene Möglichkeiten.

Für das Ziehen der 2. Kugel gibt es ebenfalls 365 verschiedene Möglichkeiten.

Für das Ziehen der ersten beiden Kugeln gibt es also $365 \cdot 365$ verschiedene Möglichkeiten. Setzt man dieses Verfahren fort, so ergibt sich:

$$\text{Anzahl der Ergebnisse insgesamt} = 365^{25}.$$

Im nächsten Schritt wird die Anzahl der Ergebnisse ermittelt, die zum Ereignis

$E :=$ zwei oder mehr Schüler haben am selben Tag Geburtstag

gehören. Im Urnenmodell bedeutet das Ereignis E, daß zwei oder mehr Kugeln im 25-Tupel gleich sind.

Diese Anzahl auf direktem Wege auszuzählen, wäre sehr mühsam. In diesem Fall ist es leichter, die Ergebnisse zu zählen, die das Gegenereignis bilden.

Das Gegenereignis $\overline{E}$ zum Ereignis E ist

$\overline{E} :=$ alle Schüler haben an verschiedenen Tagen Geburtstag.

Im Urnenmodell bedeutet das Ereignis $\overline{E}$, daß alle Kugeln im 25-Tupel voneinander verschieden sind.

Um ein Ergebnis zu erzielen, welches zu $\overline{E}$ gehört, kann man die 1. Kugel aus 365 verschiedenen ziehen. Für die zweite gibt es dann noch 364 Auswahlmöglichkeiten. Für die ersten beiden Kugeln gibt es also $365 \cdot 364$ Möglichkeiten. Setzt man dieses Verfahren fort, so ergibt sich:

$$\text{Anzahl der Ergebnisse in } \overline{E} = 365 \cdot 364 \cdot \ldots \cdot 341.$$

Die gesuchte Wahrscheinlichkeit dafür, daß in einer Klasse zwei oder mehr Kinder am selben Tag Geburtstag haben, ist

$$\begin{aligned} p_{25} &= \frac{\text{Anzahl der Ergebnisse in } E}{\text{Anzahl der Ergebnisse in } \Omega} = 1 - \frac{\text{Anzahl der Ergebnisse in } \overline{E}}{\text{Anzahl der Ergebnisse in } \Omega} \\ &= 1 - \frac{365 \cdot 364 \cdot \ldots \cdot 341}{365 \cdot 365 \cdot \ldots \cdot 365} \approx 0,57. \end{aligned}$$

Es ist also wahrscheinlicher, daß in einer Klasse mit 25 Schülern zwei am gleichen Tag, als daß alle an verschiedenen Tagen Geburtstag haben.

(15)

a) Berechnen Sie die in Beispiel 5 gesuchte Wahrscheinlichkeit für die in Ihrer Klasse zutreffende Schülerzahl.

*b) Offensichtlich ist die betrachtete Wahrscheinlichkeit p_n eine monoton wachsende Funktion der Schülerzahl n mit $p_0 = 0$ und $p_{366} = 1$. Erstellen Sie ein Computerprogramm, welches nach Eingabe von n die Wahrscheinlichkeit p_n ausgibt. Legen Sie den Algorithmus so an, daß das Programm auch bei großen n nicht »abstürzt«. Suchen Sie mit Hilfe des Programms diejenige Klassenstärke n^*, für die $p_{n^*} > 0,5$ aber $p_{n^*-1} < 0,5$ gilt.

c) Inwieweit ist eine Kritik am mathematischen Modell angebracht, wenn man z. B. in zehn Klassen mit jeweils ca. 25 Schülern feststellt, daß keine Doppelgeburtstage vorkommen?

Aufgaben 2–5

B 2.4 Ergebnismengen und Wahrscheinlichkeitsfunktionen für mehrstufige Zufallsexperimente

Die obigen Beispiele zeigten, wie man Zufallsversuche aus mehreren einfachen Zufallsexperimenten zusammensetzen kann. Solche Zufallsversuche sollen **mehrstufig** heißen.

mehrstufige Zufallsversuche

Selbst das Würfeln mit zwei unterscheidbaren Würfeln kann als ein 2stufiger Versuch angesehen werden, wobei die Ergebnisse der Einzelwürfe zu einem geordneten Paar zusammengefügt werden.
Die Ergebnisse n-stufiger Zufallsexperimente sind n-Tupel $(k_1; \ldots; k_n)$ von Ergebnissen k_i des i-ten Teilversuchs, $i = 1, \ldots, n$. Der Ergebnisraum Ω ist dann die Menge aller dieser n-Tupel. Jedes n-Tupel stellt genau einen **Pfad** durch den Baum vom Start bis zum Endpunkt dar.

(16)

Aus einer Urne mit drei roten und zwei schwarzen Kugeln werden
a) ohne Zurücklegen, b) mit Zurücklegen
nacheinander drei Kugeln auf gut Glück entnommen.

1. Erstellen Sie je ein Baumdiagramm, welches die möglichen Versuchsausgänge aufzeigt.

2. Geben Sie jeweils die Ergebnismenge zu den beschriebenen Versuchen an, indem Sie die möglichen Ergebnisse explizit aufschreiben.

3. Geben Sie die Ergebnismengen in Mengenschreibweise als Mengen von geordneten Tripeln an.

Zur Festlegung der Wahrscheinlichkeitsfunktion für mehrstufige Zufallsexperimente ist es zweckmäßig, die Grundidee von Laplace zu verallgemeinern.

Wir betrachten dazu folgenden Versuch:

Aus einem Karton mit drei neuen und zwei gebrauchten Tennisbällen werden ohne Zurücklegen nacheinander drei Bälle auf gut Glück entnommen.
Für das Ziehen eines *neuen* Tennisballes beim 1. Zug stehen die Chancen »3 zu 5«, für das Ziehen eines *gebrauchten* »2 zu 5«.
Als Wahrscheinlichkeiten für die betreffenden Ereignisse kann man deshalb annehmen:

$$P(\text{Ball ist neu}) = \frac{3}{5}; \quad P(\text{Ball ist gebraucht}) = \frac{2}{5}$$

Beim zweiten bzw. dritten Zug verändern sich diese Wahrscheinlichkeiten, sie hängen vom Ergebnis des ersten bzw. zweiten Zuges ab.

Im zugehörigen Baumdiagramm (Abbildung 7) kann man diese Wahrscheinlichkeiten an den entsprechenden »Kanten« notieren. (Der nach jedem Versuchsschritt verbleibende Kartoninhalt ist im Baumdiagramm ebenfalls angegeben.)

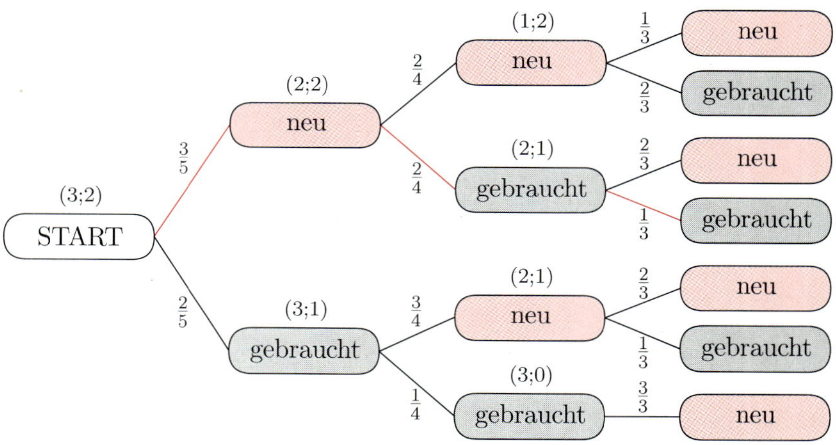

Abb. 7

Jedem speziellen Versuchsablauf entspricht ein bestimmter Pfad im Baumdiagramm. Zu dem Ereignis »neu; gebraucht; gebraucht« z. B. gehört der rot hervorgehobene Pfad. Als Wahrscheinlichkeit dieses Ereignisses kann man
$\frac{3}{5} \cdot \frac{2}{4} \cdot \frac{1}{3} = \frac{1}{10}$ vermuten.
Allgemein gilt:

Pfadregel

Pfadregel:
In mehrstufigen Zufallsexperimenten ist die Wahrscheinlichkeit jedes Elementarereignisses (jedes Pfades im Baumdiagramm) gleich dem Produkt der Wahrscheinlichkeiten an jeder Kante des Pfades, der diesem Elementarereignis entspricht.

Diese Regel bedarf eines Beweises. Da die dazu erforderlichen Mittel hier noch nicht zur Verfügung stehen, wird er an späterer Stelle (Abschnitt 3.2) nachgeholt.

Beispiel 6

Die Anwendung der Pfadregel auf das Beispiel der Entnahme von Tennisbällen aus dem Karton ohne Zurücklegen liefert:

$P(\{\text{neu;neu;neu}\})= \frac{3}{5}\cdot\frac{2}{4}\cdot\frac{1}{3}=\frac{1}{10}$ $\quad P(\{\text{neu;neu;gebraucht}\})= \frac{3}{5}\cdot\frac{2}{4}\cdot\frac{2}{3}=\frac{1}{5}$

$P(\{\text{neu;gebraucht;neu}\})= \frac{3}{5}\cdot\frac{2}{4}\cdot\frac{2}{3}=\frac{1}{5}$ $\quad P(\{\text{gebraucht;neu;neu}\})= \frac{2}{5}\cdot\frac{3}{4}\cdot\frac{2}{3}=\frac{1}{5}$

$P(\{\text{neu;gebraucht;gebraucht}\})= \frac{3}{5}\cdot\frac{2}{4}\cdot\frac{1}{3}=\frac{1}{10}$ $\quad P(\{\text{gebraucht;neu;gebraucht}\})= \frac{2}{5}\cdot\frac{3}{4}\cdot\frac{1}{3}=\frac{1}{10}$

$P(\{\text{gebraucht;gebraucht;neu}\})= \frac{2}{5}\cdot\frac{1}{4}\cdot\frac{1}{1}=\frac{1}{10}$

(17)

Ermitteln Sie aus den in Beispiel 6 angegebenen Wahrscheinlichkeiten für die Elementarereignisse die Wahrscheinlichkeiten folgender Ereignisse:

E := alle entnommenen Tennisbälle sind neu,
F := genau ein entnommener Tennisball ist neu,
G := mindestens ein entnommener Tennisball ist neu.

Aufgaben 4–5

Aufgaben

1. Geben Sie zu folgenden Zufallsversuchen ein Urnenmodell an. Beschreiben Sie für das Zufallsexperiment und das zugehörige Urnenmodell jeweils eine Ergebnismenge Ω_{Exp} bzw. Ω_{Urne}. Zählen Sie die möglichen Ergebnisse ab. Geben Sie für jedes Element des Ereignisfeldes (d.h. für jedes Ereignis) den Funktionswert der Wahrscheinlichkeitsfunktion P (d.h. die Wahrscheinlichkeit des Ereignisses) an. Beantworten Sie die jeweils konkret gestellte Frage.
   a) Eine Befragung in 1534 Haushalten ergab, daß in 365 dieser Haushalte mehr als ein Fernsehgerät steht. Mit welcher Wahrscheinlichkeit findet man in einem zufällig aus dieser Gruppe von Haushalten gewählten Haushalt mehr als einen Fernsehempfänger?
   b) In einer Kiste mit 10 gefrosteten Hähnchen haben 20% ein kleineres als das angegebene Gewicht von 1,2 kg. Der Verkäufer entnimmt auf gut Glück der Kiste zwei Hähnchen. Mit welcher Wahrscheinlichkeit sind beide leichter als 1,2 kg?
   c) Beim Gießen erzgebirgischer Zinnkrüge erhält man erfahrungsgemäß bei jedem Guß 80% der Krüge von 1. Qualität und 20% von 2. Qualität. Es werden drei Krüge gegossen. Mit welcher Wahrscheinlichkeit sind alle drei Krüge von 1. Qualität?

2. In einer Urne befinden sich eine goldene, zwei rote und drei schwarze Kugeln. Man zieht nacheinander drei Kugeln
a) ohne Zurücklegen, b) mit Zurücklegen der Kugel nach jedem Zug.
Zeichnen Sie jeweils ein Baumdiagramm, und geben Sie die Ergebnismenge an. Zählen Sie die Ergebnisse ab.

3. Eine Münze (W=Wappen, Z=Zahl) wird dreimal geworfen. Zeichnen Sie ein Baumdiagramm.

4. Mit einem Würfel, der durch das nebenstehende Netz charakterisiert ist, wird zweimal gewürfelt. Beschreiben Sie ein äquivalentes Urnenmodell für diesen Zufallsversuch. Zeichnen Sie ein Baumdiagramm, geben Sie die Ergebnismenge an. Ermitteln Sie die Anzahl der Ergebnisse in der Ergebnismenge. Welche Wahrscheinlichkeit hat das Ereignis
$E :=$ Die Augensumme ist 5?

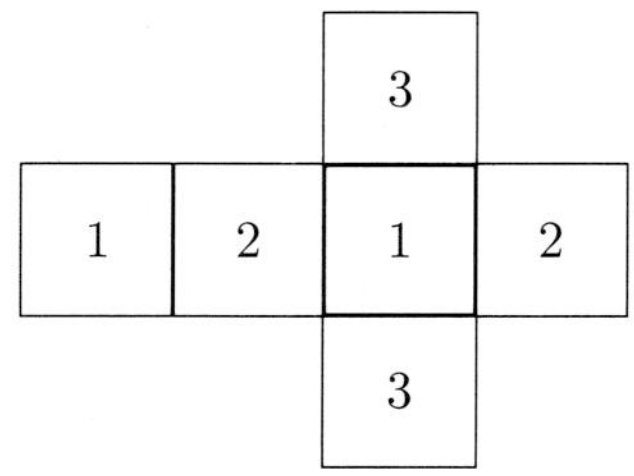

5. Was ist wahrscheinlicher beim Spiel mit einem gleich starken Gegner (remis sei ausgeschlossen):
(a) drei von vier Spielen oder fünf von acht Spielen zu gewinnen;
(b) mindestens drei von vier Spielen oder mindestens fünf von acht Spielen zu gewinnen?

B 3 Bedingte Wahrscheinlichkeiten

B 3.1 Definition der bedingten Wahrscheinlichkeit

In der klassischen Genetik geht man davon aus, daß ein großer Teil der Erbanlagen in den Chromosomen der Geschlechtszellen an bestimmten Orten, Loci (Einzahl: Locus) genannt, lokalisiert sind. Wir betrachten einen Locus, der die Ausprägung eines bestimmten Merkmals (z.B. Augenfarbe) reguliert. Wird das betrachtete Merkmal, wie im folgenden angenommen, von zwei Allelen – wir bezeichnen sie mit A (grau) und a (braun) – beeinflußt, so spricht man von zweifacher Allelie. Für die zwei Allele an dem Locus gibt es drei Kombinationsmöglichkeiten AA, Aa und aa (Aa und aA werden als gleich angesehen). Diese Kombinationen heißen Genotypen. In einer Population mögen von 1 000 Individuen 100 den Genotyp AA, 400 den Genotyp Aa und 500 den Genotyp aa haben.
Wie groß ist die Wahrscheinlichkeit, daß ein willkürlich aus der Population ausgewähltes Individuum ein a-Allel hat (Ereignis B)? Nach der Festlegung der Wahrscheinlichkeitsfunktion aufgrund der Chancen, die ein Ereignis für sein Eintreten besitzt, ist

$$P(B) = \frac{900}{1000} = \frac{9}{10}.$$

Wir wollen nun annehmen, daß das untersuchte Individuum ein A-Allel (Ereignis A) besitzt. Wie groß ist die Wahrscheinlichkeit, daß es auch ein a-Allel hat?
Wir fügen also eine zusätzliche Bedingung zu unserem Zufallsversuch hinzu. Damit verändern wir den Zufallsversuch, was zur Folge haben kann, daß sich auch die zugehörige Wahrscheinlichkeitsfunktion ändert. Zur Unterscheidung von der Wahrscheinlichkeitsfunktion P, die zum Versuch ohne Bedingung gehört, wollen wir die Wahrscheinlichkeitsfunktion, die zum Versuch unter der Bedingung des Ereignisses A (A-Allel vorhanden) gehört, mit P_A bezeichnen.

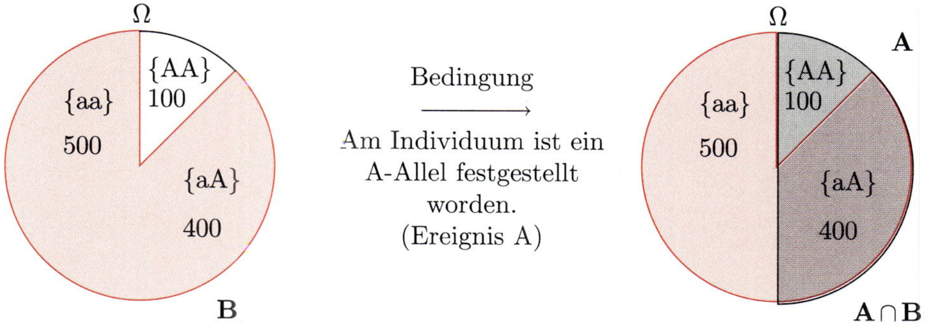

Das Individuum hat ein a-Allel (Ereignis B)

Wahrscheinlichkeit des Ereignisses B $\longrightarrow$ unter der Bedingung, daß das Ereignis A bereits eingetreten ist.

$$P(B) = \frac{900}{1\,000} \qquad\qquad P_A(B) = \frac{400}{500}$$

Wollen wir P_A festlegen, müssen wir berücksichtigen, daß sich die Anzahl der möglichen Fälle auf 500 (100 AA, 400 Aa), nämlich auf die für das Ereignis A günstigen, verringert hat. Die Anzahl der günstigen Fälle ist 400, nämlich die Anzahl der Ergebnisse, die sowohl für das Ereignis A als auch für das Ereignis B günstig sind. Also ist

$$P_A(B) = \frac{400}{500} = \frac{4}{5}.$$

Dieser Quotient läßt sich nun mit Hilfe der Wahrscheinlichkeiten $P(A \cap B)$ und $P(A)$ schreiben

$$P_A(B) = \frac{400}{500} = \frac{\frac{400}{1000}}{\frac{500}{1000}} = \frac{P(A \cap B)}{P(A)}.$$

Man sieht an diesem Beispiel, daß sich bei Hinzunahme einer zusätzlichen Bedingung eine neue Wahrscheinlichkeitsfunktion ergeben kann.

bedingte Wahrscheinlichkeit

Definition 4
Ist zu einem Zufallsversuch eine Ergebnismenge Ω, ein Ereignisfeld $\mathcal{F}$ und eine Wahrscheinlichkeitsfunktion P, sowie ein Ereignis A mit $P(A) > 0$ gegeben, so heißt die durch

$$P_A(E) := \frac{P(A \cap E)}{P(A)}$$

für alle Ereignisse E definierte Funktion P_A die **bedingte Wahrscheinlichkeit von E unter der Bedingung A.**

Unter den oben angegebenen Voraussetzungen besitzt die bedingte Wahrscheinlichkeit P_A alle uns von Wahrscheinlichkeitsfunktionen und relativen Häufigkeiten bekannnten Eigenschaften.

Beispiel 7
Innerhalb einer Fließbandanlage arbeiten hintereinander drei Maschinen.

— Maschine 1 — Maschine 2 — Maschine 3 ⟶

Die Schaltzentrale des Fließbandes schaltet automatisch alle Maschinen aus, wenn eine der drei Maschinen nicht korrekt arbeitet. Die Wahrscheinlichkeit dafür, daß die Ursache der Abschaltung des Fließbandes bei Maschine 1 liegt, ist 0,25; bei der Maschine 2 ist sie 0,45; bei Maschine 3 beträgt sie 0,39. Während es konstruktionsbedingt niemals vorkommt, daß die Maschine 3 gleichzeitig mit einer der anderen beiden ausfällt, ist die Wahrscheinlichkeit eines gleichzeitigen Ausfalls von Maschine 1 und 2 gleich 0,09.
Das Fließband ist abgeschaltet, und es wurde bei Maschine 1 kein Defekt festgestellt. Welche der verbleibenden beiden Maschinen sollte als nächstes untersucht werden?

Lösung:
Bezeichnet

A_i := Die Ursache des Ausfalls ist an der Maschine i, i=1,2,3,
B := Die Ursache des Ausfalls ist nicht an der Maschine 1,

dann sind $P_B(A_2)$ und $P_B(A_3)$ zu vergleichen. Wegen $B = \overline{A_1}$ ist dabei $P(B) = 1 - P(A_1) = 0,75$.

Maschine 2	Maschine 3
Es ist	
$P_B(A_2) = \frac{P(A_2 \cap B)}{P(B)}$.	$P_B(A_3) = \frac{P(A_3 \cap B)}{P(B)}$.
Aus der Aufgabe entnimmt man	
$A_2 \cap B = A_2 \setminus A_1 = A_2 \setminus (A_1 \cap A_2)$.	$A_3 \cap B = A_3$.

Daraus folgt

$P(A_2 \cap B) = P(A_2) - P(A_1 \cap A_2)$ $= 0,36,$	$P(A_3 \cap B) = P(A_3) = 0,39,$
$P_B(A_2) = \frac{0,36}{0,75} = 0,48.$	$P_B(A_3) = \frac{0,39}{0,75} = 0,52.$

Es empfiehlt sich also, zunächst die dritte Maschine zu untersuchen.

Aufgaben 1–8

B 3.2 Der Satz von der totalen Wahrscheinlichkeit

In vielen Anwendungsaufgaben sind Informationen über bedingte Wahrscheinlichkeiten vorhanden, und es werden Aussagen über »unbedingte« Wahrscheinlichkeiten gesucht. So auch in dem folgenden Beispiel.

Eine Warenhauskette vertreibt Videorecorder zum Preis von ca. 800,00 DM von drei verschiedenen Anbietern. Aufgrund des allgemeinen Kundenverhaltens und der unterschiedlichen Intensität, mit der die Hersteller für ihre Produkte werben, haben sich folgende Marktanteile herausgebildet:
Von allen Geräten, die verkauft werden, sind 40% von der Firma $\mathcal{A}$, 45% von der Firma $\mathcal{B}$ und 15% von der Firma $\mathcal{C}$. Obwohl die Geräte im Preis etwa gleich liegen, sind sie unterschiedlich störanfällig. Die Geräte der Firma $\mathcal{A}$ müssen während der Garantiezeit in 10% der Fälle mindestens einmal nachgebessert werden. Bei der Firma $\mathcal{B}$ liegt dieser Anteil bei 12% und bei der Firma $\mathcal{C}$ bei 8%.
Es ist zu untersuchen, mit welcher Wahrscheinlichkeit ein beliebiger Kunde, der einen Videorecorder gekauft hat, während der Garantiezeit das Gerät reklamieren wird.
Dazu werden als erstes die in Frage kommenden Ergebnisse und die interessierenden Ereignisse zusammengestellt. Die Ergebnismenge ist

$$\Omega := \{(h; z) \mid h \in \text{Herstellermenge}, z \in \text{Zustandsmenge}\},$$

wobei die Herstellermenge=$\{\mathcal{A}; \mathcal{B}; \mathcal{C}\}$ und die Zustandsmenge={o (ohne Reklamation); m (mit Reklamation in der Garantiezeit)} sein sollen.
Für die weiteren Überlegungen sind folgende Ereignisse zu betrachten:

$A := \{(\mathcal{A};o);(\mathcal{A};m)\}$=Gerät ist vom Hersteller $\mathcal{A}$,
$B := \{(\mathcal{B};o);(\mathcal{B};m)\}$=Gerät ist vom Hersteller $\mathcal{B}$,
$C := \{(\mathcal{C};o);(\mathcal{C};m)\}$=Gerät ist vom Hersteller $\mathcal{C}$,
$M := \{(\mathcal{A};m);(\mathcal{B};m);(\mathcal{C};m)\}$=Gerät wird reklamiert,
$O := \{(\mathcal{A};o);(\mathcal{B};o);(\mathcal{C};o)\}$=Gerät ohne Reklamation.

Gesucht ist die Wahrscheinlichkeit $P(M)$ dafür, daß ein Gerät reklamiert wird.
Bekannt sind: $P(A) = 0,40,\quad P(B) = 0,45,\quad P(C) = 0,15,$
$P_M(A) = 0,10,\quad P_M(B) = 0,12,\quad P_M(C) = 0,08.$

Geht man von der Definition der bedingten Wahrscheinlichkeit aus, so lassen sich zunächst die Wahrscheinlichkeiten folgender Ereignisse errechnen:

1. Die Wahrscheinlichkeit, daß ein Gerät vom Hersteller $\mathcal{A}$ produziert wurde und daß es reklamiert wird:

$$P(A \cap M) = P(A) \cdot P_M(A) = 0,40 \cdot 0,10 = 0,04.$$

2. Die Wahrscheinlichkeit, daß ein Gerät vom Hersteller $\mathcal{B}$ produziert wurde und daß es reklamiert wird:

$$P(B \cap M) = P(B) \cdot P_M(B) = 0,45 \cdot 0,12 = 0,054.$$

3. Die Wahrscheinlichkeit, daß ein Gerät vom Hersteller $\mathcal{C}$ produziert wurde und daß es reklamiert wird:

$$P(C \cap M) = P(C) \cdot P_M(C) = 0,15 \cdot 0,08 = 0,012.$$

Obwohl nur die Definitionsgleichung der bedingten Wahrscheinlichkeit umgestellt wurde, wird die hier angewendete Rechenregel gewöhnlich mit einem eigenen Namen bezeichnet.

Multiplikationsregel

Multiplikationsregel:
Sind A und B zwei Ereignisse mit $P(A) > 0$ so gilt

$$P(A \cap B) = P(A) \cdot P_A(B).$$

Zur Berechnung der Wahrscheinlichkeit $P(M)$ benutzt man nun Eigenschaften der Funktion P, die im Satz 9 festgehalten sind. Es gilt nämlich:

$$M = (A \cap M) \cup (B \cap M) \cup (C \cap M),$$

wobei die Ereignisse

$$(A \cap M),\ (B \cap M) \text{ und } (C \cap M)$$

paarweise unvereinbar sind. Das bedeutet:

$$\begin{aligned} P(M) &= P(A \cap M) + P(B \cap M) + P(C \cap M) \\ &= 0,040 + 0,054 + 0,012 \\ &= 0,106. \end{aligned}$$

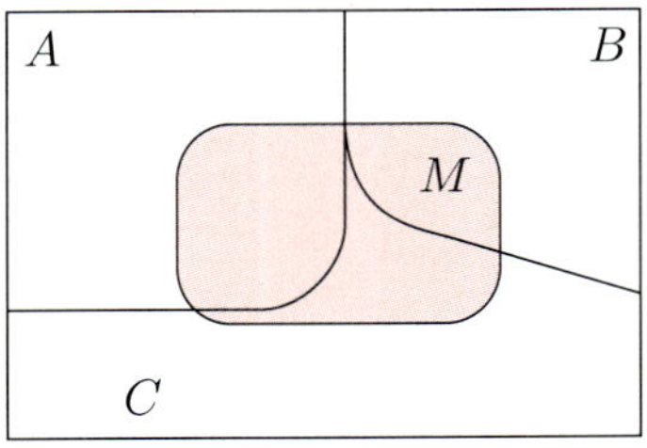

Abb. 8

In der Regel werden also 10,6% aller Geräte in der Garantiezeit reklamiert.

Der zweite Teil der Lösung des obigen Beispiels zeigt die Beweisidee des folgenden allgemeinen Satzes.

Satz von der totalen Wahrscheinlichkeit

Satz von der totalen Wahrscheinlichkeit (Satz 11):
Seien $A_1, A_2, \ldots, A_n$ Ereignisse mit den folgenden Eigenschaften:

1. $P(A_i) > 0$ für alle $i = 1, \ldots, n$,

2. die Ereignisse sind paarweise unvereinbar, d.h. $A_i \cap A_j = \emptyset$ für $i \neq j$,

3. $A_1 \cup A_2 \cup \ldots \cup A_n = \Omega$.

Dann gilt für jedes beliebige Ereignis B

$$P(B) = P(A_1) \cdot P_{A_1}(B) + P(A_2) \cdot P_{A_2}(B) + \ldots + P(A_n) \cdot P_{A_n}(B).$$

Endliche Mengen von Ereignissen, die die Eigenschaften 1. bis 3. aus dem Satz der totalen Wahrscheinlichkeit besitzen, erfassen also alle Ergebnisse der Ergebnismenge, jedoch jedes Ergebnis nur einmal. Man nennt diese Mengen auch **vollständige Systeme von Ereignissen** oder **Zerlegungen**.

Zerlegung

Die allgemeine Situation beim Vorliegen von Zerlegungen zeigt das nebenstehende Bild.

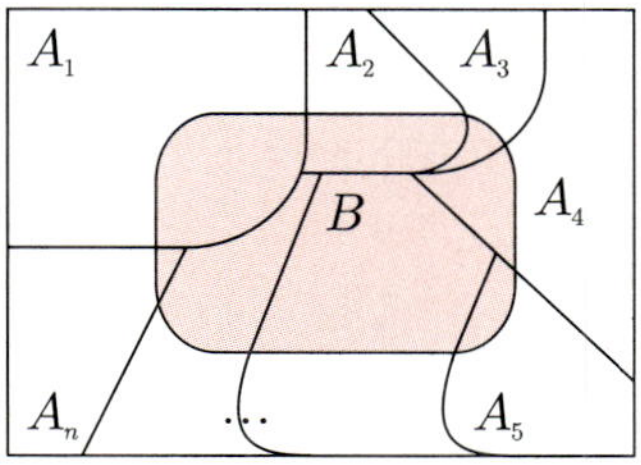

Abb. 9

Beweis:
Sei also $\{A_1; \ldots; A_n\}$ eine Zerlegung und B ein beliebiges Ereignis. Dann gilt nach der Multiplikationsregel für jedes $i = 1, \ldots, n$

$$P(B \cap A_i) = P(A_i) \cdot P_{A_i}(B). \qquad (*)$$

Andererseits läßt sich das Ereignis B in paarweise unvereinbare Ereignisse zerlegen

$$B = (B \cap A_1) \cup (B \cap A_2) \cup \ldots \cup (B \cap A_n),$$

und deshalb ist

$$P(B) = P(B \cap A_1) + P(B \cap A_2) + \ldots + P(B \cap A_n),$$

woraus wegen Gleichung (*) sofort die Behauptung folgt.

Beispiel 8
In genau einer von zwei Urnen befindet sich neben anderen eine goldene Kugel. Mit Wahrscheinlichkeit 0,3 liegt die goldene Kugel in der ersten Urne; mit Wahrscheinlichkeit 0,7 in der zweiten. In der ersten Urne findet man die Kugel mit Wahrscheinlichkeit 0,6 und in der zweiten mit Wahrscheinlichkeit 0,5. Wie groß ist die Wahrscheinlichkeit dafür, beim Herausnehmen einer Kugel aus einer der beiden Urnen die goldene zu ziehen?

Lösung:
Bezeichnet
U_1 := die goldene Kugel ist in der 1. Urne,
U_2 := die goldene Kugel ist in der 2. Urne,
und
G := die goldene Kugel wird gezogen,
dann sind folgende Wahrscheinlichkeiten gegeben:

$$P(U_1) = 0,3 \quad P(U_2) = 0,7 \quad P_{U_1}(G) = 0,6 \quad P_{U_2}(G) = 0,5.$$

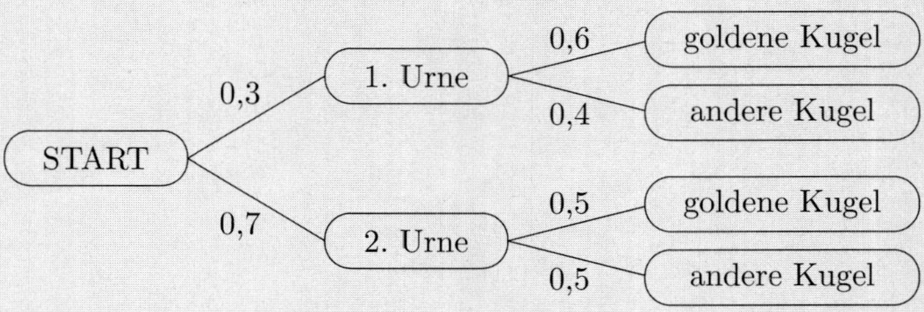

Abb. 10

Der Satz von der totalen Wahrscheinlichkeit liefert

$$\begin{aligned} P(G) &= P(U_1) \cdot P_{U_1}(G) + P(U_2) \cdot P_{U_2}(G) \\ &= 0,3 \cdot 0,6 + 0,7 \cdot 0,5 = 0,53. \end{aligned}$$

Die Wahrscheinlichkeit, bei dem beschriebenen Experiment die goldene Kugel zu ziehen, ist 0,53.

Eine Anwendung des Satzes von der totalen Wahrscheinlichkeit liegt auch bei der Lösung des folgenden Problems vor:
In einem Gymnasium soll ermittelt werden, wie viele der Schüler schon Kontakt mit Rauschgiften hatten. Um maximale Ehrlichkeit und Diskretion zu gewährleisten, geht man so vor: Die Schüler beantworten zufällig entweder die Frage nach dem Rauschgift, oder eine andere, völlig harmlose Frage. Es wird ganz geheim gehalten, welche Frage beantwortet wurde. Dennoch läßt sich zumindest ein Schätzwert für den Anteil der Schüler ermitteln, die schon Kontakt mit Rauschgift hatten.
Wie ist das möglich?
Man geht folgendermaßen vor: Jeder Schüler würfelt völlig unbeobachtet von den anderen mit einem regulären Würfel. Hat er die Zahlen 1 oder 2 gewürfelt, schreibt er JA oder NEIN auf einen Zettel, je nach dem, ob das Datum seines Geburtstages in der ersten Hälfte des Geburtsmonats (vor dem 16.) liegt, oder nicht. Hat er eine der Zahlen von 3 bis 6 gewürfelt, schreibt er JA oder NEIN auf den Zettel, je nach dem, ob er schon Kontakt mit Rauschgiften hatte, oder nicht. Die Antwortzettel können offen gezeigt werden, da niemand weiß, welche Frage beantwortet wurde. Wie ermittelt man nun den gesuchten Anteil derer, die schon Kontakt mit Rauschgiften hatten?

Es wird davon ausgegangen, daß der Kontakt mit Rauschgiften zunächst zufällig erfolgt. Dann liegt ein zweistufiger zufälliger Versuch vor. 1. Stufe – Wahl der Frage; 2. Stufe – Kontakt zu Rauschgiften. Bezeichne J das Ereignis, daß die Frage mit JA beantwortet wurde, und F_i, $i = 1, 2$ das Ereignis, daß die i-te Frage beantwortet wurde. Dann gilt nach dem Satz der totalen Wahrscheinlichkeit

$$P(J) = P(F_1) \cdot P_{F_1}(J) + P(F_2) \cdot P_{F_2}(J),$$

wobei $P(F_1) = \frac{1}{3}$ und $P(F_2) = \frac{2}{3}$ bekannt sind. Ein Wert y für $P_{F_1}(J)$ ergibt sich aus dem Anteil der Tage mit einer Datumszahl kleiner als 16 an der Gesamtzahl der Tage des Jahres[6]: $y = \frac{180}{365}$. Unbekannt sind $P(J)$ und die gesuchte Wahrscheinlichkeit $P_{F_2}(J)$. Führt man nun die Befragung durch und verwendet den Anteil x der JA-Antworten unter allen Antworten entsprechend dem empirischen Gesetz der großen Zahlen als einen Schätzwert für $P(J)$, so läßt sich ein Schätzwert p für $P_{F_2}(J)$ ermitteln:

$$x = \frac{1}{3} \cdot y + \frac{2}{3} \cdot p$$

$$p = \frac{3}{2} x - \frac{1}{2} y.$$

Wären also zum Beispiel bei einer Befragung von 200 Schülern 54 Zettel mit JA abgegeben worden, so wäre im Falle von $y = \frac{180}{365}$ die Zahl p=0,158 ein Schätzwert für den Anteil der Schüler, die schon Kontakt zu Rauschgiften hatten.

Eine weitere Folgerung aus der Multiplikationsregel ist die Pfadregel, deren Beweis an dieser Stelle nachgeholt werden soll. Betrachten wir dazu nochmals das Beispiel des willkürlichen Ziehens eines Tennisballes aus einem Karton mit drei neuen und zwei gebrauchten Tennisbällen (s. S. 54). Es soll zweimal gezogen werden.
Im nachfolgenden Baumdiagramm werden die interessierenden Ereignisse wie folgt bezeichnet:
$N_1 :=$ 1. Ball ist neu; $N_2 :=$ 2. Ball ist neu;
$G_1 :=$ 1. Ball ist gebraucht; $G_2 :=$ 2. Ball ist gebraucht.
Die Pfadregel für zweistufige Zufallsexperimente besagt:

$$P(N_1 \cap N_2) = P(N_1) \cdot P_{N_1}(N_2).$$

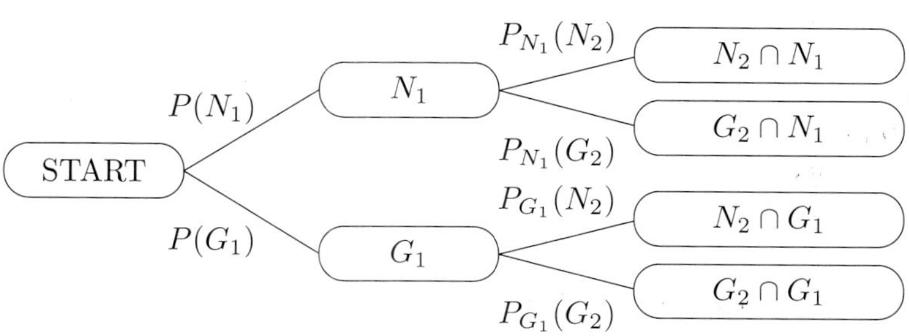

Abb. 11

Diese Aussage stimmt mit der Multiplikationsregel überein.

6 Dieses Vorgehen basiert auf der Annahme, daß die Geburtstage der Schüler gleichmäßig verteilt sind. Ein noch genauerer Wert für y wird erhalten, wenn man die Klassenlisten der befragten Klassen auswertet.

Die Pfadregel für n-stufige Zufallsexperimente wird durch folgenden Satz beschrieben.

Satz 12
Sind $A_1, \ldots, A_n$ Ereignisse mit der Eigenschaft $P(A_i) > 0$ für alle i, dann gilt

$$P(A_1 \cap A_2 \cap \ldots \cap A_n) = P(A_1) \cdot P_{A_1}(A_2) \cdot P_{A_1 \cap A_2}(A_3) \cdots P_{A_1 \cap A_2 \cap \ldots \cap A_{n-1}}(A_n).$$

Beweis: Angenommen, die Ereignisse $A_1, \ldots, A_n$ erfüllen die Voraussetzungen des Satzes. Dann gilt für jedes $i \leqq n-1$

$$P_{A_1 \cap \ldots \cap A_i}(A_{i+1}) = \frac{P(A_1 \cap \ldots \cap A_{i+1})}{P(A_1 \cap \ldots \cap A_i)}.$$

Deshalb ist

$$\begin{aligned} & P(A_1) \cdot P_{A_1}(A_2) \cdot P_{A_1 \cap A_2}(A_3) \cdots P_{A_1 \cap A_2 \cap \ldots \cap A_{n-1}}(A_n) = \\ & = P(A_1) \cdot \tfrac{P(A_1 \cap A_2)}{P(A_1)} \cdot \tfrac{P(A_1 \cap A_2 \cap A_3)}{P(A_1 \cap A_2)} \cdots \tfrac{P(A_1 \cap A_2 \cap \ldots \cap A_n)}{P(A_1 \cap \ldots \cap A_{n-1})} \\ & = P(A_1 \cap A_2 \cap \ldots \cap A_n). \end{aligned}$$

Den Zusammenhang zur Pfadregel zeigt nochmals das folgende Baumdiagramm.

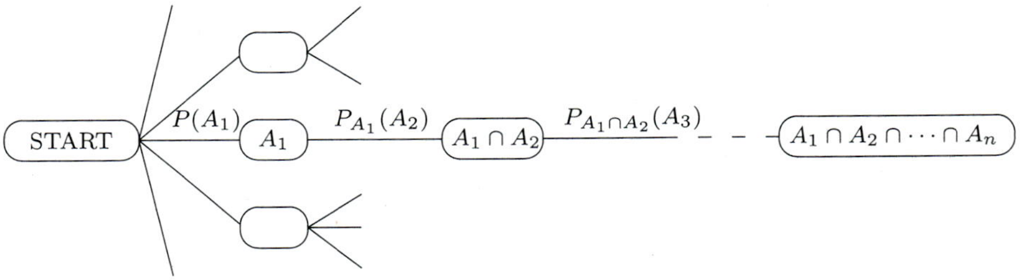

Abb. 12

Beispiel 9
In einer Lostrommel befinden sich 1 000 Lose. Davon sind 900 Nieten. 90 Lose bringen einen kleinen Gewinn und 10 Lose einen großen Gewinn. Es werden nacheinander drei Lose gezogen. Wie groß ist die Wahrscheinlichkeit dafür, daß drei große Gewinne gezogen werden?

Lösung:
Bezeichnen
$G_1 :=$ großer Gewinn beim 1. Los,
$G_2 :=$ großer Gewinn beim 2. Los,
$G_3 :=$ großer Gewinn beim 3. Los,
dann gilt $P(G_1) = \frac{10}{1000}$.
Ist das 1. Los mit einem großen Gewinn gezogen, dann ist $P_{G_1}(G_2) = \frac{9}{999}$.

Sind zwei Gewinnlose für den großen Gewinn gezogen, dann ist $P_{G_1 \cap G_2}(G_3) = \frac{8}{998}$.

Nach Satz 12 errechnet man als die Wahrscheinlichkeit für drei große Gewinne

$$P(G_1 \cap G_2 \cap G_3) = \frac{10 \cdot 9 \cdot 8}{1000 \cdot 999 \cdot 998} = 7,2 \cdot 10^{-8}.$$

Aufgaben 9–12

B 3.3 Der Satz von Bayes

Es sei bekannt, daß 96% der Produktion eines bestimmten Werkstückes normgerecht sind. Ein einfaches Prüfgerät kennzeichnet ein normgerechtes Teil mit der Wahrscheinlichkeit 0,98 als normgerecht, aber es kennzeichnet auch mit der Wahrscheinlichkeit 0,05 ein nicht normgerechtes Teil als normgerecht. Wie groß ist die Wahrscheinlichkeit dafür, daß ein Teil normgerecht ist, wenn es vom Prüfgerät dieses Attribut erhalten hat?
Bedeutet N, daß das Werkstück normgerecht ist, und E, daß das Prüfgerät es als normgerecht erkannt hat, so ist die bedingte Wahrscheinlichkeit $P_E(N)$ gesucht. Bekannt bei dieser Aufgabe ist $P_N(E)$.
Wegen $P_E(N) = P(N \cap E)/P(E)$ wäre das Problem gelöst, würde man den Zähler und den Nenner dieses Bruches kennen. Der Zähler läßt sich jedoch mit Hilfe der Multiplikationsregel aus $P_N(E)$ und $P(N)$ ermitteln: $P(N \cap E) = P(N) \cdot P_N(E)$. Der Nenner kann unter Verwendung des Satzes der totalen Wahrscheinlichkeit berechnet werden:

$$P(E) = P(N) \cdot P_N(E) + P(\overline{N}) \cdot P_{\overline{N}}(E),$$

denn alle vier Wahrscheinlichkeiten auf der rechten Seite der Gleichung sind bekannt. Damit ergibt sich die gesuchte Wahrscheinlichkeit dafür, daß ein als normgerecht gekennzeichnetes Werkstück auch normgerecht ist, zu

$$\begin{aligned} P_E(N) &= \frac{P(N \cap E)}{P(E)} = \frac{P(N) \cdot P_N(E)}{P(N) \cdot P_N(E) + P(\overline{N}) \cdot P_{\overline{N}}(E)} \\ &= \frac{0,96 \cdot 0,98}{0,96 \cdot 0,98 + 0,04 \cdot 0,05} \\ &= 0,998. \end{aligned}$$

Allgemein gilt der folgende Satz von BAYES.[7]

7 T. BAYES (1702–1761), englischer Mathematiker

Satz von Bayes

Satz von BAYES (Satz 13):
Bilden die Ereignisse $A_1, A_2, \ldots, A_n$ eine Zerlegung und ist B ein beliebiges Ereignis mit $P(B) > 0$, so gilt für jedes $i = 1, \ldots, n$

$$P_B(A_i) = \frac{P(A_i) \cdot P_{A_i}(B)}{P(A_1) \cdot P_{A_1}(B) + P(A_2) \cdot P_{A_2}(B) + \ldots + P(A_n) \cdot P_{A_n}(B)}.$$

Der allgemeine Beweis dieses Satzes verläuft analog der Lösung des obigen Beispiels. Es soll deshalb auf eine ausführliche Darlegung verzichtet werden.

Beispiel 10
In einer Schulkasse sind 40% der Jungen und 5% der Mädchen größer als 1,70 m. Zwei Drittel der Schüler sind Jungen. Mit welcher Wahrscheinlichkeit ist ein zufällig ausgewähltes Klassenmitglied, das größer als 1,70 m ist, ein Mädchen?

Lösung:
Bezeichnen
$J :=$ der ausgewählte Schüler ist ein Junge,
$M :=$ die gewählte Person ist ein Mädchen
und
$A :=$ die gewählte Person ist größer als 1,70 m,
dann sind in der Aufgabe folgende Wahrscheinlichkeiten gegeben:

$$P(J) = \frac{2}{3} \quad P(M) = \frac{1}{3} \quad P_J(A) = 0,4 \quad P_M(A) = 0,05.$$

Gesucht ist $P_A(M)$. Die Anwendung des Satzes von Bayes ergibt:

$$P_A(M) = \frac{P(M) \cdot P_M(A)}{P(J) \cdot P_J(A) + P(M) \cdot P_M(A)} = \frac{0,\overline{3} \cdot 0,05}{0,\overline{6} \cdot 0,4 + 0,\overline{3} \cdot 0,05} = \frac{1}{17} \approx 0,06.$$

Mit Wahrscheinlichkeit 0,06 ist ein zufällig ausgewähltes Klassenmitglied, das größer als 1,70 m ist, ein Mädchen.

Aufgaben 12–14

B 3.4 Unabhängigkeit

Im engen Zusammenhang mit dem Begriff der bedingten Wahrscheinlichkeit steht der Begriff der **Unabhängigkeit von Ereignissen**. Er wird deutlich beim Vergleich des Ziehens aus einer Urne mit und ohne Zurücklegen. Wenden wir uns also erneut einem vertrauten Beispiel zu.
In einem Karton befinden sich drei neue und zwei gebrauchte Tennisbälle. Nacheinander werden auf gut Glück zwei Bälle entnommen. Die interessierenden Ereignisse seien wie folgt bezeichnet:

N_1:= 1. Ball ist neu; G_1:= 1. Ball ist gebraucht;
N_2:= 2. Ball ist neu; G_2:= 2. Ball ist gebraucht.

Das zugehörige Baumdiagramm hat, egal ob der Versuch mit oder ohne Zurücklegen durchgeführt wird, folgendes Aussehen:

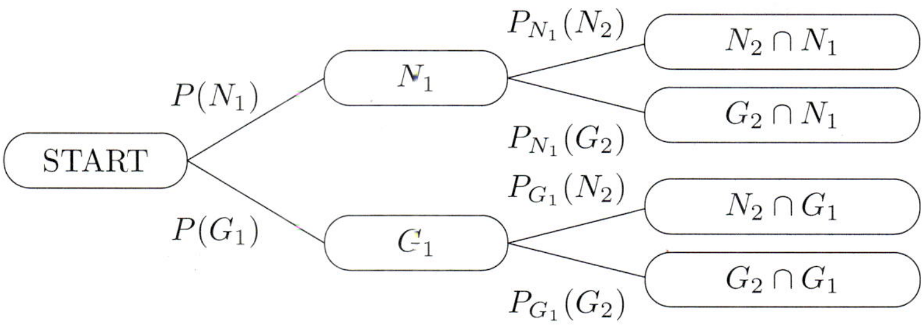

Abb. 13

Es sollen nun die einzelnen Wahrscheinlichkeiten genauer betrachtet werden.

Versuch ohne Zurücklegen	Versuch mit Zurücklegen
$P_{N_1}(N_2) = 0{,}5$	$P_{N_1}(N_2) = 0{,}6$
$P_{G_1}(N_2) = 0{,}75$	$P_{G_1}(N_2) = 0{,}6$
$P(N_2) = P(N_1)\cdot P_{N_1}(N_2)+P(G_1)\cdot P_{G_1}(N_2)$	$P(N_2) = P(N_1)\cdot P_{N_1}(N_2)+P(G_1)\cdot P_{G_1}(N_2)$
$= 0{,}6$	$= 0{,}6$
$P_{N_1}(G_2) = 0{,}5$	$P_{N_1}(G_2) = 0{,}4$
$P_{G_1}(G_2) = 0{,}25$	$P_{G_1}(G_2) = 0{,}4$
$P(G_2) = P(N_1)\cdot P_{N_1}(G_2)+P(G_1)\cdot P_{G_1}(G_2)$	$P(G_2) = P(N_1)\cdot P_{N_1}(G_2)+P(G_1)\cdot P_{G_1}(G_2)$
$= 0{,}4$	$= 0{,}4$

Beim Versuch mit Zurücklegen hängt also die Wahrscheinlichkeit, beim zweiten Teilversuch einen neuen Tennisball zu ziehen, nicht vom Eintreten einer Bedingung ab. Dasselbe gilt für das Ziehen eines gebrauchten Balles beim zweiten Teilversuch.

Unabhängigkeit von zwei Ereignissen

Definition 5
Sind A und B zwei Ereignisse mit $P(A) > 0$, $P(B) > 0$, so heißt B von A **unabhängig**, wenn

$$P_A(B) = P(B)$$

ist. Andernfalls heißt B von A abhängig.

Satz 14
Seien A und B zwei Ereignisse mit $P(A) > 0$, $P(B) > 0$. Ist B von A unabhängig, dann ist auch A von B unabhängig.

Beweis: A und B mögen die Voraussetzungen des Satzes erfüllen. Ist B von A unabhängig, so gilt $P_A(B) = P(B)$. Unter Ausnutzung der Multiplikationsregel errechnet man:

$$\begin{aligned} P_B(A) &= \frac{P(A \cap B)}{P(B)} = \frac{P(A) \cdot P_A(B)}{P(B)} = \frac{P(A) \cdot P(B)}{P(B)} \\ &= P(A), \end{aligned}$$

was zu beweisen war.

Der obige Satz gestattet es also, von unabhängigen Ereignissen (genauer: Ereignispaaren) zu sprechen.

Satz 15
Zwei Ereignisse A und B mit $P(A) > 0$, $P(B) > 0$, sind genau dann unabhängig, wenn

$$P(A \cap B) = P(A) \cdot P(B)$$

richtig ist.

Beweis: Die Ereignisse A und B mögen die Voraussetzungen des Satzes erfüllen.
1. Sind A, B unabhängig, so gilt nach der Multiplikationsregel

$$P(A \cap B) = P(A) \cdot P_A(B) = P(A) \cdot P(B).$$

2. Gilt für die Ereignisse A und B die Gleichung $P(A \cap B) = P(A) \cdot P(B)$, so ist nach Definition der bedingten Wahrscheinlichkeit

$$P_A(B) = \frac{P(A \cap B)}{P(A)} = \frac{P(A) \cdot P(B)}{P(A)} = P(B).$$

Die Ereignisse sind demnach unabhängig.

Beispiel 11
Im Zusammenhang mit der Herstellung von Angelsehne steht die Frage, ob eine Abhängigkeit zwischen der Farbe der Sehne und der Reißfestigkeit besteht. Aus einer Produktionsanlage, die zu 40% hellblaue Sehne (Ereignis H) und zu 60% farblose Sehne (Ereignis $\overline{H}$) liefert, werden Proben entnommen und auf die Reißfestigkeit getestet. Es sei A das Ereignis »Reißfestigkeit ausreichend«. Längere Versuchsreihen haben ergeben:

$$P(A \cap H) = 0,36, P(\overline{A} \cap H) = 0,04, P(A \cap \overline{H}) = 0,54, P(\overline{A} \cap \overline{H}) = 0,06\,.$$

Daraus errechnet man

$$P(A) = P((A \cap H) \cup (A \cap \overline{H})) = P(A \cap H) + P(A \cap \overline{H}) = 0,9$$
$$P(\overline{A}) = 1 - P(A) = 0,1.$$

Es ist zweckmäßig, das Zahlenmaterial in einer **Vierfeldertafel** anzuordnen.

	H	$\overline{H}$	
A	0,36	0,54	0,9
$\overline{A}$	0,04	0,06	0,1
	0,4	0,6	1

	H	$\overline{H}$	
A	$P(A \cap H)$	$P(A \cap \overline{H})$	$P(A)$
$\overline{A}$	$P(\overline{A} \cap H)$	$P(\overline{A} \cap \overline{H})$	$P(\overline{A})$
	$P(H)$	$P(\overline{H})$	1

Die linke Vierfeldertafel zeigt das Zahlenbeispiel, und die rechte Vierfeldertafel zeigt den allgemeinen Aufbau solcher Tafeln.
Zur Beantwortung der Frage, ob Ereignisse voneinander unabhängig sind oder nicht, hat man in der Vierfeldertafel in der linken Spalte und in der oberen Zeile das jeweils interessierende Ereignis zu suchen. Dann folgt der Vergleich des Produktes der zugehörigen Wahrscheinlichkeiten mit der Wahrscheinlichkeit für das gleichzeitige Eintreten beider Ereignisse.
Im obigen Beispiel sieht man leicht die Unabhängigkeit von A und H ein.

In Anlehnung an Satz 15 kann man die Unabhängigkeit auch im Fall von mehr als zwei Ereignissen definieren.

Unabhängigkeit von Ereignissen

Definition 6
Die Ereignisse $A_1, A_2, \ldots, A_n$ heißen **unabhängig**, wenn

$$P(A_1 \cap A_2 \cap \cdots \cap A_n) = P(A_1) \cdot P(A_2) \cdots P(A_n)$$

gilt.

Beispiel 12
Zuverlässigkeit von Kommunikationssystemen:

Zwischen den Orten 1, 2, 3 und 4 sind Telefonleitungen entsprechend der nebenstehenden Abbildung geschaltet.

Es sei A das Ereignis
A := Die Leitung von Ort 1 nach Ort 2 ist gestört.

Das Ereignis K bedeute
K := Es besteht keine Verbindung zwischen den Orten 1 und 4.

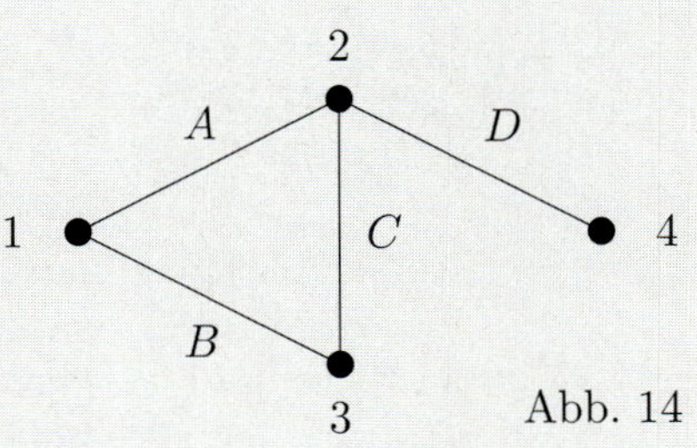

Abb. 14

Die Bedeutung der Ereignisse B, C und D ist der Abbildung 14 zu entnehmen. Es ist die Wahrscheinlichkeit von K gesucht, wenn die Ereignisse A, B, C und D unabhängig sind und jedes von ihnen mit Wahrscheinlichkeit p eintritt.

Lösung:
Das Ereignis K läßt sich darstellen als

$$\begin{aligned} K &= (A \cup D) \cap (B \cup C \cup D) \\ &= (A \cap B) \cup (A \cap C) \cup (A \cap D) \cup (D \cap B) \cup (D \cap C) \cup D. \end{aligned}$$

Da $(A \cap D) \subset D$, $(B \cap D) \subset D$ und $(C \cap D) \subset D$ ist, gilt

$$K = (A \cap B) \cup (A \cap C) \cup D.$$

Mit Hilfe von Satz 10 errechnet sich die Wahrscheinlichkeit von K zu

$$\begin{aligned} P(K) &= P((A \cap B) \cup (A \cap C) \cup D) \\ &= P((A \cap B) \cup (A \cap C)) + P(D) - P(((A \cap B) \cup (A \cap C)) \cap D) \\ &= P(A \cap B) + P(A \cap C) - P(A \cap B \cap C) + P(D) - \\ &\quad -P((A \cap B \cap D) \cup (A \cap C \cap D)) \\ &= P(A \cap B) + P(A \cap C) - P(A \cap B \cap C) + P(D) - \\ &\quad -P(A \cap B \cap D) - P(A \cap C \cap D) + P(A \cap B \cap C \cap D). \end{aligned}$$

Nun wird die vorausgesetzte Unabhängigkeit verwendet:

$$\begin{aligned} P(K) &= P(A)P(B) + P(A)P(C) - P(A)P(B)P(C) + P(D) - \\ &\quad -P(A)P(B)P(D) - P(A)P(C)P(D) + P(A)P(B)P(C)P(D) \\ &= p + 2p^2 - 3p^3 + p^4. \end{aligned}$$

Die Wahrscheinlichkeit dafür, daß keine Verbindung zwischen den Orten 1 und 4 besteht ist $p + 2p^2 - 3p^3 + p^4$.

Aufgaben 15–17

Aufgaben

1. Für die Ereignisse E und F gelte $P(E) = \frac{1}{3}$, $P(F) = \frac{1}{4}$, $P(E \cap F) = \frac{1}{12}$. Berechnen Sie folgende Wahrscheinlichkeiten.
   a) $P_E(F)$ b) $P_F(E)$ c) $P(E \cup F)$ d) $P_{\overline{E}}(\overline{F})$ e) $P_{\overline{F}}(\overline{E})$

2. Jemand wählt auf gut Glück eine natürliche Zahl aus der Menge $\{1;2;\ldots;100\}$ aus. Wir betrachten die Ereignisse
   $A :=$ Die Zahl ist gerade. $B :=$ Die Zahl ist durch 3 teilbar.
   $C :=$ Die Zahl ist durch 4 teilbar. $D :=$ Die Zahl ist durch 12 teilbar.

   a) Berechnen Sie $P(A), P(B), P(C)$ und $P(D)$.
   b) Berechnen Sie die folgenden Wahrscheinlichkeiten, und geben Sie mit Worten die Aussage der Symbole wieder.
      1) $P_A(B)$ und $P_B(A)$ 4) $P_B(C)$ und $P_C(B)$
      2) $P_A(C)$ und $P_C(A)$ 5) $P_B(D)$ und $P_D(B)$
      3) $P_A(D)$ und $P_D(A)$ 6) $P_C(D)$ und $P_D(C)$

3. Mit welcher Wahrscheinlichkeit ist eine ungerade Augensumme beim Würfeln mit zwei regulären Würfeln eine Primzahl?

4. Aus der Menge der Zahlen von 10 bis 99 wird auf gut Glück eine ausgewählt. Mit welcher Wahrscheinlichkeit ist das Produkt der Ziffern gerade, falls die Summe der beiden Ziffern
a) gerade, b) 7, c) Primzahl, d) durch 3 teilbar, e) größer als 5 ist?

5. Andrea wirft 10mal eine reguläre Münze. Mit welcher Wahrscheinlichkeit liegen lauter Wappen oben, falls
a) die erste Münze Wappen zeigt,
b) mindestens eine Münze Wappen zeigt,
c) mindestens fünf Münzen Wappen zeigen?

6. Aus einer Urne, die drei weiße und zwei schwarze Kugeln enthält, wurden auf gut Glück zwei Kugeln entnommen und in eine zweite Urne gelegt, in der sich bereits vier weiße und vier schwarze Kugeln befanden. Wie groß ist die Wahrscheinlichkeit dafür, daß eine hierauf zufällig aus der zweiten Urne entnommene Kugel weiß ist?

7. Die neu eingestellte Zimmerfrau einer Pension hat fünf verschiedene Schlüssel, um die Zimmer zu öffnen. Als sie ihre Arbeit beginnt, nimmt sie nach und nach zufällig einen Schlüssel und probiert ihn aus. Schlüssel, die nicht passen, legt sie beiseite. Wie groß ist die Wahrscheinlichkeit dafür, daß
a) der richtige Schlüssel beim zweiten Griff gezogen wird,
b) der richtige Schlüssel beim dritten Griff gezogen wird?

8. In einem großen Sportverein trainieren 50 männliche und 80 weibliche Mitglieder. Außerdem gibt es im Verein noch 120 männliche und 30 weibliche passive Mitglieder. Aus der Mitgliederkartei wird auf gut Glück eine Person ausgewählt. Wie groß sind die Wahrscheinlichkeiten der folgenden Ereignisse?
a) Die ausgewählte Person ist männlich.
b) Die ausgewählte Person ist aktives Mitglied.
c) Die ausgewählte Person ist weiblich, wenn man weiß, daß sie ein aktives Mitglied ist.

9. Für die Aussaat wurde Saatweizen der Sorte I mit einer gewissen Menge Zusatz anderer Sorten II, III und IV vorbereitet. Wir nehmen eines dieser Körner. Das Ereignis, welches darin besteht, daß dieses Korn von der Sorte I ist, bezeichnen wir mit A_1, daß es von der Sorte II ist, mit A_2, und so weiter. Es seien die Wahrscheinlichkeiten dafür bekannt, daß ein aufs Geratewohl entnommenes Korn von dieser oder jener Sorte ist. Wir wählen die folgenden Wahrscheinlichkeiten:

$P(A_1) = 0,96\,,\ P(A_2) = 0,01\,,\ P(A_3) = 0,02\,,\ P(A_4) = 0,01.$
(Es liegt ein vollständiges System von Ereignissen vor. Deshalb ist auch die Summe der obigen vier Zahlen gleich Eins.)

Daß aus einem Korn eine Ähre wächst, die nicht weniger als 50 Körner enthält, geschehe mit den folgenden Wahrscheinlichkeiten:

0,50 für ein Korn der Sorte I, 0,15 für ein Korn der Sorte II,
0,20 für ein Korn der Sorte III, 0,05 für ein Korn der Sorte IV.

Es wird die unbedingte Wahrscheinlichkeit für den Fall gesucht, daß eine Ähre nicht weniger als 50 Körner enthält.

10. Die Wahrscheinlichkeit, daß einem Autofahrer in einem Wohngebiet ein Ball vor das Auto rollt, sei gleich 2%. Die Wahrscheinlichkeit dafür, daß hinter einem Ball ein Kind auf die Straße läuft, sei 95%. Wie groß ist die Wahrscheinlichkeit dafür, daß

    a) einem Ball ein Kind folgt (bedingte Wahrscheinlichkeit),
    b) ein Ball auf die Straße rollt *und* ein Kind auf die Straße läuft?

11. Urnen-Experiment von Pólya: In einer Urne sind zwei rote und drei weiße Kugeln. Es wird eine Kugel gezogen. Diese Kugel und eine weitere von derselben Farbe werden in die Urne zurückgelegt. Dies wird mehrmals wiederholt.

    Das Pólya-Urnen-Experiment ist als Modell für die Ausbreitung einer Infektionskrankheit gedacht. Das Ziehen einer Kugel bedeutet: Ansteckung einer Person mit einem Krankheitserreger.
    Rote Kugel: Die Krankheit bricht aus.
    Weiße Kugel: Die Krankheit bricht trotz Ansteckung nicht aus, da die anzusteckende Person geimpft und damit immunisiert ist.

    Das Hinzufügen roter bzw. weißer Kugeln bedeutet dann, daß jeder Krankheitsfall die Wahrscheinlichkeit neuer Krankheitsfälle erhöht; jeder »Immunitätsfall« diese Wahrscheinlichkeit erniedrigt. Der Inhalt der Urne gibt jeweils die augenblickliche Wahrscheinlichkeit für eine Ansteckung an.

    Wie groß ist bei diesem Experiment die Wahrscheinlichkeit dafür, daß man
    a) bei den ersten beiden Zügen je eine rote Kugel zieht,
    b) bei den ersten drei Zügen je eine rote Kugel zieht,
    c) bei den ersten drei Zügen je eine weiße Kugel zieht?
    Deuten Sie die ermittelten Zahlen.

12. a) Eine Sendung von 1 000 Glühlampen bildet die Grundlage für einen Zufallsversuch. Es ist bekannt, daß darin mit gleicher Wahrscheinlichkeit 0, 1, 2, 3, 4 bzw. 5 Lampen nicht funktionieren.
    Wie groß ist die Wahrscheinlichkeit dafür, daß 100 zufällig entnommene Lampen sämtlich ganz sind?

    b) Pakete mit je 1 000 Lampen Inhalt haben die obige Eigenschaft. Zufällig wird ein Paket herausgegriffen, geöffnet, und 100 Lampen werden getestet. Sie funktionieren alle. Wie groß ist die Wahrscheinlichkeit dafür, daß das Paket keine defekten Lampen enthält?

13. In einem Betrieb arbeiten zwei Produktionslinien. Sie stellen dieselben Teile her. Die erste Linie produziert 40% aller Teile; die zweite Linie alle übrigen. Die erste Linie ist schon wesentlich länger in Betrieb und produziert altersbedingt 3% Ausschuß, während der Ausschußanteil der zweiten Linie nur 0,5% beträgt. Ein Kontolleur entnimmt ein Teil und stellt fest, daß es Ausschuß ist. Mit welcher Wahrscheinlichkeit wurde es auf der zweiten Linie hergestellt?

*14. Die Wahrscheinlichkeit dafür, daß sich ein Brief in einem Schreibtisch befindet, sei gleich p, wobei er dann mit gleich großer Wahrscheinlichkeit in einem der acht Schubfächer liegen kann. Es wurden sieben Schubfächer durchsucht und der Brief nicht gefunden. Wie groß ist die Wahrscheinlichkeit dafür, daß der Brief im achten Schubfach liegt?

15. a) Zeigen Sie: Sind A und B zwei unabhängige Ereignisse, dann sind auch A und $\overline{B}$, $\overline{A}$ und B, sowie $\overline{A}$ und $\overline{B}$ unabhängig.
    b) Die Ereignisse A_1 und A_2 seien unabhängig, und es gelte $P(A_1) = \frac{1}{2}$, $P(A_2) = \frac{1}{3}$. Berechnen Sie die Wahrscheinlichkeiten
    (i) für das Eintreten aller dieser Ereignisse,
    (ii) für das Eintreten von genau einem dieser Ereignisse,
    (iii) für das Eintreten von mindestens einem dieser Ereignisse.

16. Beweisen Sie: Ein Ereignis A mit $P(A) > 0$ ist genau dann von sich selbst unabhängig, wenn gilt: $P(A) = 1$.

17. Im Beispiel 12 werde das Telefonnetz durch eine Leitung zwischen den Orten 3 und 4 erweitert. Ermitteln Sie für dieses Netz die Wahrscheinlichkeit dafür, daß kein Telefongespräch zwischen den Orten 1 und 4 möglich ist.

B 4 Geometrische Wahrscheinlichkeit

B 4.1 Definition der geometrischen Wahrscheinlichkeit

Susanne und Thomas wollen gemeinsam zur Disco fahren. Thomas bekommt dafür von seinem Vater das Auto. Die beiden verabreden sich für die Zeit zwischen 18.30 Uhr und 19.00 Uhr am Gasthof »Zur Linde«.
Mit welcher Wahrscheinlichkeit muß keiner der beiden auf den anderen länger als 10 Minuten warten? Dabei werde angenommen, daß jeder von beiden im angegebenen Zeitraum am verabredeten Ort eintrifft.
Will man sich bei der Lösung des Problems nicht darauf beschränken, daß die beiden zu vollen Minuten am verabredeten Ort eintreffen, so stößt man hier auf ein Zufallsexperiment, bei dem die möglichen Ergebnisse keine endliche Menge mehr bilden.

Mögliche Ergebnisse sind (Zeit-) Punktepaare $(s;t)$ mit s, t aus dem Zeitintervall von 18.30 bis 19.00 Uhr. In Abbildung 15 sind die Ergebnismenge und das Ereignis
$A :=$ keiner der beiden muß länger als 10 min warten
geometrisch veranschaulicht. Unterstellt man nun, daß alle Punktepaare $(s;t) \in \Omega$ die gleiche Chance haben, bei dem Zufallsversuch einzutreten, so bedeutet dies, daß die Wahrscheinlichkeit für das Eintreten eines Ereignisses von der Größe seiner Fläche abhängt.

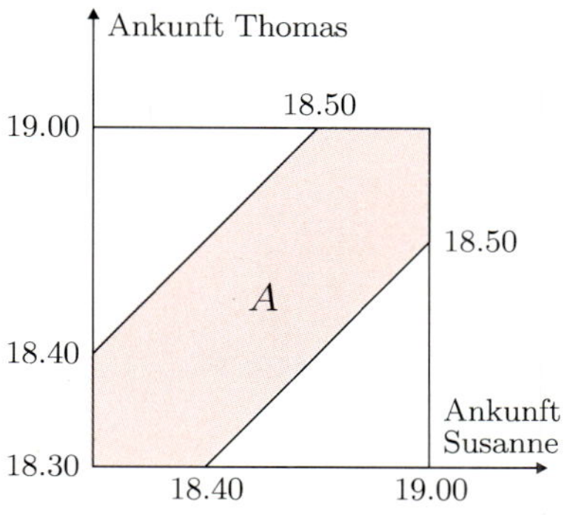

Abb. 15

geometrische Wahrscheinlichkeit

Definition 7
Ist die Ergebnismenge Ω ein endliches Flächenstück in der Ebene und $\mathcal{F}$ ein Ereignisfeld von Teilflächen von Ω, dann nennt man die Funktion P, die jedem Ereignis A die Wahrscheinlichkeit

$$P(A) := \frac{\text{Flächeninhalt von } A}{\text{Flächeninhalt von } \Omega}$$

zuordnet, die **geometrische Wahrscheinlichkeitsfunktion.**

Satz 16
Die geometrische Wahrscheinlichkeitsfunktion P besitzt folgende Eigenschaften:

1. Für alle Ereignisse E gilt $0 \leqq P(E) \leqq 1$.

2. Für das sichere Ereignis Ω ist $P(\Omega) = 1$.

3. Sind E und F zwei unvereinbare Ereignisse, d.h. $E \cap F = \emptyset$, dann gilt

$$P(E \cup F) = P(E) + P(F).$$

Der Beweis verläuft nach demselben Schema wie im Fall der Laplaceschen Wahrscheinlichkeitsfunktion über einer endlichen Ergebnismenge und endlichem Ereignisfeld.

Die Eigenschaften der geometrischen Wahrscheinlichkeitsfunktion sind eng gekoppelt mit den Eigenschaften der Flächeninhaltsfunktion. Im Zusammenhang mit der Definition des bestimmten Integrals als Zahlenwert für den Flächeninhalt einer Fläche unter einer Kurve wurde ein Approximationsprinzip deutlich: Der Zahlenwert des Flächeninhalts einer geometrischen Figur läßt sich ermitteln als Grenzwert der Zahlenwerte der Flächeninhalte von geometrischen Figuren, die aus paarweise elementefremden Rechtecken zusammengesetzt sind. Dieses Prinzip überträgt sich auf die geometrische Wahrscheinlichkeitsfunktion.

Satz 17
Ist $A_1, A_2, \ldots, A_n, \ldots$ eine unendliche Folge von paarweise unvereinbaren Ereignissen und A die Vereinigungsmenge dieser Ereignisse, so gilt für die geometrische Wahrscheinlichkeitsfunktion P

$$P(A) = \lim_{n \to \infty} \sum_{i=1}^{n} P(A_i) = \sum_{i=1}^{\infty} P(A_i).$$

Ist Ω ein endlicher *Körper im Raum* und $\mathcal{F}$ ein Ereignisfeld von Teilkörpern von Ω, so ist in der Definition der geometrischen Wahrscheinlichkeit der Flächeninhalt durch das Volumen zu ersetzen. Ist Ω ein *Teil der Zahlengeraden,* dann ist die geometrische Wahrscheinlichkeit mit Hilfe der Länge anstelle des Flächeninhalts definiert.

⑱

Beantworten Sie die oben gestellte Frage nach der Wahrscheinlichkeit, daß weder Susanne noch Thomas länger als 10 Minuten auf den anderen warten müssen.

Beispiel 13

Auf der Kreislinie des Einheitskreises wird zufällig ein Punkt Z gewählt. Wie groß ist die Wahrscheinlichkeit dafür, daß die Sehne durch Z und den Punkt E(1 ; 0) kleiner ist als $\sqrt{2}$?

Lösung:

Als Ergebnismenge Ω kann man bei dem beschriebenen zufälligen Versuch das Intervall $[0;2\pi]$ wählen. Die Länge der Sehne durch den Punkt Z und den Punkt $E(1;0)$ ist kleiner als $\sqrt{2}$, wenn das Bogenmaß des Bogens EZ zwischen 0 und $\frac{\pi}{2}$ liegt. Das ist auf zwei Arten realisierbar; einmal, wenn der Punkt Z im ersten Quadranten liegt, und zum anderen, wenn der Punkt Z im vierten Quadranten liegt. In Abbildung 16 sind zwei verschiedene Versuchsergebnisse Z' und Z'' angegeben. In Abbildung 17 sind Ω und das interessierende Ereignis A geometrisch veranschaulicht. Die gesuchte Wahrscheinlichkeit ist dann

$$P(A) = \frac{\text{Gesamtlänge von } A}{\text{Länge von } \Omega} = \frac{2 \cdot \frac{\pi}{2}}{2\pi} = 0,5.$$

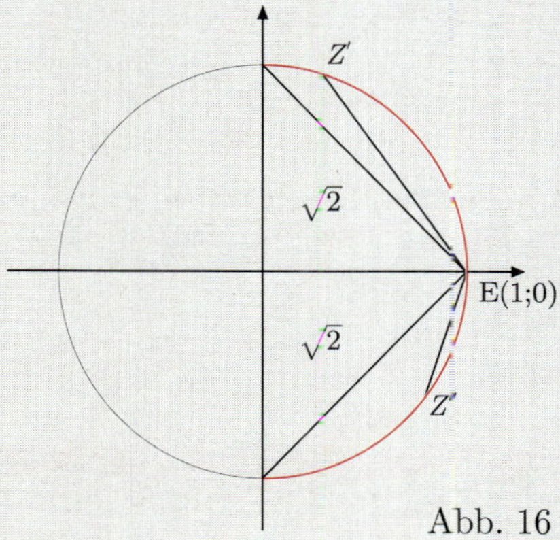

Abb. 16

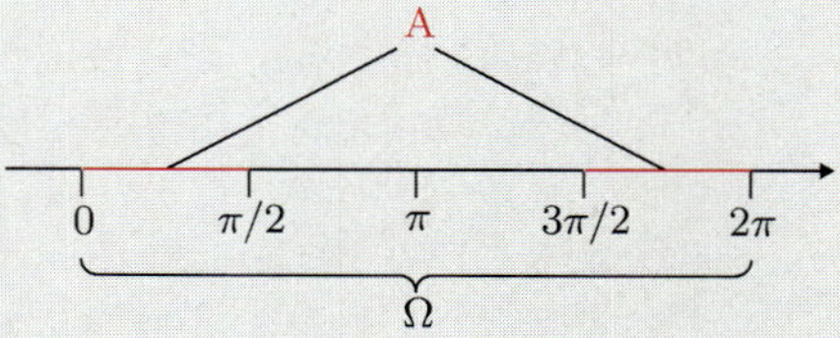

Abb. 17

Aufgaben 1–7

B 4.2 Die Monte-Carlo-Methode

Der Begriff der geometrischen Wahrscheinlichkeit kann im Zusammenhang mit der sogenannten **Monte-Carlo-Methode** sehr nutzbringend angewendet werden. Die erste Idee zur Nutzung von Zufallsexperimenten auf dem Gebiet der numerischen Berechnungen stammt aus dem Jahre 1878, als die Arbeit von A. HALL über die Bestimmung der Zahl π erschien. Wir wollen uns einer Problemstellung zuwenden, die schon häufig im Mathematikunterricht eine Rolle gespielt hat – der Berechnung von Flächeninhalten. Alle bisherigen diesbezüglichen Verfahren gestatteten es nur in recht speziellen Fällen (Dreiecke, Rechtecke, Flächen unter einfachen Kurvenstücken, etc.), diese Inhalte wirklich auszurechnen. Die Monte-Carlo-Methode bietet nun die Möglichkeit, Inhalte beliebiger geometrischer Figuren näherungsweise zu schätzen.

Es soll mit Hilfe eines geeigneten Zufallsexperiments ein Schätzwert für den Inhalt der rot gekennzeichneten Fläche (Abb. 18) ermittelt werden. Die Gleichung der begrenzenden Kurve ist

$$y = \frac{b}{a}\sqrt{a^2 - x^2};$$

a und b sind vorgegebene positive Zahlen.

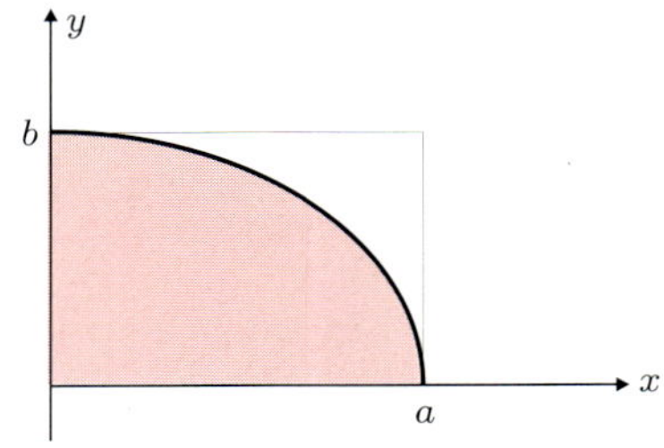

Abb. 18

Diese Kurve beschreibt den rechten oberen Rand einer Viertelellipse (vgl. Abb. 18). Gesucht ist also ein Schätzwert für den Flächeninhalt der Viertelellipse.
Zur Lösung dieses Problems wäre folgendes Vorgehen denkbar:

1. Es wird ein Bild von der Viertelellipse gezeichnet.

2. Der Viertelellipse wird das Rechteck Ω mit den Seitenlängen a, b umbeschrieben (s. Abb. 18).

3. Mit Hilfe eines Rechners werden zwei Zufallszahlen erzeugt, die man als Koordinaten eines Punktes aus Ω deutet.

4. Die Ergebnismenge ist Ω. Die Viertelellipse ist eine Teilfläche von Ω. Sie kann als Ereignis interpretiert werden (Ereignis A). Entsprechend der geometrischen Definition der Wahrscheinlichkeit gilt dann

$$P(A) = \frac{\text{Flächeninhalt der Viertelellipse}}{\text{Flächeninhalt des Rechtecks}} = \frac{F(A)}{F(\Omega)}.$$

5. Der Zufallsversuch wird für eine große Anzahl n von Versuchswiederholungen ausgeführt und die relative Häufigkeit $h_n(A)$ ermittelt. Nach dem empirischen Gesetz der großen Zahlen ist $h_n(A)$ ein Schätzwert für $P(A)$: $h_n(A) \approx P(A)$.

6. Ein Schätzwert für $F(A)$ ergibt sich damit zu $F(A) \approx h_n(A) \cdot F(\Omega)$.

Allgemeines Vorgehen beim Anwenden der Monte-Carlo-Methode für Flächeninhalte:

Fläche F zeichnen
Rechteck umbeschreiben
Anzahl n von Versuchswiederholungen festlegen Erfolgshäufigkeit H gleich Null setzen

Für $i = 1$ bis n
tue
    Punkt im Rechteck zufällig erzeugen
    Testen, ob dieser Punkt in F liegt
    ja: $H := H + 1$ / nein: –

Relative Trefferhäufigkeit berechnen: $h := \frac{H}{n}$
Kommentar: Die relative Trefferhäufigkeit h multipliziert mit dem Flächeninhalt des umschriebenen Rechtecks ist der gesuchte Schätzwert für den Flächeninhalt der untersuchten Fläche.

Als Rechtfertigung für die Richtigkeit dieses Verfahrens sei nochmals an das empirische Gesetz der großen Zahlen erinnert, welches besagt, daß mit größer werdender Anzahl der Versuchswiederholungen sich die relativen Häufigkeiten für das Eintreten eines Ereignisses stabilisieren, und zwar bei der Wahrscheinlichkeit des Ereignisses.

(19)

Ermitteln Sie mit Hilfe der Monte-Carlo-Methode einen Schätzwert für den Flächeninhalt einer Viertelellipse, d.h. den Inhalt der Fläche unter der Kurve

$$y = \frac{b}{a}\sqrt{a^2 - x^2}$$

für die Zahlen $a = 1$ und $b = 0{,}5$.
Hinweis: Erzeugen Sie mit einem Computer Zufallszahlen x_i aus $[\,0\,;1\,]$ und y_i aus $[\,0\,;0{,}5\,]$. Untersuchen Sie, ob der Punkt $P_i(x_i; y_i)$ unterhalb der Kurve liegt oder nicht.

Aufgaben 8–10

Aufgaben

1. Beweisen Sie, daß die geometrische Wahrscheinlichkeitsfunktion die folgenden Eigenschaften besitzt:

   (i) Sind E und F zwei Ereignisse und zieht das Ereignis E das Ereignis F nach sich, d.h. $E \subset F$, dann ist $P(E) \leqq P(F)$.
   (ii) Ist $\overline{E}$ das Gegenereignis zum Ereignis E, so gilt $P(\overline{E}) = 1 - P(E)$.
   (iii) Sind E und F zwei beliebige Ereignisse, so gilt
   $P(E \cup F) = P(E) + P(F) - P(E \cap F)$.

2. Aus dem Intervall $[0;1]$ wird zufällig eine Zahl ausgewählt. Wie groß ist die Wahrscheinlichkeit dafür, daß
   a) die Zahl größer als $\frac{3}{4}$ ist,
   b) die Zahl zwischen $\frac{1}{4}$ und $\frac{3}{4}$ liegt,
   c) der Abstand der Zahl zu $\frac{2}{5}$ größer als $\frac{1}{5}$ ist,
   d) der Abstand der Zahl zu $\frac{3}{5}$ kleiner als $\frac{1}{5}$ ist?

3. In einem Quadrat der Seitenlänge 10 cm wird zufällig ein Punkt ausgewählt. Um diesen Punkt wird ein Kreis vom Radius 2 cm gezeichnet. Wie groß ist die Wahrscheinlichkeit dafür, daß dieser Kreis ganz im Inneren des Quadrates liegt?

4. Im Inneren einer Kugel vom Radius r=5cm wird auf gut Glück ein Punkt gewählt. Wie groß ist die Wahrscheinlichkeit dafür, daß der Abstand dieses Punktes vom Mittelpunkt nicht größer als 2cm ist?

5. Ein Zufallsversuch bestehe in der willkürlichen Auswahl von zwei Punkten aus dem Intervall $[0;1]$.

   a) Veranschaulichen Sie die Menge der Ergebnisse geometrisch.

   b) Veranschaulichen Sie geometrisch die folgenden Ereignisse:
   $A :=$ Menge aller Zahlenpaare $(a;b)$, deren Summe nicht größer als 1 ist;
   $B :=$ Menge aller Zahlenpaare $(a;b)$, für die entweder
   $\frac{a}{b} \leqq \frac{2}{9}$ oder $\frac{b}{a} \leqq \frac{2}{9}$ gilt;
   $A \cap B$;
   $B \setminus A$.

   c) Berechnen Sie die Wahrscheinlichkeiten der Ereignisse A, B, $A \cap B$ und $B \setminus A$.

6. An einer Tankstelle kommen an einer Tanksäule innerhalb von zehn Minuten zwei Autos zufällig an. Bestimmen Sie die Wahrscheinlichkeit dafür, daß eines der Autos an der Tanksäule warten muß, wenn die Bedienzeit für das eine Auto zwei Minuten und für das andere Auto drei Minuten beträgt.

*7. Ein Stab der Länge l wird auf gut Glück in drei Teile zerbrochen. Wie groß ist die Wahrscheinlichkeit dafür, daß sich aus den Teilen ein Dreieck legen läßt?

8. Schätzen Sie mit Hilfe der Monte-Carlo-Methode den Flächeninhalt unter dem Graphen der Sinus-Funktion im Intervall $[\,0\,;\pi\,]$. Vergleichen Sie die Schätzwerte für verschiedene Anzahlen von Versuchswiederholungen mit dem wahren Wert.

9. Eine in der Mathematik und speziell in der Wahrscheinlichkeitsrechnung oft benötigte Funktion ist die Gaußsche Glockenkurve. Ihre Funktionsgleichung ist

$$\varphi(x) = \frac{1}{\sqrt{2\pi}}\, e^{-\frac{x^2}{2}}\,.$$

Das Integral über diese Funktion läßt sich mit analytischen Mitteln nicht errechnen.

a) Erstellen Sie für das Intervall $[\,-3;+3\,]$ eine Wertetabelle für die Funktion φ, und skizzieren Sie den Graphen.

b) Ermitteln Sie mit Hilfe der Monte-Carlo-Methode einen Schätzwert für das Integral $\int\limits_{-3}^{0} \varphi(x)\,dx$

c) Wie würden Sie verfahren, wenn ein Schätzwert für $\int\limits_{-\infty}^{0} \varphi(x)\,dx$ gesucht ist?

*10. In einem Wechselstromkreis mit der Frequenz $\omega = 50$ Hz wurden der Spannungs- und der Stromstärkenverlauf verfolgt. Es ergab sich folgender Zusammenhang zwischen der Spannung U und der Zeit t sowie zwischen der Stromstärke I und der Zeit t:

$$U(t) = U_0\,\sin(2\pi\omega\, t), \quad , I(t) = I_0 \cos(2\pi\omega\, t + \frac{\pi}{4}),$$

wobei U_0 die maximale Spannung, I_0 die Stomstärkenamplitude und $\frac{\pi}{4}$ eine Phasenverschiebung sind. Die Funktion $P(t) = U(t){\cdot}I(t)$ beschreibt die Scheinleistung, während die Fläche zwischen der Funktionskurve von $P(t)$ und der t-Achse ein Maß für die umgewandelte elektrische Energie ist.
Man ermittle mit Hilfe der Monte–Carlo–Methode die umgewandelte elektrische Energie im Zeitintervall von $[\,0\,;0{,}01\,]$ Sekunden.

B 5 Die Axiome von Kolmogorov

In den vorangegangenen Abschnitten haben wir gesehen, wie man unter Heranziehung von Vorstellungen über die Chancen des Eintretens von Ereignissen Wahrscheinlichkeitsfunktionen so festlegen kann, daß sie dem im alltäglichen Leben verwendeten Begriff der Wahrscheinlichkeit gut entsprechen.
Weiterhin wurde deutlich, daß allen diesen Wahrscheinlichkeitsfunktionen gewisse Eigenschaften gemeinsam sind. Der Moskauer Mathematiker A.N. KOLMOGOROV (1903–1987) arbeitete daran, die mathematischen Grundlagen der Wahrscheinlichkeitsrechung exakt zu fassen. Es war sein Ziel, ein System von Grundannahmen über die Wahrscheinlichkeit aufzustellen, aus dem sich dann alle weiteren Teile der mathematischen Theorie durch das Definieren von Begriffen und das Beweisen von Sätzen herleiten lassen. Solche Grundannahmen nennt man **Axiome**.
In seiner 1933 in deutscher Sprache erschienenen Arbeit »Grundbegriffe der Wahrscheinlichkeitsrechnung« veröffentlichte Kolmogorov ein Axiomensystem für die Wahrscheinlichkeitsrechung, das auch heute noch für viele Forschungsarbeiten auf dem Gebiet der Wahrscheinlichkeitsrechnung und mathematischen Statistik die Grundlage bildet.

Die Axiome von Kolmogorov

Die Axiome von Kolmogorov
Sei Ω eine Menge von Elementen, die Ergebnisse heißen sollen und $\mathcal{F}$ eine Menge von Teilmengen von Ω, die Ereignisse genannt werden. Die Menge $\mathcal{F}$ heißt das Ereignisfeld. Für die Ereignisse gilt:
Axiom 1: Mit je zwei Ereignissen E, F aus $\mathcal{F}$ sind auch $E \cup F$, $E \cap F$ und $E \setminus F$ Elemente von $\mathcal{F}$.
Axiom 2: $\Omega \in \mathcal{F}$
Es gibt eine reellwertige Funktion P mit dem Ereignisfeld $\mathcal{F}$ als Definitionsbereich, genannt die Wahrscheinlichkeit. Für diese gilt:
Axiom 3: Für alle $E \in \mathcal{F}$ gilt $0 \leqq P(E) \leqq 1$.
Axiom 4: $P(\Omega) = 1$
Axiom 5: Für jedes Paar $E, F \in \mathcal{F}$ unvereinbarer Ereignisse gilt

$$P(E \cup F) = P(E) + P(F).$$

Jedes Tripel $(\Omega, \mathcal{F}, P)$, welches die obigen Axiome erfüllt, heißt ein **Wahrscheinlichkeitsraum.**

Aus diesen Axiomen lassen sich weitere Eigenschaften der Wahrscheinlichkeitsfunktion P ableiten.

Satz 18
Für jede Wahrscheinlichkeitsfunktion P gilt:
1. Zieht das Ereignis E das Ereignis F nach sich, d.h. ist $E \subset F$, dann gilt

$$P(E) \leqq P(F).$$

2. Sind E und F zwei beliebige Ereignisse, so gilt

$$P(E \cup F) = P(E) + P(F) - P(E \cap F).$$

Beweis:
1. Sind E und F zwei Ereignisse und gilt $E \subset F$, dann kann F dargestellt werden als $F = E \cup G$, wobei G so gewählt werden kann, daß $E \cap G = \emptyset$ erfüllt ist. Die Behauptung 1 folgt jetzt sofort aus den Axiomen 5 und 3.

2. Seien E und F beliebig gewählt. Dann kann man E zerlegen in die unvereinbaren Ereignisse $E \setminus F$ und $E \cap F$. F ist zerlegbar in $F \setminus E$ und $E \cap F$. Außerdem ist

$$E \cup F = (E \setminus F) \cup (E \cap F) \cup (F \setminus E)$$

(s. Abb. 19). Daraus folgt unter zweimaliger Nutzung von Axiom 5

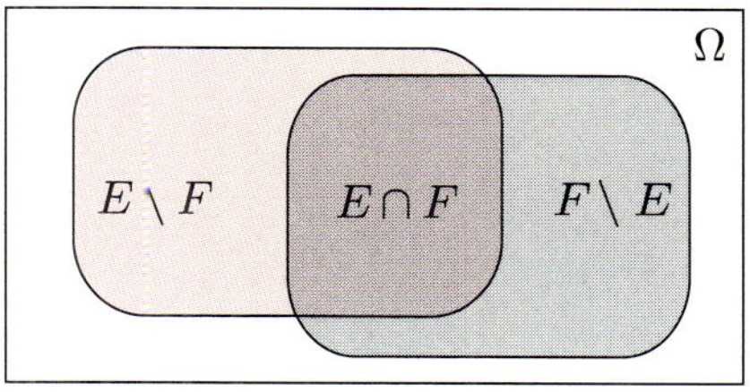

Abb. 19

$$\begin{aligned} P(E \cup F) &= P(E \setminus F) + P(E \cap F) + P(F \setminus E) \\ &= P(E \setminus F) + P(E \cap F) + P(F \setminus E) + P(E \cap F) - P(E \cap F) \\ &= P(E) + P(F) - P(E \cap F), \end{aligned}$$

was zu zeigen war.

Kolmogorov erkannte später, daß sein Axiomensystem im Fall *unendlicher* Ergebnismengen (z. B. bei geometrischen Wahrscheinlichkeiten) noch nicht ausreichte. Er fügte deshalb noch ein Axiom hinzu.

Axiom 6:
Ist $A_1, A_2, \ldots, A_n, \ldots$ eine unendliche Folge von paarweise unvereinbaren Ereignissen und A die Vereinigungsmenge dieser Ergebnisse, so gilt

$$P(A) = \lim_{n\to\infty} \sum_{i=1}^{n} P(A_i) = \sum_{i=1}^{\infty} P(A_i).$$

(20)
Vergleichen Sie Axiom 6 mit Satz 17 und den dortigen Ausführungen zum Integral.

Aufgaben

1. Beweisen Sie unter ausschließlicher Nutzung der Axiome und der als richtig erkannten Eigenschaften aus Satz 18, daß für jede Wahrscheinlichkeitsfunktion P gilt:
   a) $P(\emptyset) = 0$,
   b) für jedes Ereignis E ist $P(\overline{E}) = 1 - P(E)$.

2. Beweisen Sie:
   Sind E und F zwei Ereignisse mit $F \subset E$, dann gilt $P(E \setminus F) = P(E) - P(F)$.

3. Beweisen Sie: Sind E, F und G drei Ereignisse, dann gilt:

   a) $P(E \cup F \cup G) = P(E) + P(F) + P(G) - P(E \cap F) - P(F \cap G) - P(G \cap E) + P(E \cap F \cap G)$,

   b) $P(E \cap F) + P(F \cap G) + P(G \cap E) \geqq P(E) + P(F) + P(G) - 1$,

   c) $P(E \cap F) + P(E \cap G) - P(F \cap G) \leqq P(E)$.

Kurzvortragsthemen

1. Nennen Sie wesentliche Merkmale eines Zufallsversuchs.
   Sprechen Sie über Gemeinsamkeiten und Unterschiede von relativen Häufigkeiten und Wahrscheinlichkeiten.

2. Sprechen Sie über den Zusammenhang zwischen der Pfadregel und dem Satz von der totalen Wahrscheinlichkeit anhand des folgenden Beispiels: Aus einer Urne mit sechs schwarzen und vier weißen Kugeln werden nacheinander ohne Zurücklegen drei Kugeln entnommen.

3. Erläutern Sie die Nützlichkeit von Baumdiagrammen für die Lösung von Aufgaben anhand eines selbst gewählten Urnenexperiments.

4. Sprechen Sie über mögliche Lösungsansätze für folgende Aufgabe:
   In einer Bibliothek stehen die Bücher in drei Räumen. Im Raum $\mathcal{A}$ stehen 1 500 deutsche und ebensoviele englische Werke. Im Raum $\mathcal{B}$ sind es 1500 deutsche und 800 englische; im Raum $\mathcal{C}$ 800 deutsche und 400 englische. Ein Leser nimmt zufällig ein Buch. Mit welcher Wahrscheinlichkeit ist es ein deutsches?

C Zufallsgrößen

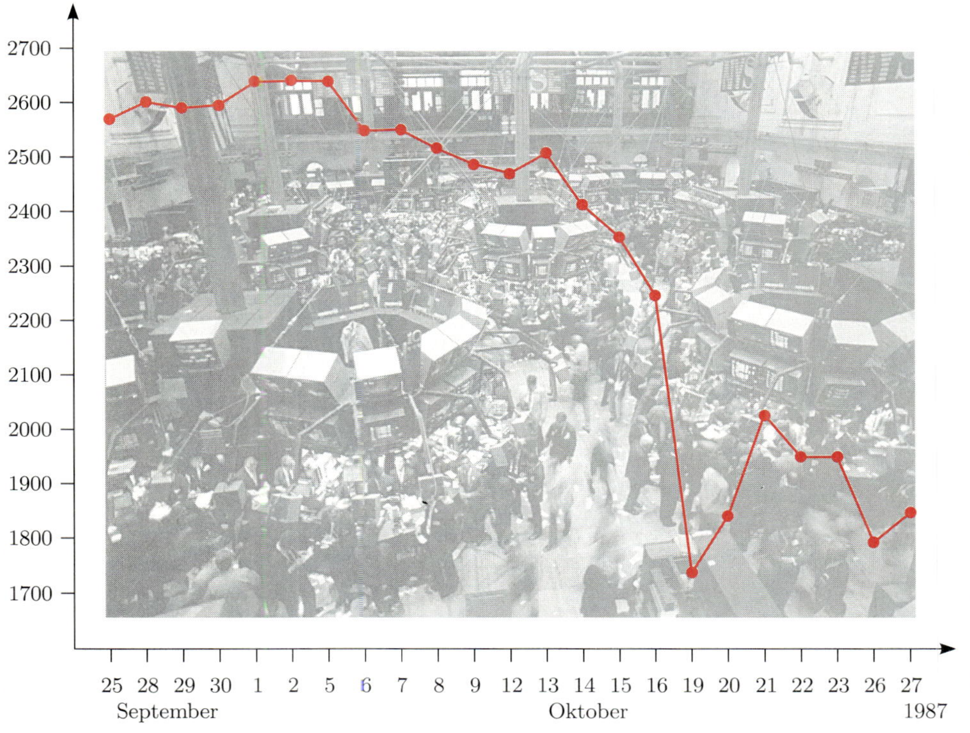

Bei statistischen Erhebungen und Betrachtungen von Zufallsexperimenten traten uns als Beobachtungsdaten Objekte von ganz verschiedenem Charakter entgegen. Sind es in einem Physiklabor zufällig gestörte Spannungs- oder Stromstärkewerte, so können es in einer landwirtschaftlichen Forschungsstation keimfähige oder nichtkeimfähige Samenkörner sein. Bei Erhebungen im Bankgewerbe geht es u. a. um Umsatzgrößen oder Kundenzahlen.
Das Bild zeigt den Börsensaal der New Yorker Börse im Oktober 1987, als es zu den größten Kursverlusten auf dem Aktienmarkt seit der Weltwirtschaftskrise 1929 kam. Der Polygonzug gibt den Stand des Dow Jones Aktienindex in diesen Tagen wieder.
Fast immer sind es zahlenmäßig erfaßbare Größen, die bei den Untersuchungen des Zufallsgeschehens von Interesse sind. Diese Erkenntnis soll im Mittelpunkt des folgenden Abschnittes stehen.

C 1 Zufallsgrößen als Abbildungen

Auf einer automatischen Produktionslinie werden Farbbildröhren hergestellt. Um die Qualität der Bildröhren weiter zu verbessern, wird nach den Hauptursachen für Mängel gesucht. Man weiß aufgrund der Reklamationen der weiterverarbeitenden Werksabschnitte und der Kunden, daß 99% der Röhren der Norm entsprechen. Um Mängelursachen zu analysieren, muß man der laufenden Produktion Farbbildröhren entnehmen. Findet sich eine nicht normgerechte, wird diese weiter untersucht.

Man kann die wiederholte Entnahme von Bildröhren bis zum Auftreten einer nicht normgerechten als einen *Zufallsversuch* betrachten.

Die zugehörige Ergebnismenge Ω kann dabei wie folgt beschrieben werden: Steht n für eine normgerechte Röhre und m für eine mangelhafte, so bedeute

$(m) :=$ die erste entnommene Röhre war mangelhaft,
$(n;m) :=$ erst die zweite entnommene Röhre war mangelhaft,
$(n;n;m) :=$ erst die dritte entnommene Röhre war mangelhaft, u.s.w.

Die Menge Ω besteht also aus allen endlichen Folgen der Form

$$(\underbrace{n; n; \ldots; n}_{l-mal}; m) \quad \text{mit } l \geqq 0.$$

Sie besitzt unendlich viele Elemente.

Zur Festlegung der Wahrscheinlichkeitsfunktion P nehmen wir an, daß die Röhren unabhängig voneinander produziert und entnommen werden. Ist p=0,99 die Wahrscheinlichkeit dafür, daß eine Röhre normgerecht ist, dann ist $q = 1 - p = 0,01$ die Wahrscheinlichkeit dafür, daß die Röhre mangelhaft ist. Wegen der Unabhängigkeit (s. Def. 6 Seite 69) gilt

$$P(\{(\underbrace{n; n; \ldots; n}_{l-mal}; m)\}) = \underbrace{p \cdot p \cdot \ldots \cdot p}_{l-mal} \cdot q.$$

Man kann nun jedem Ergebnis eine Zahl zuordnen, nämlich die Zahl der entnommenen Röhren. Wir bezeichnen diese eindeutige Abbildung mit X. Es gilt also:

$X((m)) = 1$, $X((n; m)) = 2$, $X((n; n; m)) = 3$,

allgemein: $X((\underbrace{n; n; \ldots; n}_{l-mal}; m)) = l + 1$.

Durch das Heranziehen einer derartigen Abbildung der Ergebnisse des Zufallsexperiments auf reelle Zahlen kann die Durchführung des Experiments jetzt als die zufällige Auswahl einer Zahl angesehen werden. Es gelingt so, in der Mathematik gut bekannte Objekte, nämlich Zahlen, zur Grundlage aller weiteren Betrachtungen zu machen.

Zufallsgröße

Definition 1
Sei $(\Omega, \mathcal{F}, P)$ ein Wahrscheinlichkeitsraum. Abbildungen X, die jedem Ergebnis ω der Ergebnismenge Ω eine reelle Zahl $X(\omega)$ zuordnen, heißen **Zufallsgrößen**.

Menge der möglichen Werte

Die Menge aller Bilder von Ergebnissen bei einer Zufallsgröße X wird im weiteren die **Wertemenge von X**, oder auch **die Menge der möglichen Werte** von X genannt. Sie ist im allgemeinen eine Teilmenge der reellen Zahlen.

Es sei ausdrücklich darauf hingewiesen, daß die Zuordnung $\omega \mapsto X(\omega)$ nicht zufällig ist. Der Zufall bleibt weiterhin im Wahrscheinlichkeitsraum $(\Omega, \mathcal{F}, P)$ modelliert.

Die Abbildungen X werden im allgemeinen nicht umkehrbar eindeutig sein. Es ist nämlich durchaus sinnvoll, Zufallsgrößen zu betrachten, bei denen mehrere Ergebnisse auf dieselbe Zahl abgebildet werden (siehe Abb. 1).

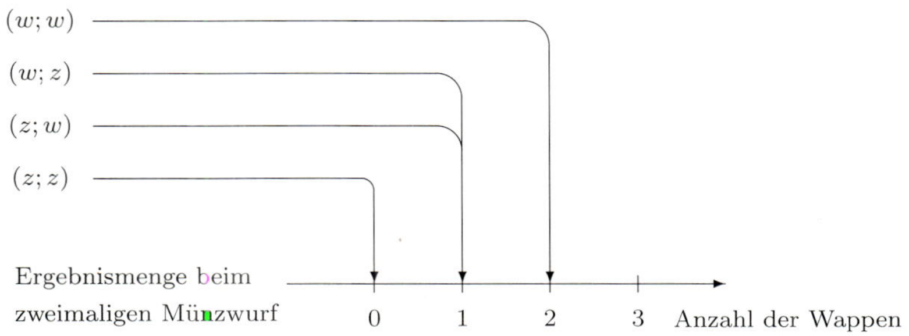

Abb. 1

(1)

Aus den USA ist das *chuck-a-luck*-Spiel überliefert. Ein Spieler zahlt an den Glücksspielleiter 1 $ Einsatz und nennt eine der Zahlen $1, 2, \ldots, 6$. Danach darf er dreimal würfeln. Zeigt der Würfel bei genau einem Wurf die genannte Zahl, so bekommt der Spieler 2 $ ausgezahlt. Zeigt der Würfel genau zweimal die genannte Zahl, erhält der Spieler 3 $, und sind alle drei Wurfergebnisse gleich der genannten Zahl, so werden 4 $ an den Spieler zurückgegeben. In allen anderen Fällen ist der Einsatz verloren.
Dieses Spiel soll auf mögliche Gewinne (Gewinn gleich Auszahlung minus Einsatz) hin untersucht werden.
Nehmen wir an, der Spieler hat die Zahl ›6‹ genannt.

a) Geben Sie die Ergebnismenge Ω an. Wie viele Ergebnisse enthält sie? Wie groß ist die Wahrscheinlichkeit jedes Elementarereignisses?

b) Jedem Ergebnis $\omega \in \Omega$ soll durch die Zufallsgröße X der Zahlenwert $X(\omega)$ des Gewinns zugeordnet werden, der beim Eintreten dieses Ergebnisses erzielt wird. So ist z. B. $X((6; 6; 1)) = 2$.
Geben Sie für mindestens fünf weitere Ergebnisse ω die Zahl $X(\omega)$ an.

c) Ermitteln Sie die Wertemenge der Zufallsgröße X.

d) Geben Sie alle Ergebnisse an, für die $X(\omega) = 3$ (bzw. 2 bzw. $\geqq 2$) ist.

e) Bestimmen Sie die zugehörigen Wahrscheinlichkeiten.

Im weiteren werden folgende abkürzende Schreibweisen benutzt:

1. (a) $P(X = a) := P(\{\omega \in \Omega | X(\omega) = a\}); \quad a \in \mathbb{R}$
   (b) $P(X < a) := P(\{\omega \in \Omega | X(\omega) < a\}); \quad a \in \mathbb{R}$

2. $P(a < X < b) := P(\{\omega \in \Omega | a < X(\omega) < b\}); \quad a, b \in \mathbb{R}; a < b.$

Sprechweise für $P(X = a)$: $P(X = a)$ ist die Wahrscheinlichkeit dafür, daß die Zufallsgröße X den Wert a annimmt.

Die Betrachtung von Zufallsgrößen, die die Ergebnisse eines interessierenden Zufallsversuchs auf reelle Zahlen abbilden, bringt für das weitere den bedeutsamen Vorteil, daß man mit Zufallsgrößen so rechnen kann, wie mit reellwertigen Funktionen.

Satz 1
Sind X, Y zwei Zufallsgrößen über demselben Wahrscheinlichkeitsraum $(\Omega, \mathcal{F}, P)$ und ist $a \in \mathbb{R}$ eine beliebige reelle Zahl, dann sind auch die Abbildungen

$$X + Y : \quad \Omega \to \mathbb{R} \quad \text{mit } X + Y : \omega \mapsto X(\omega) + Y(\omega),$$
$$a \cdot X : \quad \Omega \to \mathbb{R} \quad \text{mit } a \cdot X : \omega \mapsto a \cdot X(\omega)$$

und

$$X^2 : \quad \Omega \to \mathbb{R} \quad \text{mit } X^2 : \omega \mapsto (X(\omega))^2$$

Zufallsgrößen.

Während im Analysis-Kurs bei der Untersuchung von Funktionen solche Eigenschaften wie Stetigkeit, Differenzierbarkeit oder Monotonie im Mittelpunkt standen, werden bei der Betrachtung von Zufallsgrößen andere, neue Gesichtpunkte im Vordergrund stehen.
Zufallsgrößen kann man nach der Anzahl ihrer möglichen Werte unterscheiden. Sie heißen *diskret*, wenn sie nur endlich viele Werte (z.B. der Gewinn beim *chuck-a-luck*-Spiel) oder abzählbar unendlich viele Werte annehmen. Letzteres ist z.B. der Fall bei der Anzahl normgerechter Bildröhren bis zur ersten mangelhaften, da hierbei jede natürliche Zahl möglich ist.
Alle anderen Zufallsgrößen sind nicht diskret.

Aufgaben 1–2

C 2 Diskrete Zufallsgrößen

C 2.1 Definition diskreter Zufallsgrößen

diskrete Zufallsgröße

Definition 2
Eine Zufallsgröße X auf dem Wahrscheinlichkeitsraum $(\Omega, \mathcal{F}, P)$ heißt **diskret**, wenn die zugehörige Wertemenge eine endliche oder eine abzählbar unendliche Menge ist.

Verteilungstabelle

Nimmt eine Zufallsgröße X nur endlich viele Werte an, so kann man sie mit Hilfe einer **Verteilungstabelle** charakterisieren. Die nachfolgende Tabelle zeigt die Verteilungstabelle der Zufallsgröße X, die den Gewinn beim *chuck-a-luck*-Spiel beschreibt (vgl. ① S. 85).

mögliche Werte (Gewinne) x	-1	1	2	3
$P(X = x)$	$\frac{125}{216} \approx 0,579$	$\frac{75}{216} \approx 0,347$	$\frac{15}{216} \approx 0,069$	$\frac{1}{216} \approx 0,005$

Tab. 1

②

Begründen Sie, warum in jeder Verteilungstabelle die Summe der Wahrscheinlichkeiten in der unteren Zeile gleich Eins sein muß.

Stabdiagramm

Histogramm

Eine graphische Möglichkeit zur Charakterisierung von Zufallsgrößen sind **Stabdiagramme**. In solchen Stabdiagrammen werden über den möglichen Werten die zugehörigen Wahrscheinlichkeiten abgetragen. Bei **Histogrammen** werden über den möglichen Werten der Zufallsgröße Balken errichtet, deren Flächeninhalte proportional zu den zugehörigen Wahrscheinlichkeiten sind.

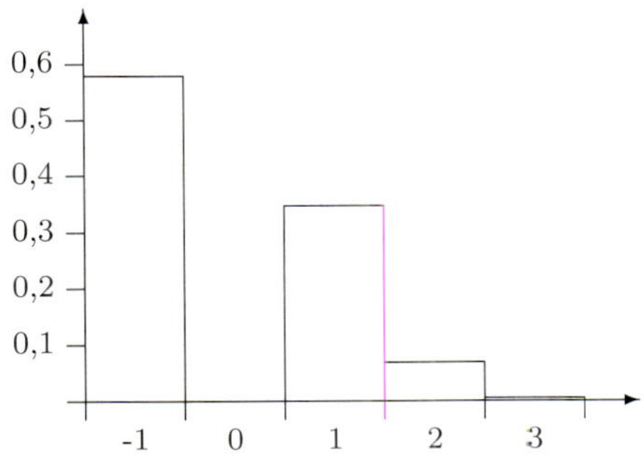

Abb. 2: Histogramm zum *chuck-a-luck*-Spiel

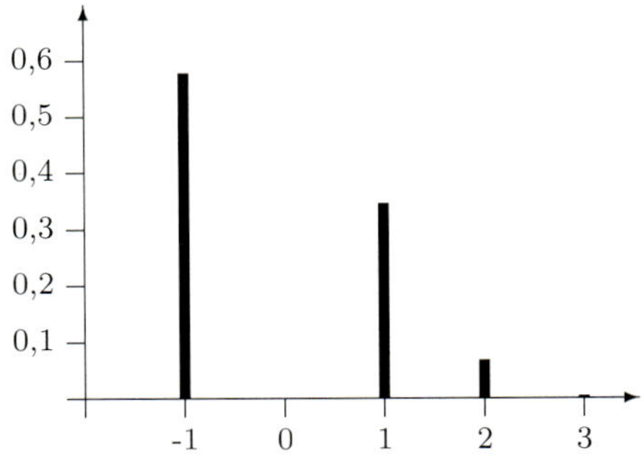

Abb. 3: Stabdiagramm zum *chuck-a-luck*-Spiel

Eine weitere Beschreibungsmöglichkeit für Zufallsgrößen bieten die Verteilungsfunktionen.

Verteilungsfunktion

Definition 3
Ist X eine Zufallsgröße, so nennt man die für alle reellen Zahlen x definierte Funktion F_X mit

$$F_X(x) := P(\{\omega \in \Omega | X(\omega) < x\}) = P(X < x)$$

die **Verteilungsfunktion** von X.

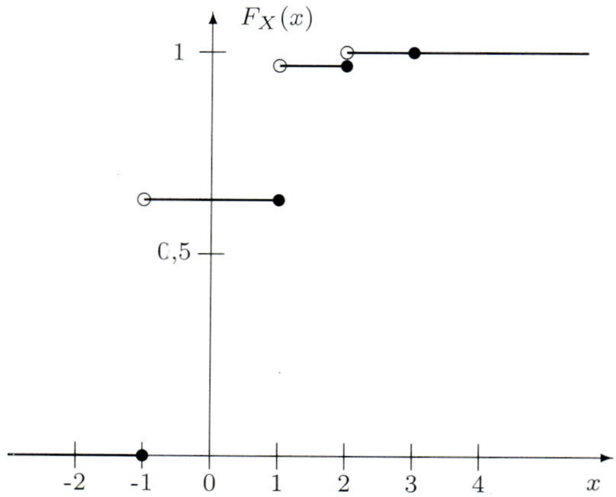

Abb. 4: Verteilungsfunktion zum *chuck-a-luck*-Spiel

x	$x \leqq -1$	$-1 < x \leqq 1$	$1 < x \leqq 2$	$2 < x \leqq 3$	$3 < x$
$P(X < x)$	0	0,579	0,926	0,995	1

Tab. 2: Wertetabelle zu Abb. 4

Beispiel 1
Ein zufälliger Versuch bestehe im Wurf von zwei regulären, unterscheidbaren Würfeln. Die Ergebnismenge ist dann

$$\Omega := \{(a;b) \mid a, b \in \{1;\ldots;6\}\}.$$

Die Zufallsgröße X bilde jedes Ergebnis $(a;b)$ auf die Augensumme $a+b$ ab. Die nachfolgende Tabelle ist die Verteilungstabelle der Zufallsgröße X.

mögliche Werte x	2	3	4	5	6	7	8	9	10	11	12
$P(X = x)$	$\frac{1}{36}$	$\frac{2}{36}$	$\frac{3}{36}$	$\frac{4}{36}$	$\frac{5}{36}$	$\frac{6}{36}$	$\frac{5}{36}$	$\frac{4}{36}$	$\frac{3}{36}$	$\frac{2}{36}$	$\frac{1}{36}$

Tab. 3

Z. B. ist $P(X = 4) = P(\{(a;b) \mid a+b = 4\}) = P(\{(1;3);(3;1);(2;2)\}) = \frac{3}{36}$.

③
Zeichnen Sie zur obigen Zufallsgröße das Stabdiagramm sowie die Verteilungsfunktion. Achten Sie auf einen geeigneten Maßstab.

Einige spezielle Klassen von diskreten Zufallsgrößen

1. **Die diskret gleichverteilte Zufallsgröße**

   Sei $(\Omega, \mathcal{F}, P)$ ein Wahrscheinlichkeitsraum und X eine Zufallsgröße mit der Wertemenge

   $$\{x_1; x_2; \ldots; x_n\}.$$

   Gilt dann für die Wahrscheinlichkeitsfunktion P

   $$P(X = x_1) = P(X = x_2) = \cdots = P(X = x_n) = \frac{1}{n},$$

   dann heißt die Zufallsgröße X diskret gleichverteilt über die möglichen Werte $x_1; \ldots; x_n$.

2. **Die 2-Punkt-verteilte Zufallsgröße**

   Ist X eine Zufallsgröße über dem Wahrscheinlichkeitsraum $(\Omega, \mathcal{F}, P)$ mit der Wertemenge

   $$\{x_1; x_2\} \text{ und gilt } P(X = x_1) = 1 - p \text{ sowie } P(X = x_2) = p,$$

   dann heißt X 2-Punkt-verteilt über die Werte x_1, x_2 mit dem Parameter p, $0 < p < 1$.

   Sind $x_1 = 0$ und $x_2 = 1$, so spricht man auch von einer 0-1-Verteilung.

3. **Die 1-Punkt-verteilte Zufallsgröße**

   Als ein völlig pathologisches Beispiel sei noch die 1-Punkt-verteilte Zufallsgröße mit angegeben. Sie bildet jedes Ergebnis auf einen festen Punkt a der Zahlengerade ab. Damit ist die im Wahrscheinlichkeitsraum $(\Omega, \mathcal{F}, P)$ modellierte Zufälligkeit nach erfolgter Abbildung verloren, und es gilt $P(X = a) = 1$.

4. **Die geometrisch verteilte Zufallsgröße**

   Eine Zufallsgröße heißt geometrisch verteilt mit dem Parameter p, $0 < p < 1$, wenn sie folgende Bedingungen erfüllt:

   Die Wertemenge ist die Menge aller natürlichen Zahlen.

   Für jede natürliche Zahl l gilt $P(X = l) = (1 - p) \cdot p^l$.

   Die Wahrscheinlichkeiten $P(X = l), l = 1, 2, \ldots$ bilden eine geometrische Folge.

In vielen praktischen Fällen interessiert gar nicht jedes einzelne Detail der Zufallsgröße. So ist es z. B. für einen Tankstellenbesitzer nicht wichtig zu wissen, mit welcher Wahrscheinlichkeit der nächste Kunde gerade 40 Liter Benzin tanken will. Interessanter ist es für ihn zu wissen, wieviel Liter Benzin im Durchschnitt getankt werden, weil sich daraus Richtwerte für die Bestellung und Lagerhaltung ergeben.

Erwartungswert

Definition 4
Ist X eine Zufallsgröße und $\{x_1; x_2; \ldots; x_n\}$ deren Wertemenge, dann heißt die reelle Zahl $E(X)$ mit

$$E(X) := x_1 \cdot P(X = x_1) + x_2 \cdot P(X = x_2) + \ldots + x_n \cdot P(X = x_n)$$

der **Erwartungswert** der Zufallsgröße X.

Anmerkungen:

1. Der Erwartungswert ist also das durch die Wahrscheinlichkeitsfunktion P gewichtete Mittel der möglichen Werte von X. Er heißt deshalb auch häufig der **Mittelwert** von X.
2. Die Schreibweise $E(X)$ macht deutlich, daß der Erwartungswert den Charakter einer Funktion hat; er ordnet jeder Zufallsgröße X eine Zahl $E(X)$ zu.
3. Der Erwartungswert $E(X)$ einer Zufallsgröße wird im allgemeinen kein Wert aus der Wertemenge von X sein. Z. B. ist der Erwartungswert der gewürfelten Augenzahl beim Würfeln mit einem regulären Würfel gleich 3,5, obwohl man keine ›3,5‹ würfeln kann. Überzeugen Sie sich davon! Stellen Sie die Verteilungstabelle auf, und berechnen Sie $E(X)$.
4. Der Erwartungswert der über $\{x_1;\ x_2;\ \ldots\ x_n\}$ diskret gleichverteilten Zufallsgröße X ist $E(X) = (x_1 + x_2 + \ldots + x_n) \cdot (\frac{1}{n})$.
   Der Erwartungswert der 0-1-Verteilung mit dem Parameter p ist $p+0\cdot(1-p)=p$.
   Der Erwartungswert einer im Punkt a 1-Punkt-verteilten Zufallsgröße X ist a.
5. Die Zahl $E(X)$ läßt sich physikalisch deuten: Denkt man sich an einem masselosen Stab an den Stellen x_i die Massen $P(X = x_i)$ angebracht, so stellt $E(X)$ die Koordinate des Masseschwerpunktes dar.
6. Häufig wird der Erwartungswert mit dem wahrscheinlichsten Wert verwechselt. Das folgende Beispiel zeigt, daß der Erwartungswert sehr verschieden von dem Wert mit der größten Wahrscheinlichkeit sein kann.

Beispiel 2
Ein Kartenspiel mit 52 Karten wird gut gemischt und als Kartenstapel abgelegt. Nun werde jeweils die oberste Karte abgenommen und aufgedeckt, bis der erste der beiden schwarzen Könige erscheint. Die Ergebnismenge Ω hat $\binom{52}{2}$ chancengleiche Ergebnisse.
Die Zufallsgröße X beschreibe die Position des ersten gezogenen schwarzen Königs im Stapel. Die Wertemenge von X ist $\{1; 2; \ldots; 51\}$.
Der Fall $X = k$ tritt genau dann ein, wenn der eine schwarze König auf Position k liegt und der andere auf einer der Positionen von $k + 1$ bis 52. Dafür gibt es $52 - k$ Möglichkeiten. Es gilt also:

$$P(X = k) = \frac{52 - k}{\binom{52}{2}}.$$

Den größten Wert von $P(X = k)$ erhält man demnach für $k = 1$. Es ist also am wahrscheinlichsten, daß der erste schwarze König ganz oben auf dem Stapel liegt. Für den Erwartungswert hingegen berechnet man die Zahl $E(X) = 17\frac{2}{3}$.

Dieses Ergebnis scheint Erfahrungen beim Kartenspiel zu widersprechen. Um es richtig zu verstehen, ist es zweckmäßig, einige Werte von $P(X = k)$ auszurechnen. Man findet:
$P(X = 1) \approx 0,0385; P(X = 2) \approx 0,0377; P(X = 10) \approx 0,0317.$
Es ist zu erkennen:
$P(X = 1)$ ist zwar am *größten*, aber trotzdem sehr klein.

In Analogie zur Berechnung des Erwartungswertes von Zufallsgrößen mit endlicher Wertemenge errechnet man den Erwartungswert einer mit dem Parameter p geometrisch verteilten Zufallsgröße X nach der Formel

$$E(X) = \sum_{l=0}^{\infty} l \cdot P(X = l) = 0 + \sum_{l=1}^{\infty} l(1-p)p^l = (1-p)p \sum_{l=1}^{\infty} l\, p^{l-1}.$$

Um diesen Wert auszurechnen, bedienen wir uns unserer Kenntnisse aus der Analysis. Wir verwenden:

- Die 1. Ableitung nach p der Funktion $y = p^l$ ist $y' = l\, p^{l-1}$.

- Die 1. Ableitung der Reihe $Y = \sum\limits_{l=1}^{\infty} p^l$ ist $Y' = \sum\limits_{l=1}^{\infty} (p^l)' = \sum\limits_{l=1}^{\infty} l\, p^{l-1}$.

- Die geometrische Reihe $Y = \sum\limits_{l=1}^{\infty} p^l$ ist konvergent. Der Reihenwert ist $Y = \frac{p}{1-p}$.
  Also ist nach der Quotientenregel $Y' = \frac{1}{(1-p)^2}$.

- Setzt man nun alles in die Formel für den Erwartungswert einer geometrisch verteilten Zufallsgröße ein, ergibt sich

$$E(X) = (1-p) \cdot p \cdot \frac{1}{(1-p)^2} = \frac{p}{1-p}.$$

Wendet man dieses Resultat auf die Situation des Beispiels von Seite 88 an, so ergibt sich: $E(X) = \frac{0,99}{0,01} = 99$, d.h. führt man den Versuch der Entnahme von Röhren bis zur ersten mangelhaften mehrmals durch, so wird im Mittel nach 98 normgerechten die erste mangelhafte gefunden werden.

Für den Erwartungswert gelten folgende Rechenregeln:

Satz 2
Sind X, Y zwei Zufallsgrößen mit endlicher Wertemenge über demselben Wahrscheinlichkeitsraum $(\Omega, \mathcal{F}, P)$ und $a \in \mathbb{R}$ eine beliebige reelle Zahl, dann gilt:
1. $E(X + Y) = E(X) + E(Y)$,
2. $E(a \cdot X) = a \cdot E(X)$,
3. $E(X + a) = E(X) + a$.

Exemplarisch soll hier der Beweis der zweiten Aussage angegeben werden. Nach Definition gilt: Sind $\{x_1; \ldots ; x_n\}$ die möglichen Werte der Zufallsgröße X, dann sind $\{a \cdot x_1; \ldots ; a \cdot x_n\}$ die möglichen Werte der Zufallsgröße aX. Weiterhin gilt $P(aX = a \cdot x_i) = P(X = x_i)$, für alle $i = 1, \ldots, n$. Setzt man dies in die Definitionsgleichung für den Erwartungswert ein, so erhält man

$$\begin{aligned} E(aX) &= a \cdot x_1 \cdot P(aX = a \cdot x_1) + a \cdot x_2 \cdot P(aX = a \cdot x_2) + \ldots \\ &\quad + a \cdot x_n \cdot P(aX = a \cdot x_n) \\ &= a \cdot (x_1 \cdot P(X = x_1) + x_2 \cdot P(X = x_2) + \ldots + x_n \cdot P(X = x_n)) \\ &= a \cdot E(X). \end{aligned}$$

④

Beweisen Sie die dritte Behauptung aus Satz 2.

Beispiel 3

Ein Zufallsversuch bestehe im zweimaligen Würfeln mit einem regulären Würfel (vgl. Bsp. 1). Gesucht ist der Erwartungswert der gewürfelten Augensumme.

Lösung:

Die Ergebnismenge Ω ist $\Omega := \{(a; b) \mid a, b \in \{1; 2; 3; 4; 5; 6\}\}$. Die Zufallsgröße X ordne jedem Wurfergebnis die gewürfelte Augenzahl des ersten Wurfes zu (z.B. $X((3; 5)) := 3$). Die Zufallsgröße Y ordne jedem Wurfergebnis die gewürfelte Augenzahl des zweiten Wurfes zu (z.B. $Y((3; 5)) := 5$). Dann ordnet die Zufallsgröße $X + Y$ jedem Wurfergebnis die gewürfelte Augensumme zu (z.B. $(X + Y)((3; 5)) = 8$).

Für die Zufallsgröße X ist die Verteilungstabelle:

mögliche Werte x	1	2	3	4	5	6
$P(X = x)$	$\frac{1}{6}$	$\frac{1}{6}$	$\frac{1}{6}$	$\frac{1}{6}$	$\frac{1}{6}$	$\frac{1}{6}$

Tab. 4

Die Verteilungstabelle von Y sieht genauso aus.

Die Verteilungstabelle von $X + Y$ ist in Beispiel 1 angegeben.

Der Erwartungswert von X ist $E(X) = \frac{1}{6}(1 + 2 + 3 + 4 + 5 + 6) = 3,5$.

Ebenso ist der Erwartungswert von Y gleich 3,5. Nach Satz 2 errechnet sich der Erwartungswert von $X + Y$ nach der Vorschrift

$$E(X + Y) = E(X) + E(Y) = 7.$$

⑤

Berechnen Sie den Erwartungswert von $X + Y$ direkt anhand der Definition und unter Verwendung der in Beispiel 1 dazu angegebenen Verteilungstabelle. Vergleichen Sie den erforderlichen Rechenaufwand mit dem aus Beispiel 3.

Bei der Charakterisierung von Zufallsgrößen spielt neben der Frage, welcher Wert zu erwarten ist, auch die eine Rolle, wie sehr die Ergebnisse um diesen Erwartungswert streuen werden.
Betrachtet man die Abbildungen 5 und 6, so wird deutlich, daß die beiden Zufallsgrößen, deren Histogramme dargestellt sind, zwar den gleichen Erwartungswert besitzen, jedoch die Werte der einen wesentlich mehr streuen, als die der anderen. Ein Maß für die Streuung ist die **Varianz**.

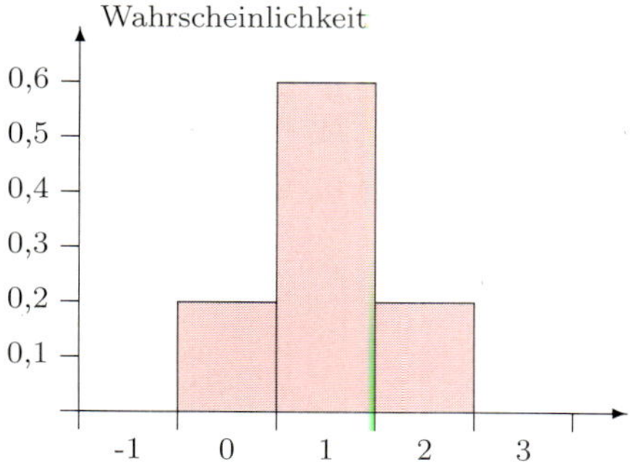

Abb. 5

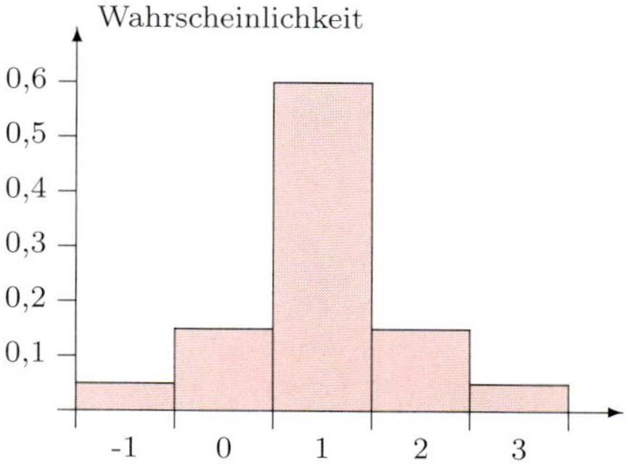

Abb. 6

Varianz
Standardabweichung

Definition 5
Ist X eine Zufallsgröße und $\{x_1; x_2, \ldots; x_n\}$ deren Wertemenge, dann heißt die reelle Zahl $V(X)$ mit

$$V(X) := (x_1 - E(X))^2 \cdot P(X=x_1) + (x_2 - E(X))^2 \cdot P(X=x_2) + \ldots + (x_n - E(X))^2 \cdot P(X=x_n)$$

die **Varianz** der Zufallsgröße X.
Die Zahl $\sigma = \sqrt{V(X)}$ heißt die **Standardabweichung** der Zufallsgröße X.

Oft ist die folgende Rechenregel hilfreich.

Satz 3
Ist X eine Zufallsgröße, dann gilt

$$V(X) = E((X - E(X))^2) = E(X^2) - (E(X))^2.$$

Beweis: Da der Beweis der ersten Gleichheit recht technisch ist und andererseits zum Verständnis der Wahrscheinlichkeitsrechnung nur wenig beiträgt, soll darauf hier verzichtet werden. Der Beweis der zweiten Gleichung zeigt, wie man mit dem Erwartungswert rechnen kann:

$$\begin{aligned} E((X - E(X))^2) &= E(X^2 - 2 \cdot E(X) \cdot X + (E(X))^2) \\ &= E(X^2) - E(2 \cdot E(X) \cdot X) + E((E(X)^2)) \\ &= E(X^2) - 2 \cdot E(X) \cdot E(X) + (E(X))^2 \\ &= E(X^2) - (E(X))^2. \end{aligned}$$

Es sei X eine 0-1-verteilte Zufallsgröße mit dem Parameter p. Der Erwartungswert von X wurde schon berechnet. Er ist $E(X) = p$. Will man die Varianz nach der Formel $V(X) = E(X^2) - (E(X))^2$ berechnen, so sind Kenntnisse über die Zufallsgröße X^2 erforderlich. Wegen $0^2 = 0$ und $1^2 = 1$ ist leicht einzusehen, daß X^2 ebenfalls 0-1-verteilt ist mit dem Parameter p. Folglich ist

$$V(X) = E(X^2) - (E(X))^2 = p - p^2 = p(1-p).$$

Die Varianz einer im Punkt $a \in \mathbb{R}$ 1-Punkt verteilten Zufallsgröße X ist 0, denn offenbar ist $E(X^2) = a^2$ und $E(X) = a$, woraus sofort die Behauptung folgt. Man überlegt sich leicht, daß die 1-Punkt verteilten Zufallsgrößen die einzigen sind, deren Varianz gleich Null ist. Dies entspricht auch voll und ganz der Vorstellung von der Varianz als einem Maß für die Streuung.

Es gibt Beispiele, die belegen, daß für zwei Zufallsgrößen X und Y über demselben Wahrscheinlichkeitsraum $V(X+Y) \neq V(X) + V(Y)$ sein kann. Das ist ein wesentlicher Unterschied beim Umgang mit der Varianz im Vergleich zum Erwartungswert. Weitere Unterschiede zeigt der folgende

Satz 4
Ist X eine Zufallsgröße mit der Wertemenge $\{x_1; \ldots; x_n\}$, dann ist für jedes reelle $a \in \mathbb{R}$

$$V(aX) = a^2 \cdot V(X)$$

und

$$V(X+a) = V(X).$$

Beweis:
Durch den Satz 3 besteht die Möglichkeit, die Berechnung der Varianz auf die Berechnung von Erwartungswerten zurückzuführen. Verwendet man dann die Rechenregeln für Erwartungswerte, so ergibt sich:

$$\begin{aligned} V(aX) &= E((aX)^2) - (E(aX))^2 = E(a^2X^2) - (a \cdot E(X))^2 \\ &= a^2 \cdot E(X^2) - a^2 \cdot (E(X))^2 = a^2 \cdot V(X), \end{aligned}$$

$$\begin{aligned} V(X+a) &= E((X+a)^2) - (E(X+a))^2 = E(X^2 + 2aX + a^2) - (E(X)+a)^2 \\ &= E(X^2) + 2aE(X) + a^2 - (E(X))^2 - 2aE(X) - a^2 \\ &= E(X^2) - (E(X))^2 = V(X). \end{aligned}$$

(6)
Vergleichen Sie den Inhalt von Satz 4 mit den Aussagen von Satz 2.

Beispiel 4
Gesucht ist die Varianz einer über die Punkte 0 und a mit dem Parameter p 2-Punkt verteilten Zufallsgröße Y.

Lösung:
Die Zufallsgröße Y läßt sich auffassen als die Zufallsgröße aX, wobei X mit dem Parameter p 0-1-verteilt ist. Die Varianz von X ist $p(1-p)$. Demnach ist die Varianz von Y gerade $V(Y) = a^2p(1-p)$.

Aufgaben 3–19

C 2.2 Die hypergeometrische Verteilung

Der Bau von Autobahnen ist aufgrund seiner damit verbundenen negativen Umwelteinflüsse und den ebenfalls damit im Zusammenhang stehenden wirtschaftlichen Auswirkungen oft sehr umstritten.
Nehmen wir an, eine Umfrage unter allen 1000 wahlberechtigten Bürgern einer kleinen Gemeinde habe ergeben, daß 200 Einwohner gegen den Bau einer Autobahntrasse in unmittelbarer Nähe ihres Ortes sind. Die übrigen 800 sind für den Bau am Ortsrand entlang, weil eine andere, ebenfalls vorgeschlagene Trassenführung die Gemeinde verkehrstechnisch isolieren würde.
Eine regionale Rundfunkstation möchte den Hörern einen Eindruck von der Situation vor Ort vermitteln und im Rahmen einer Live-Sendung zehn zufällig ausgewählte Bürger zu der Angelegenheit zu Wort kommen lassen. Welche Chancen hat die Sendung, wirklich ein repräsentatives Bild von der Situation zu zeichnen?

Das oben aufgezeigte Problem läßt sich durch ein Urnenmodell modellieren:
In einer Urne befinden sich $N = 1\,000$ Kugeln. Sie sind von 1 bis 1 000 durchnumeriert. $K = 800$ davon sind blau (Befürworter); $N - K = 200$ davon sind gelb (Gegner der ortsnahen Trassenführung). Aus der Urne werden auf gut Glück $n = 10$ Kugeln ohne Zurücklegen entnommen.
Es ist klar, daß die Methode der Baumdiagramme aufgrund ihres hohen Aufwandes zur weiteren Bearbeitung des Problems ungeeignet ist. Deshalb sollen die Ergebnisse systematisch abgezählt werden.

Abzählen geordneter n-Tupel
Stellen wir zunächst die Frage, wie viele Möglichkeiten es gibt, aus den $N = 1\,000$ Bürgern nacheinander $n = 10$ verschiedene ans Mikrophon des Senders zu bitten.

Der erste Bürger kann aus 1 000 ausgewählt werden.

Der zweite Bürger kann aus den noch verbliebenen 999 ausgewählt werden.

⋮

Für den zehnten Bürger gibt es noch 991 Auswahlmöglichkeiten.

Demnach ist die Anzahl der geordneten n-Tupel von verschiedenen Bürgern aus den 1 000 Einwohnern gerade

$$1\,000 \cdot 999 \cdots (1\,000 - (n-1))(\text{für } n = 10 \text{ also: } 1\,000 \cdot 999 \cdots 991).$$

Abzählen ungeordneter n-Tupel

Ob die Live-Befragung repräsentativ ist, hängt sicher nicht davon ab, in welcher Reihenfolge die Bürger vor dem Mikrophon ihre Meinung äußern. Aus diesem Blickwinkel sind zwei geordnete n-Tupel als gleich anzusehen, wenn sie durch Umordnen ineinander überführt werden können. Da man die 10 Bürger eines n-Tupels auf 10! verschiedene Arten in einer Reihe anordnen kann, beschreiben von den $1\,000 \cdot 999 \cdots 991$ möglichen geordneten n-Tupeln stets 10! das gleiche Meinungsbild. Es gibt also

$$\frac{1\,000 \cdot 999 \cdots 991}{10!} = \frac{1\,000\,!}{10\,! \cdot 990\,!} = \binom{1\,000}{10}$$

verschiedene Ergebnisse bei der Befragung.

Die Ergebnismenge Ω läßt sich wie folgt beschreiben:

Sei $\mathcal{M} := \{b_1; \ldots; b_{800}; g_1; \ldots; g_{200}\}$, wobei
b_i für den i-ten Befürworter und
g_j für den j-ten Gegner der ortsnahen Trasse stehen. Dann ist

$$\Omega := \{L \subset \mathcal{M} \mid \text{L hat genau 10 Elemente}\},$$

und

$$P(\{L\}) := \frac{1}{\binom{1\,000}{10}} \quad \text{für jedes Ergebnis } L \in \Omega.$$

Ob die Live-Befragung als repräsentativ anzusehen ist, hängt jedoch nicht davon ab, *welcher* Bürger das ortsnahe Projekt befürwortet und welcher nicht, sondern davon, *wie viele* der Befragten Befürworter sind.

Sei X die Zufallsgröße, die jedem Ergebnis $L \in \Omega$ die Zahl der zu Wort kommenden Befürworter zuordnet. Die Wertemenge von X ist $\{0; \ldots; 10\}$. Zur Bestimmung der Wahrscheinlichkeiten $P(X = k)$ benötigt man für jedes $k \in \{0; \ldots; 10\}$ die Anzahl derjenigen Ergebnisse L, in denen k Befürworter zu Wort kommen. Um ein solches L zu erhalten, hat man aus der $K = 800$ Elemente umfassenden Menge der Befürworter eine k-elementige Untermenge auszuwählen und durch eine $(n-k)$-elementige Teilmenge aus der $N - K = 200$ Elemente umfassenden Menge der Gegner zu ergänzen. Da man jede Befürwortergruppe mit jeder Gegnergruppe zusammenstellen kann, gibt es $\binom{K}{k}\binom{N-K}{n-k}$ Ergebnisse L, die das Auftreten von k Befürwortern und $(n-k)$ Gegnern der ortsnahen Trassen widerspiegeln. Da kein Ergebnis gegenüber den anderen bevorzugt sein soll, erhält man für die Wahrscheinlichkeitsfunktion P:

$$P(X = k) = \frac{\binom{K}{k}\binom{N-K}{n-k}}{\binom{N}{n}},$$

für alle k=0,1,...,10.

Betrachtet man die Live-Umfrage als repräsentativ, wenn gerade acht Befürworter und zwei Gegner vor das Mikrophon treten, dann ist die Wahrscheinlichkeit dafür, daß die Umfrage repräsentativ ist

$$P(X = 8) = \frac{\binom{800}{8}\binom{200}{2}}{\binom{1\,000}{10}} \approx 0,3.$$

hyper-
geometrisch-
verteilte
Zufallsgröße

Definition 6
Sind $N, K \leqq N$ und $n \leqq N$ natürliche Zahlen und ist X eine Zufallsgröße über dem Wahrscheinlichkeitsraum $(\Omega, \mathcal{F}, P)$ mit der Wertemenge $\{0; 1; \ldots; n\}$, dann heißt X **hypergeometrisch-verteilt**, wenn für alle $k \in \{0; \ldots; n\}$ gilt

$$P(X = k) = \frac{\binom{K}{k}\binom{N-K}{n-k}}{\binom{N}{n}}.$$

Ohne Beweis wird der folgende Satz angegeben.

Satz 5
Den Erwartungswert und die Varianz einer hypergeometrisch-verteilten Zufallsgröße X mit den Parametern N, K und n berechnet man nach den Formeln

$$E(X) = \frac{K \cdot n}{N}, \qquad V(X) = \frac{K\, n\, (N - K)(N - n)}{N^2(N - 1)}.$$

Beispiel 5
In einer Kiste mit 20 Äpfeln sind zwei faule Äpfel. Man entnimmt auf gut Glück eine Probe von vier Äpfeln. Gesucht sei die Verteilungstabelle der Zufallsgröße »Anzahl der faulen Äpfel in der Probe«.
Es liegt eine Gesamtheit von $N = 20$ Äpfeln vor. Darin sind $K = 2$ faule Äpfel enthalten. Die Zufallsgröße X, die jeder Stichprobe vom Umfang $n = 4$ die Anzahl k der darin enthaltenen faulen Äpfel zuordnet, hat die möglichen Werte $k \in \{0;\ 1;\ 2\}$. Jeder Versuchsausgang ist eine Teilmenge von vier Äpfeln aus den 20 Äpfeln, d.h. es gibt $\binom{N}{n} = \binom{20}{4}$ verschiedene Versuchsausgänge. Alle besitzen die gleiche Chance.

Zum möglichen Wert $k = 0$ gehören nur Stichproben, die ausschließlich gute Äpfel enthalten. Aus den 18 guten Äpfeln kann man auf $\binom{18}{4}$ Arten vier Äpfel aussuchen. Deshalb ist

$$P(X = 0) = \frac{\binom{2}{0}\binom{18}{4}}{\binom{20}{4}} = \frac{\binom{18}{4}}{\binom{20}{4}}.$$

Zum möglichen Wert $k = 1$ gehören alle Stichproben, die einen faulen und drei gute Äpfel enthalten. Aus den 18 guten Äpfeln kann man auf $\binom{18}{3}$ Arten drei Äpfel aussuchen. Für die Wahl des faulen Apfels gibt es zwei Möglichkeiten. Deshalb ist

$$P(X = 1) = \frac{\binom{2}{1}\binom{18}{3}}{\binom{20}{4}} = \frac{2 \cdot \binom{18}{3}}{\binom{20}{4}}.$$

Zum möglichen Wert $k = 2$ gehören alle Stichproben, die zwei faule und zwei gute Äpfel enthalten. Aus den 18 guten Äpfeln kann man auf $\binom{18}{2}$ Arten zwei Äpfel aussuchen. Für die Wahl der faulen Äpfel gibt es eine Möglichkeit. Deshalb ist

$$P(X = 2) = \frac{\binom{2}{2}\binom{18}{2}}{\binom{20}{4}} = \frac{1 \cdot \binom{18}{2}}{\binom{20}{4}}.$$

Damit erhält man folgende Verteilungstabelle:

mögliche Werte k	0	1	2
$P(X = k)$	$\frac{\binom{18}{4}}{\binom{20}{4}} \approx 0,632$	$\frac{2 \cdot \binom{18}{3}}{\binom{20}{4}} \approx 0,336$	$\frac{1 \cdot \binom{18}{2}}{\binom{20}{4}} \approx 0,032$

Tab. 5

Aufgaben 20–25

Aufgaben

1. Ein Zufallsexperiment bestehe darin, aus einem vollständigen Dominospiel einen Stein willkürlich herauszugreifen. Die Zufallsgröße X ordne jedem Ergebnis die Augensumme auf dem gezogenen Stein zu.

   a) Geben Sie den Definitionsbereich und die Wertemenge von X an.
   b) Bestimmen Sie: $P(X < 6)$; $P(3 < X < 10)$; $P(X = 7)$.

2. Andrea würfelt zweimal mit einem regulären Würfel. Die Zufallsgröße X ordnet jedem Wurfergebnis die Augenzahl des ersten Wurfes zu. Die Zufallsgröße Y ordnet jedem Wurfergebnis die Augenzahl des zweiten Wurfes zu.

   a) Geben Sie für jedes der Ereignisse die zugehörigen Ergebnisse an:
   A: der erste Wurf ergibt 2, der zweite eine Zahl von 1 bis 3;
   B: die Summe der Augenzahlen beider Würfe ist 4 oder größer als 4;
   C: die Augenzahlen beider Würfe unterscheiden sich um 1;
   D: das Produkt der Augenzahlen beider Würfe ist 18 oder größer als 18.
   b) Berechnen Sie
   $P(A) = P((X = 2) \cap (Y \leqq 3))$, $\quad P(B) = P(X + Y \geqq 4)$,
   $P(C) = P(|X - Y| = 1)$, $\quad P(D) = P(X \cdot Y \geqq 18)$.

3. Die Zufallsgröße X sei durch folgende Verteilungstabelle beschrieben:

mögliche Werte x	2	4	6	8
$P(X = x)$	$\frac{1}{4}$	$\frac{1}{8}$	$\frac{1}{2}$	$\frac{1}{8}$

   Ermitteln Sie folgende Wahrscheinlichkeiten.
   a) $P(X < 3)$ *b)* $P(X < 4)$ *c)* $P(X = 5)$ *d)* $P(X > 6)$

   Ermitteln Sie die Funktionswerte der Verteilungsfunktion.
   a)$F_X(4)$ *b)*$F_X(5)$ *c)*$F_X(8)$ *d)*$F_X(-15)$ *e)*$F_X(2,1)$ *f)*$F_X(9,5)$

4. Die Zufallsgröße X sei durch folgende Verteilungstabelle beschrieben:

mögliche Werte x	1	3	5	7
$P(X = x)$	$\frac{1}{8}$	$\frac{1}{8}$	$\frac{1}{4}$	$\frac{1}{2}$

Zeichnen Sie ein Stabdiagramm.
Skizzieren Sie die Verteilungsfunktion.

5. Drei reguläre Münzen werden geworfen. Geben Sie die Verteilungstabelle der Zufallsgrößen an:

X: Anzahl der Wappen,
Y: Produkt aus der Anzahl der Wappen mit der Anzahl der Zahlen.

6. Eine Urne enthält fünf Kugeln mit den Nummern von 1 bis 5. Es werden zwei Kugeln mit einem Griff zufällig entnommen.

   a) Beschreiben Sie die Ergebnismenge Ω durch Angabe aller ungeordneten Paare von Kugelnummern, die als Ergebnisse möglich sind.
   Die Zufallsgröße X bilde jedes Paar von Kugelnummern auf die größere der beiden Zahlen ab.

   b) Geben Sie die Verteilungstabelle von X an.

   c) Zeichnen Sie das zu X zugehörige Stabdiagramm.

   d) Skizzieren Sie die Verteilungsfunktion von X.

7. Drei Jungen versuchen beim Basketball einen Korb zu werfen. Andreas trifft mit der Wahrscheinlichkeit 0,5, Bernd mit der Wahrscheinlichkeit 0,4 und Carlo mit der Wahrscheinlichkeit 0,6.

   a) Jeder der drei Jungen wirft einmal. Die Zufallgrößen A, B und C zählen die Treffer von Andreas, Bernd bzw. Carlo.
   Geben Sie die Verteilungstabellen der drei Zufallgrößen an. Zu welchem Typ gehören sie?

   b) Die Zufallsgröße S zähle die Anzahl der Treffer aller drei Sportler, die unabhängig voneinander werfen.
   Geben Sie die Verteilungstabelle der Zufallsgröße S an.

8. Die Zufallsgröße X bezeichne die auf ganze Stunden gerundete Anzahl von Stunden, die ein Fernsehgerät an einem willkürlich ausgewählten Tag bei der Familie Lehmann in Betrieb ist.
Zu X gehöre die folgende Verteilungstabelle:

möglicher Wert x	0	1	2	3	4	$\geqq 5$
$P(X = x)$	0,05	0,1	0,2		0,3	0,05

   a) Mit welcher Wahrscheinlichkeit ist das Gerät drei Stunden in Betrieb?

   b) Skizzieren Sie die Verteilungsfunktion von X.

   c) Mit welcher Wahrscheinlichkeit werden mindestens, höchstens, genau vier Stunden ferngesehen?

   d) Berechnen Sie den Erwartungswert von X und deuten Sie ihn.

9. Ein Zeitungsverkäufer auf dem Wurzener Bahnhof hat eine wenig gekaufte Illustrierte im Angebot. Er bekommt sie vom Großhändler für 2,50 DM und kann sie für 3,00 DM verkaufen. Im Laufe der Zeit hat der Händler herausgefunden, daß für die Anzahl X der verkauften Exemplare ungefähr die folgende Verteilungstabelle zutrifft:

Anzahl	0	1	2	3	4
Wahrscheinlichkeit für den Verkauf dieser Anzahl	0,05	0,1	0,4	0,35	0,1

Wie viele Zeitungen sollte der Händler einkaufen, um einen möglichst großen Erwartungswert für seinen Gewinn zu erzielen?

10. Ein Spiel zwischen zwei Parteien soll »fair« heißen, wenn der Erwartungswert des Gewinns für jede Partei gleich Null ist. Beim Würfelspiel »Die böse Drei« zahlt der Spieler zunächst 3 DM bei der Bank ein. Dann würfelt er mit zwei regulären Würfeln. Zeigt keiner der Würfel die (böse) Augenzahl ›3‹ an, so erhält der Spieler von der Bank die angezeigte Augensumme in DM ausgezahlt. Zeigt wenigstens einer der beiden Würfel die ›3‹, so zahlt der Spieler noch einmal an die Bank, und zwar die gewürfelte Augensumme. Ist das Spiel fair?

*11. Es stehen sechs Glühbirnen zur Verfügung. Jede von ihnen hat mit einer Wahrscheinlichkeit von 0,01 einen Defekt. Man betrachte die Anzahl der auszuprobierenden Glühbirnen, um eine funktionstüchtige zu finden bzw. festzustellen, daß neue besorgt werden müssen. Geben Sie für die zugehörige Zufallsgröße die Verteilungstabelle und die Verteilungsfunktion an. Wie groß ist die mittlere Anzahl auszuprobierender Glühbirnen und wie stark die Streuung um diese?

12. Man betrachte folgendes Spiel: Jeder Spieler muß einen Einsatz zahlen und darf einmal mit drei Würfeln würfeln. Wenn genau zwei Augenzahlen übereinstimmen, bekommt er das Doppelte des Einsatzes zurück, wenn alle drei Augenzahlen gleich sind, bekommt er das Fünffache des Einsatzes zurück. In allen anderen Fällen ist der Einsatz verloren. Ist das Spiel gerecht, d.h. ist die zu erwartende Auszahlung gleich dem Einsatz?

13. Eine faire Münze wird dreimal hintereinander geworfen. Die Zufallsvariable X gebe an, wie oft dabei »Zahl« erscheint.
   a) Wie viele Elemente besitzt die Ergebnismenge?
   b) Berechnen Sie die Verteilungstabelle von X.
   c) Berechnen und skizzieren Sie die Verteilungsfunktion von X.
   d) Berechnen Sie $E(X)$ und $V(X)$.

14. Ein Getränkehändler kann entweder einen Kiosk in der Innenstadt pachten, der erfahrungsgemäß einen täglichen Gewinn von 180,00 DM erbringt, oder zu gleicher Miete einen Kiosk am Badesee pachten, der täglich bei gutem Wetter einen Gewinn von 580,00 DM, bei mäßigem Wetter noch 50,00 DM, bei schlechtem Wetter aber gar nichts bringt. Das Wetteramt sagt ihm, er könne im Durchschnitt an drei von zehn Tagen mit gutem, an drei von acht Tagen mit mäßigem Wetter rechnen. Wie wird er sich entscheiden?

15. Jemand möchte im Dunkeln eine Tür aufschließen. Am Schlüsselbund hängen fünf Schlüssel, die er zufällig nacheinander probiert. X sei die Anzahl der Schlüssel, die er durchprobiert, bis er den passenden gefunden hat.

    a) Geben Sie verschiedene Interpretationen für »zufällig nacheinander probieren« an.

    b) Geben Sie zu jeder Interpretation unter a) die Verteilung der entsprechenden Zufallsgröße X an sowie den Erwartungswert $E(X)$.

    c) Wie lange würde die Person in jeder der von Ihnen vorgesehenen Interpretationen durchschnittlich probieren müssen, wenn für das Ausprobieren eines Schlüssels 30 Sekunden benötigt werden?

16. Ist X eine Zufallsgröße mit dem Erwartungswert e und der Standardabweichung s, so heißt die Zufallsgröße X^* mit $X^* := \frac{(X-e)}{s}$ die zu X gehörige »standardisierte Zufallsgröße«.

    a) Berechnen Sie die Wertemenge der standardisierten Zufallsgröße X^* einer Zufallsgröße X mit unten stehender Verteilung.

    b) Berechnen Sie $E(X^*)$ und $V(X^*)$.

    c) Beweisen Sie:
    Für standardisierte Zufallsgrößen X^* gilt: $E(X^*) = 0$ und $V(X^*) = 1$.
    (Anmerkung: X sei diskrete Zufallsgröße mit endlicher Wertemenge.)

möglicher Wert x	-2	-1	0	1	2	3
$P(X = x)$	0,1	0,2	0,2	0,3	0,1	0,1

17. Acht Bauteile gleicher Zuverlässigkeit sind in Reihe geschaltet. Genau ein Bauteil ist defekt und soll gefunden werden. Dazu kann man sowohl jedes Teil einzeln, als auch ganze Gruppen von Teilen testen.

    a) Welchen der folgenden Suchpläne wird man auf lange Sicht benützen, wenn Einzeltests und Gruppentests gleiche Kosten verursachen?

        (i) Alle Bauteile nacheinander testen, bis das defekte Teil gefunden ist.

        (ii) Erst zwei Vierergruppen testen, in der betroffenen Gruppe weitersuchen, indem jedes Teil einzeln geprüft wird.

        (iii) Erst vier Zweiergruppen testen, in der betroffenen Gruppe weitersuchen.

    b) Welchen der Suchpläne i oder ii wird man benützen, wenn der Einzeltest 12,75 DM und der Vierergruppentest 14,80 DM kosten?

18. Eine Firma stellt Schalter her zum Selbstkostenpreis von 17,50 DM je Stück. Sie verkauft die Schalter zum Stückpreis von 30,00 DM. Da erfahrungsgemäß drei Prozent der Schalter nicht einwandfrei funktionieren, stellt sich die Frage: Soll jeder Schalter vor dem Verkauf nochmals geprüft werden (eine Prüfung würde nochmals 2,50 DM kosten), oder sollen die Schalter ohne eine solche Kontrolle verkauft werden, mit der Zusicherung, daß defekte Schalter nicht berechnet und außerdem unentgeltlich durch kontrollierte einwandfreie Schalter ersetzt werden? Was ist für die Firma auf lange Sicht vorteilhafter?

19. Bei einem Spiel rückt auf einem Zahlenstrahl beginnend bei 0 ein Spielstein nach jedem Wurf mit einem regulären Würfel um die geworfene Augenzahl nach rechts, falls diese gerade , und nach links, falls diese ungerade ist. Wie viele Würfe werden auf lange Sicht im Durchschnitt erforderlich sein, um die Zahl 20 zu erreichen?

20. In einer Urne befinden sich neun Kugeln, die von 1 bis 9 durchnumeriert sind. Es werden nacheinander vier Kugeln ohne Zurücklegen gezogen. Die Kugeln werden in der Reihenfolge ihrer Ziehung abgelegt. Wie viele verschiedene 4-Tupel können auf diese Weise erzeugt werden?

21. Auf wie viele verschiedene Arten kann man einen Lotto-Tip beim Spiel »6 aus 49« abgeben?

22. Im Tanzclub »Schwarz – Gold« soll ein Festausschuß für den Tanzstundenball bestehend aus je zwei Damen und zwei Herren gebildet werden. Es stellen sich neun Herren und fünf Damen zur Wahl. Wie viele verschiedene Ausschüsse sind denkbar?

23. In einer Klasse sind unter den 32 Schülern fünf Nichtschwimmer. Wie groß ist die Wahrscheinlichkeit dafür, daß unter den ersten sieben Schülern des Alphabets
    a) kein Nichtschwimmer ist,
    b) kein Schwimmer ist,
    c) genau drei Nichtschwimmer sind,
    d) mindestens ein Nichtschwimmer ist,
    e) mindestens zwei Nichtschwimmer sind?

24. Von einer Warensendung, die 1000 Stück der Ware umfaßt, ist bekannt, das sich darunter zehn unbrauchbare Stücke befinden. Für eine Stichprobe werden fünf Stücke ohne Zurücklegen entnommen. Wie groß ist die Wahrscheinlichkeit, daß die Stichprobe
    a) höchstens ein unbrauchbares Stück,
    b) mindestens ein unbrauchbares Stück enthält?

25. Eine Schulklasse aus
    a) 15 Jungen und 15 Mädchen, b) 14 Jungen und 20 Mädchen
    wird willkürlich in zwei gleich große Gruppen aufgeteilt.
    (i) Wie groß ist die Wahrscheinlichkeit, daß in beiden Gruppen gleich viele Jungen sind?
    (ii) Wie groß ist die Wahrscheinlichkeit, daß in beiden Gruppen gleich viele Mädchen sind?

C 3 Die Binomialverteilung

In einem Wasserwerk werden regelmäßig Proben entnommen und auf das Vorhandensein von Inhaltsstoffen untersucht. Ein wesentlicher Kennwert für die Wasserqualität ist die Nitratkonzentration. Für sie ist ein Grenzwert von 50mg/l gesetzlich festgelegt. Wird dieser Wert überschritten, so ist zu entscheiden, ob das Wasser in das öffentliche Trinkwassernetz eingespeist werden kann oder nur in die Brauchwasserversorgung. Der Gesetzgeber hat den Grenzwert bewußt sehr niedrig angesetzt, um eine Gefährdung der Bevölkerung auszuschließen. Der Genuß des Wassers ist erst bei einer vielfachen Überschreitung dieses Grenzwertes kritisch.
Im Wasserwerk ist bekannt, daß drei Viertel der abgegebenen Wassermenge einen Nitratgehalt unterhalb des Grenzwertes hat.
Wir wollen die Situation unter verschiedenen Gesichtspunkten betrachten und in den nächsten Abschnitten nach Antworten auf die folgenden Fragen suchen:

- Es sind 20 Proben entnommen. Mit welcher Wahrscheinlichkeit ist diese Probengesamtheit repräsentativ, d.h. mit welcher Wahrscheinlichkeit ist in fünf der Proben der Grenzwert überschritten?
- Wie kommt man zu der Information, daß drei Viertel des Wassers eine Nitratkonzentration unterhalb des Grenzwertes hat?
- Welche mathematisch begründbaren Schlußfolgerungen hat man zu ziehen, wenn in einer 20 Einzelproben umfassenden Serie zehn Proben einen Nitratgehalt oberhalb des Grenzwertes aufweisen?

C 3.1 Bernoulli-Experimente und Bernoulli-Ketten

Bernoulli-Experiment

Ein Zufallsexperiment, bei dem nur zwei Ergebnisse möglich sind, nennt man ein **Bernoulli-Experiment.**[1]
In diesem Fall umfaßt die Ergebnismenge Ω zwei Elemente: $\Omega := \{e; m\}$. Häufig wird das Eintreten des Ereignisses $E := \{e\}$ als *Erfolg* oder *Treffer* und das Eintreten des Gegenereignisses $\overline{E} := \{m\}$ als *Mißerfolg* oder *Niete* interpretiert. Einige Beispiele für Bernoulli-Experimente sind in der folgenden Tabelle angegeben.

Bernoulli-Experiment	Erfolg	Mißerfolg
Münzwurf	Es fällt Wappen.	Es fällt Zahl.
Würfeln	Wurf einer »6«	Wurf einer anderen Zahl
bei der Qualitätskontrolle	Finden einer normgerechten Ware	Finden eines Ausschußstückes
bei einer Lotterie	Ziehen eines Gewinns	Ziehen einer Niete
bei der Geburt eines Kindes	Geburt eines Mädchens	Geburt eines Jungen

Tab. 6

1 J. Bernoulli (1654–1705): Schweizer Astronom und Mathematiker. Er fand um 1686 das später nach ihm benannte *Bernoullische Gesetz der großen Zahlen*, welches im engen Zusammenhang mit dem uns bekannten empirischen Gesetz der großen Zahlen steht. Die Formulierung dieses Gesetzes wird noch in diesem Abschnitt erfolgen.

Der zugehörige Wahrscheinlichkeitsraum hat in allen diesen Fällen folgendes Aussehen:

$$\Omega := \{e; m\}, \qquad \mathcal{F} := \{\emptyset; E; \overline{E}; \Omega\} \text{ mit } E := \{e\} \text{ und } \overline{E} := \{m\},$$

und die Wahrscheinlichkeitsfunktion P ist bestimmt durch eine Zahl p, $0 \leqq p \leqq 1$

$$P(E) := p, \qquad P(\overline{E}) := 1 - p, \qquad P(\emptyset) := 0, \qquad P(\Omega) := 1.$$

Die Zufallsgröße X mit

$$X(e) := 1, \qquad X(m) := 0$$

ist 0-1-verteilt mit dem Parameter p. Ihre Verteilungstabelle ist die folgende

mögliche Werte x	1	0
$P(X = x)$	p	$1 - p$

Tab. 7

Typisch für Qualitätskontrollen bei einer laufenden Produktion ist, daß Proben mehrmals hintereinander und unabhängig voneinander entnommen werden.

Bernoulli-Ketten

Zufallsversuche, bei denen mehrmals hintereinander und unabhängig voneinander die gleichen Bernoulli-Experimente durchgeführt werden, heißen **Bernoulli-Ketten.**

Ist der Parameter $p = m/n$ eine rationale Zahl zwischen 0 und 1, so läßt sich eine Bernoulli-Kette mit diesem Parameter durch ein Urnenmodell modellieren. Dazu werden in eine Urne m weiße und $(n - m)$ schwarze Kugeln gelegt. Jedes Bernoulli-Experiment besteht im Ziehen einer Kugel. Vor dem nächsten Ziehen wird die gezogene Kugel zurückgelegt.

Man beachte: Wird die gezogene Kugel nicht wieder in die Urne zurückgelegt, so ist das wiederholte Ziehen keine Bernoulli-Kette, da sich die Wahrscheinlichkeiten von Zug zu Zug verändern!

Ist p keine rationale Zahl, so kann man das Bernoulli-Experiment durch ein Glücksrad modellieren, welches in zwei Sektoren aufgeteilt ist.

⑦

Wie hat die Aufteilung dieses Glücksrades in zwei Sektoren zu erfolgen, wenn p bekannt ist?

Die zu einer Bernoulli-Kette der Länge n gehörende Ergebnismenge hat stets folgendes Aussehen:

$$\Omega_n := \text{Menge aller geordneten } n\text{-Tupel aus } \{e; m\}.$$

Wird z. B. mit einem regulären Würfel viermal gewürfelt, wobei die Sechs als Erfolg angesehen wird, so ist die Ergebnismenge

$$\Omega_4 = \{(e;e;e;e);(e;e;e;m);(e;e;m;e);\ldots;(e;e;m;m);(e;m;e;m);(m;e;e;m);\ldots;(e;m;m;m);(m;m;m;m)\},$$

wobei e für die Sechs und m für den Mißerfolg steht. Ω_4 hat $2^4 = 16$ Elemente.

Zur Ermittlung der Wahrscheinlichkeitsfunktion P für eine Bernoulli-Kette ist die Unabhängigkeit der Bernoulli-Experimente zu berücksichtigen.
Das Elementarereignis $E := \{(e; e; \ldots; e)\}$ bedeutet:

Erfolg beim 1. Teilversuch *und* Erfolg beim 2. Teilversuch *und* ... *und* Erfolg beim n-ten Teilversuch. Es läßt sich darstellen als Durchschnitt der Ereignisse E_i :=Erfolg beim i-ten Teilversuch, $i = 1, \ldots, n$:

$$E = E_1 \cap E_2 \cap \ldots \cap E_n.$$

Wegen der vorausgesetzten Unabhängigkeit gilt also

$$P(E) = P(E_1 \cap E_2 \cap \ldots \cap E_n) = P(E_1) \cdot P(E_2) \cdot \ldots \cdot P(E_n) = p^n.$$

Ist nun F ein beliebiges Elementarereignis, so wird es durch k Erfolge und $(n-k)$ Mißerfolge beschrieben, die in irgendeiner Reihenfolge auftreten. Die zugehörige Wahrscheinlichkeit $P(F)$ ist dann ein Produkt aus den Zahlen p und $(1-p)$ in der Reihenfolge, in der die Erfolge und Mißerfolge bei F auftreten. Da die Multiplikation reeller Zahlen kommutativ ist, kann man dieses Produkt umsortieren und erhält

$$P(F) = p^k(1-p)^{n-k}.$$

Betrachten wir erneut das Würfelbeispiel.
Die Wahrscheinlichkeit des Ereignisses I:=Immer Sechs=$\{(e; e; e; e)\}$
ist $P(I) = P(\{(e; e; e; e)\}) = p^4 = (\frac{1}{6})^4$.
Die Wahrscheinlichkeit des Ereignisses M:=Niemals Sechs=$\{(m; m; m; m)\}$
ist $P(M) = (1-p)^4 = (\frac{5}{6})^4$.
Für das Elementarereignis $K = \{(e; m; e; m)\}$
ist $P(K) = p(1-p)p(1-p) = p^2(1-p)^2 = (\frac{1}{6})^2(\frac{5}{6})^2$.

Aufgaben 1–2

C 3.2 Definition der Binomialverteilung

Ergebnisse einer Bernoulli-Kette lassen sich unter anderem dadurch unterscheiden, wie viele Erfolge bzw. Mißerfolge in ihnen vorkommen.
Sei nun $(\Omega, \mathcal{F}, P)$ der Wahrscheinlichkeitsraum einer Bernoulli-Kette und X die Zufallsgröße, die jedem Ergebnis die Anzahl seiner Erfolge zuordnet.
Dann hat X die Wertemenge $\{0; 1; \ldots; n\}$.
Wie sehen die zugehörigen Wahrscheinlichkeiten aus?

(8)
Ermitteln Sie diese Wahrscheinlichkeiten für den Fall des viermaligen Werfens eines regulären Würfels.

Im allgemeinen Fall wird wie folgt überlegt:

Es werden insgesamt n Bernoulli-Experimente durchgeführt. Für k Erfolge stehen k »Plätze« in der Menge $\{1; 2; \ldots; n\}$ zur Verfügung. Es ist also eine k-elementige Teilmenge von $\{1; 2; \ldots; n\}$ für die Erfolge auszuwählen. An allen anderen »Plätzen« finden dann die Mißerfolge statt. Aus Satz B8 (s. Seite 42) folgt, daß es $\binom{n}{k}$ verschiedene k-elementige Teilmengen einer Menge aus n Elementen gibt. Folglich ist die Anzahl der Ergebnisse, die durch die Zufallsgröße auf die Zahl k abgebildet werden, gleich $\binom{n}{k}$.

Damit erhält man für die Wahrscheinlichkeit, daß die Zufallsgröße X den Wert k annimmt:

$$P(X = k) = \binom{n}{k} p^k (1-p)^{n-k}.$$

Binomial-verteilung

Definition 7
Sei $p \in]0; 1[$ eine reelle Zahl und X eine Zufallsgröße mit der Wertemenge $\{0; 1; \ldots; n\}$ und den zugehörigen Wahrscheinlichkeiten

$$P(X = k) = \binom{n}{k} p^k (1-p)^{n-k},$$

für $k = 0, \ldots n$. Dann heißt X **binomialverteilt mit den Parametern n und p**. Man schreibt $X \sim B(n; p)$. Für die Wahrscheinlichkeiten $\binom{n}{k} p^k (1-p)^{n-k}$ wird die Abkürzung $B(n; p; k) := \binom{n}{k} p^k (1-p)^{n-k}$ verwendet.

Für ausgewählte Paare von Parametern n und p gibt es Tabellen (siehe Anhang) für die Warscheinlichkeiten $B(n; p; k)$.
Der Name Binomialverteilung rührt daher, daß die Zahlen $B(n; p; k)$ gerade die k-ten Summanden in der binomischen Formel

$$(p+(1-p))^n = \binom{n}{0} p^0 (1-p)^n + \binom{n}{1} p^1 (1-p)^{n-1} + \ldots + \binom{n}{n-1} p^{n-1} (1-p)^1 + \binom{n}{n} p^n (1-p)^0$$

sind.

Beispiel 6
Die Zufallsgröße X sei binomialverteilt mit den Parametern $n = 4$ und $p = \frac{1}{6}$.
X hat folgende Verteilungstabelle

mögliche Werte k	0	1	2	3	4
$P(X = k)$	$\binom{4}{0} p^0 (1-p)^4$ =0,4823	$\binom{4}{1} p^1 (1-p)^3$ =0,3858	$\binom{4}{2} p^2 (1-p)^2$ =0,1157	$\binom{4}{3} p^3 (1-p)^1$ =0,0154	$\binom{4}{4} p^4 (1-p)^0$ =0,0008

Tab. 8

⑨

Zeichnen Sie ein Stabdiagramm.
Die Zufallsgröße X hat folgende Verteilungsfunktion

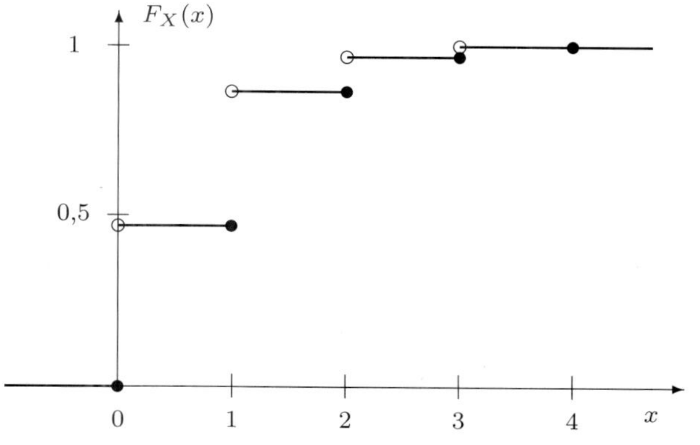

Abb. 7: Verteilungsfunktion einer $(4\,;\frac{1}{6})$-binomialverteilten Zufallsgröße

Beispiel 7

Auf Seite 104 wurde das viermalige Würfeln mit einem regulären Würfel betrachtet.

1. *Mit welcher Wahrscheinlichkeit zeigen genau zwei Würfel die Sechs?*
2. *Mit welcher Wahrscheinlichkeit zeigt mindestens ein Würfel die Sechs?*
3. *Wie viele Würfe muß man mindestens durchführen, um mit einer Mindestwahrscheinlichkeit von 0,99 wenigstens eine Sechs zu erhalten?*

Lösung:

Die Zufallsgröße, die jedem Würfelergebnis bei vier Würfen die Anzahl der Sechsen zuordnet, ist binomialverteilt mit $n = 4$ und $p = \frac{1}{6}$. Die Verteilungstabelle von X ist in Beispiel 6 angegeben.

Zur Beantwortung der ersten Frage liest man aus der Tabelle ab $P(X = 2) = 0,1157$. Mit der Wahrscheinlichkeit 0,1157 fallen genau zwei Sechsen.

Die Beantwortung der zweiten Frage ist gleichbedeutend mit der Ermittlung von $P(X \geqq 1)$. Dazu gibt es zwei Rechenwege:

1. $$\begin{aligned} P(X \geqq 1) &= P((X=1) \cup (X=2) \cup (X=3) \cup (X=4)) \\ &= P(X=1) + P(X=2) + P(X=3) + P(X=4) \\ &= 0{,}3858 + 0{,}1157 + 0{,}0154 + 0{,}0008 \\ &= 0{,}5167. \end{aligned}$$

2. $$\begin{aligned} P(X \geqq 1) &= 1 - P(X=0) \\ &= 1 - 0{,}4823 = 0{,}5167. \end{aligned}$$

Mit Wahrscheinlichkeit 0,5167 fällt wenigstens eine Sechs.

Die Beantwortung der dritten Frage unterstellt eine neue Situation. Gesucht ist die Länge einer Bernoulli-Kette. Die Zufallsgröße hängt also von einem noch zu ermittelnden Parameter n ab. Sie wird deshalb mit $X_{(n)}$ bezeichnet. Zur Ermittlung von n wird die Bedingung

$$P(X_{(n)} \geqq 1) \geqq 0,99$$

ausgewertet. Analog zu dem oben verwendeten zweiten Weg stellt man die Ungleichung um

$$P(X_{(n)} \geqq 1) = 1 - P(X_{(n)} = 0) \geqq 0,99$$

$$0,01 \geqq P(X_{(n)} = 0).$$

Für die rechte Seite gilt aber

$$P(X_{(n)} = 0) = (1-p)^n = \left(\frac{5}{6}\right)^n .$$

Die gesucht Zahl n wird also aus der Ungleichung

$$0,01 \geqq \left(\frac{5}{6}\right)^n$$

ermittelt:

$$n \geqq \frac{\ln(0,01)}{\ln(0,8\overline{3})} \approx 25,3.$$

Man muß also 26mal würfeln, um mit Wahrscheinlichkeit 0,99 mindestens eine Sechs zu erhalten.

⑩

Betrachten Sie den Einführungstext (Wasserwerk) zum Thema Binomialverteilung auf Seite 103. Beantworten Sie die Frage, mit welcher Wahrscheinlichkeit eine 20 Einzelproben umfassende Gesamtprobe repräsentativ ist.

Die Frage, wie viele Proben im Mittel bei der wiederholten Entnahme von 20 Wasserproben einen Nitratgehalt unter dem Grenzwert aufweisen, führt auf die Berechnung des Erwartungswertes von binomialverteilten Zufallsgrößen.

Satz 6
Ist $X \sim B(n;p)$, dann gilt

$$E(X) = np \text{ und } V(X) = np(1-p).$$

Beweis: Beide Formeln erhält man durch Einsetzen der entsprechenden Zahlen in die Definitionen für $E(X)$ und $V(X)$ und anschließendes Umformen. Die damit zusammenhängenden Rechnungen sind wenig interessant. Für den Fall des Erwartungswertes gibt es eine zweite Beweisvariante.

Sei $(\Omega, \mathcal{F}, P)$ der Wahrscheinlichkeitsraum einer Bernoulli-Kette mit den Parametern n und p. Auf diesem Wahrscheinlichkeitsraum werden n Zufallsgrößen $X_1, \ldots, X_n$ betrachtet:

$$X_i(\omega) := \begin{cases} 0, & \text{wenn beim } i\text{-ten Teilversuch ein Mißerfolg eintritt,} \\ 1, & \text{wenn beim } i\text{-ten Teilversuch ein Erfolg eintritt.} \end{cases}$$

Jede der Zufallsgrößen X_i ist 0-1-verteilt mit dem Parameter p. Die zugehörigen Erwartungswerte sind bekannt: $E(X_i) = p$.
Die Zufallsgröße X, die die Erfolge zählt, kann man darstellen als

$$X = X_1 + X_2 + \ldots + X_n.$$

Mit Hilfe von Satz 2 läßt sich der Erwartungswert von X sehr leicht errechnen:

$$E(X) = E(X_1) + E(X_2) + \ldots + E(X_n) = p + p + \ldots + p = np,$$

was zu zeigen war.

Beispiel 8
In der eingangs beschriebenen Situation in einem Wasserwerk wurde ein Stichprobenumfang von 20 Proben betrachtet. Es ist bekannt, daß $\frac{3}{4}$ des Wassers den Grenzwert nicht überschreitet; $p = \frac{3}{4}$. Nach Satz 6 ist der Erwartungswert $E(X)$ der Zufallsgröße X, die die guten Proben zählt: $E(X) = np = 20 \cdot (\frac{3}{4}) = 15$. Bei wiederholter Entnahme von 20 Proben sind im Mittel in jeder Serie von 20 Proben 15 in denen der Grenzwert nicht überschritten wird.

Aufgaben 3–16

C 3.3 Die Ungleichung von Tschebyschev

In Satz 6 wurde gezeigt, daß sich der Erwartungswert und die Varianz von $(n;p)$-binomialverteilten Zufallsgrößen leicht berechnen lassen. Führt man nun ein Bernoulli-Experiment mehrmals aus, so wird man erwarten, daß die absolute Häufigkeit der Erfolge in der Nähe des Erwartungswertes der zugehörigen binomialverteilten Zufallsgröße liegen wird. Was dabei »in der Nähe« zu bedeuten hat, wird von dem jeweiligen konkreten Experiment abhängen. Eine Möglichkeit wäre zu fragen, mit welcher Wahrscheinlichkeit die Häufigkeit in einem Intervall der Form $[-a + E(X); E(X) + a]$ für eine fest vorgegebene positive Zahl a liegen wird. Gesucht ist dann

$$P(-a + E(X) \leqq X \leqq E(X) + a) = P(|X - E(X)| \leqq a).$$

Im Jahre 1866 bewies der russische Mathematiker PAFNUTI L. TSCHEBYSCHEV (1821–1894) eine Abschätzung für diese Wahrscheinlichkeit. Sie basiert auf folgender Überlegung:
Nach Definition 6 ist die Varianz einer Zufallsgröße X mit den möglichen Werten $\{x_1; \ldots; x_n\}$ und den zugehörigen Wahrscheinlichkeiten $p_i := P(X = x_i)$ gleich

$$V(X) = \sum_{i=1}^{n} (x_i - E(X))^2 \cdot p_i.$$

Die Summe läßt sich in zwei Teilsummen zerlegen

$$V(X) = \sum_{i:|x_i - E(X)| \geqq a} (x_i - E(X))^2 \cdot p_i + \sum_{i:|x_i - E(X)| < a} (x_i - E(X))^2 \cdot p_i.$$

Läßt man die zweite Summe weg, so wird aus der Gleichung eine Ungleichung.

$$V(X) \geqq \sum_{i:|x_i - E(X)| \geqq a} (x_i - E(X))^2 \cdot p_i$$

In dieser Summe nun ist jeder der Faktoren $(x_i - E(X))^2 \geqq a^2$, woraus wegen $p_i = P(X = x_i)$ folgt, daß

$$\begin{aligned} V(X) &\geqq \sum_{i:|x_i - E(X)| \geqq a} a^2 \cdot p_i = a^2 \cdot \sum_{i:|x_i - E(X)| \geqq a} P(X = x_i) = \\ &= a^2 \cdot P(|X - E(X)| \geqq a) \end{aligned}$$

ist. Also gilt:

Ungleichung von Tschebyschev

Satz 7
Ist X eine beliebige Zufallsgröße mit dem Erwartungswert $E(X)$ und der Varianz $V(X)$, und ist $a > 0$ eine reelle Zahl, dann gilt die **Tschebyschevsche Ungleichung**

$$P(|X - E(X)| \geqq a) \leqq \frac{V(X)}{a^2}.$$

Durch den Übergang zum Gegenereignis erhält man sofort eine Abschätzung für die Wahrscheinlichkeit aller der Ergebnisse, die durch die Zufallsgröße in die Nähe des Erwartungswertes abgebildet werden

$$P(|X - E(X)| < a) \geqq 1 - \frac{V(X)}{a^2}.$$

Satz 8
Sei speziell $X \sim B(n; p)$. Dann lautet die Ungleichung von Tschebyschev für jedes $a > 0$:

$$P(|X - np| \geqq a) \leqq \frac{np(1-p)}{a^2}.$$

Der Beweis folgt sofort aus Satz 6.

Die Ungleichung von Tschebyschev erlaubt es, die Bedeutung der Standardabweichung $\sigma = \sqrt{V(X)}$ besser zu erkennen. Sei dazu $a = k \cdot \sigma$ mit k=1,2,3,4. Dann gilt

1. $P(|X - E(X)| < 1 \cdot \sigma) \geqq 1 - \frac{\sigma^2}{1 \cdot \sigma^2} = 0$, was im Vergleich zu den folgenden Aussagen recht uninteressant ist.

2. $P(|X - E(X)| < 2\ \sigma) \geqq 1 - \frac{\sigma^2}{4 \cdot \sigma^2} = \frac{3}{4} = 75\%$,

3. $P(|X - E(X)| < 3\ \sigma) \geqq 1 - \frac{\sigma^2}{9 \cdot \sigma^2} = \frac{8}{9} = 88,8\%$,

4. $P(|X - E(X)| < 4\ \sigma) \geqq 1 - \frac{\sigma^2}{16 \cdot \sigma^2} = \frac{15}{16} = 93,75\%$.

Man trifft also mit einer Wahrscheinlichkeit von mindestens
- 75% in den 2σ-Bereich,
- 88,8% in den 3σ-Bereich,
- 93,75% in den 4σ-Bereich

um den Erwartungswert $E(X)$.

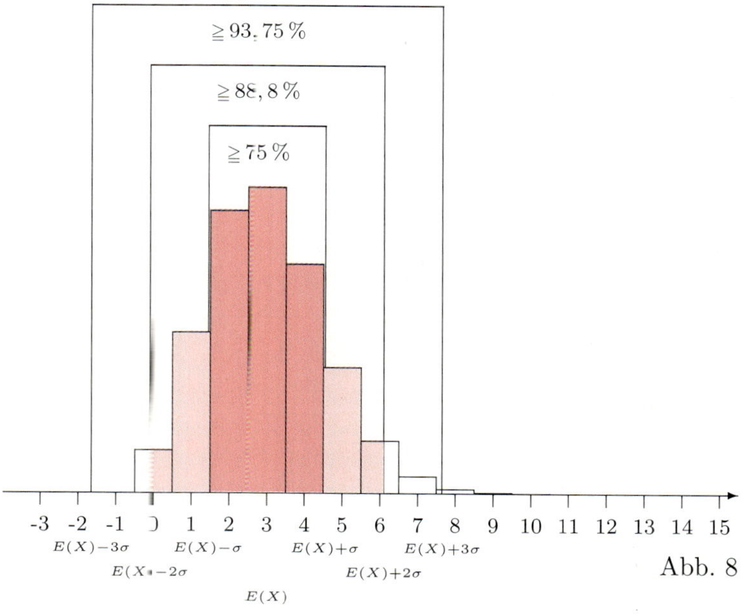

Abb. 8

Die Ungleichung von Tschebyschev läßt sich außerordentlich nutzbringend sowohl für theoretische als auch für praktische Zwecke verwenden. Einen kleinen Einblick bieten dazu die folgenden Abschnitte.

Aufgaben 17–19

C 3.4 Statistische Schätzverfahren

Im Einführungstext zum Abschnitt C 3 war eine der interessierenden Fragen die, wie man zu der Information kommt, daß drei Viertel des Wassers den Grenzwert nicht überschreitet. Aufgrund des empirischen Gesetzes der großen Zahlen ist zwar zu erwarten, daß sich die relativen Häufigkeiten der Proben mit gutem Wasser stabilisieren, jedoch wird in diesem Gesetz keine Aussage darüber getroffen, nach wieviel Proben die relativen Häufigkeiten genügend nahe bei dem unbekannten Parameter liegen. Es soll jetzt eine solche Probenzahl ermittelt werden.
Es ist davon auszugehen, daß der Anteil p der guten Wasserproben unbekannt ist. Jede Probenentnahme stellt ein Bernoulli-Experiment dar. Bei n Proben bezeichne X die Zufallsgröße, die die positiven Proben zählt. Es gilt $E(X) = np$ und $V(X) = np(1-p)$. Die Zufallsgröße $Y := \frac{X}{n}$ gibt den relativen Anteil der positiven Proben am Gesamtprobenumfang n an. Nach den Sätzen 2 und 4 gilt $E(Y) = p$ und $V(Y) = \frac{p(1-p)}{n}$. Schreibt man für die Zufallsgröße Y die Tschebyschevsche Ungleichung auf, so lautet sie

$$P(|Y-p| \geqq a) \leqq \frac{p(1-p)}{na^2}.$$

Wegen $p(1-p) \leqq \frac{1}{4}$ (s. Abb. 9) kann man die rechte Seite abschätzen durch

$$\frac{p(1-p)}{na^2} \leqq \frac{1}{4na^2}.$$

Diese Ungleichungen erlauben nun die sinnvolle Festlegung einer Versuchsanzahl n und die Schätzung des unbekannten Parameters p durch die Ausführung von n Versuchen.

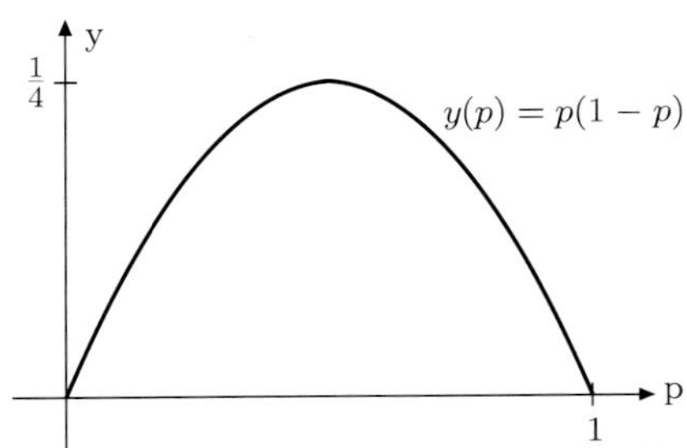

Abb. 9

DAS SCHÄTZVERFAHREN

Wähle eine positive Zahl a, um die der Schätzwert p^* vom genauen Wert p, welcher unbekannt ist, höchstens abweichen soll.
Wähle eine Risikowahrscheinlichkeit α so, daß die Wahrscheinlichkeit $P(\lvert Y-p\rvert \geqq a) \leqq \alpha$ bleiben soll.
Bestimme aus der Ungleichung $\frac{1}{4na^2} \leqq \alpha$ die Zahl n_0 der mindestens durchzuführenden Einzelversuche.
Führe n_0 Versuche durch. Bilde aus dem erhaltenen n_0-Tupel ω die Zahl $p^* := Y(\omega)$; die relative Häufigkeit der positiven Proben in der erhaltenen Stichprobe.
Die Zahl p^* ist ein Schätzwert für den unbekannten Anteil p.

Geht man so vor, wird man in $(1-\alpha)\%$ aller Fälle einen Schätzwert p^* für die unbekannte Zahl p erhalten, der um weniger als a von p abweicht.
Da bei diesem Schätzverfahren ein Schätzwert für einen unbekannten Punkt p aus dem Intervall $]0;1[$ ermittelt wird, spricht man auch von einer **Punktschätzung**.

Punkt-schätzung

Für die Wahl der Zahlen a und α stehen keine mathematischen Hilfsmittel zur Verfügung. Sie müssen vom »Schätzer« auf sein Risiko hin sinnvoll festgelegt werden.

(11)

Bestimmen Sie eine Mindestversuchsanzahl n_0 so, daß in 90% aller Fälle einer konkreten Versuchsdurchführung die ermittelten relativen Häufigkeiten um weniger als 0,1 vom wahren Parameter p des zugrundeliegenden Bernoulli-Experiments abweicht.

Oftmals ist es jedoch (z.B. aus Kostengründen) nicht möglich, die Zahl n der Versuchswiederholungen beliebig zu variieren. Bei fester Anzahl n der Einzelversuche läßt sich bei vorgegebener Risikowahrscheinlichkeit ein Intervall als Schätzung für den unbekannten Parameter p angeben. Dazu ist wie folgt vorzugehen:

DAS SCHÄTZVERFAHREN

Wähle die Anzahl n der Versuchswiederholungen.
Wähle die Risikowahrscheinlichkeit α so, daß die Wahrscheinlichkeit $P(\|Y-p\| \geqq a) \leqq \alpha$ bleiben soll.
Bestimme aus der Ungleichung $\frac{1}{4na^2} \leqq \alpha$ die Zahl a.
Führe n Versuche durch. Bilde aus dem erhaltenen n-Tupel ω die Zahl $p^* := Y(\omega)$; die relative Häufigkeit der positiven Proben in der erhaltenen Stichprobe.
Das Intervall $]-a+p^*;p^*+a[$ ist ein Schätzintervall für den unbekannten Anteil p.

Führt man das Schätzverfahren wie oben beschrieben durch, so wird man in $(1-\alpha)\%$ aller Fälle ein Intervall erhalten, welches den unbekannten Parameter p enthält.
Man nennt derartige Schätzintervalle **Konfidenz- oder Vertrauensintervalle** zur Risikowahrscheinlichkeit α.

Konfidenz-intervall

Auch an dieser Stelle ist zu betonen, daß die Mathematik bei der Wahl der Risikowahrscheinlichkeit keine Hilfe leisten kann. Diesen Wert kann nur der »Schätzer« auf sein Risiko hin sinnvoll festlegen.

(12)

Auf Seite 35 sind die Ergebnisse einer konkreten Serie von 1 000 Münzwürfen festgehalten. Dabei lag 510mal Wappen oben. Bestimmen Sie ein Konfidenzintervall für die unbekannte Wahrscheinlichkeit dafür, daß bei der vorliegenden Münze das Wappen oben liegt. Die Risikowahrscheinlichkeit sei 10%.

Aufgaben 20–24

C 3.5 Das Bernoullische Gesetz der großen Zahlen

Aus der Tschebyschevschen Ungleichung folgt eine für das Gesamtverständnis der Wahrscheinlichkeitsrechnung überaus bedeutsame Aussage.

(13)

Welches ist die Grundaussage des empirischen Gesetzes der großen Zahlen?

Es sei ein Zufallsversuch gegeben, bei dem nur das Eintreten eines Ereignisses E interessiert; also ein Bernoulli-Experiment. Die Wahrscheinlichkeit des Ereignisses E werde mit p bezeichnet. Zu jeweils n Versuchswiederholungen gehört als mathematisches Modell ein Wahrscheinlichkeitsraum $(\Omega_n, \mathcal{F}_n, P_n)$. Er beschreibt eine Bernoulli-Kette. Auf diesem Wahrscheinlichkeitsraum wird für jeden Einzelversuch eine Zufallsgröße X_i, $i = 1, \dots, n$ definiert, welche das Eintreten des Ereignisses E im Einzelversuch anzeigt:

$$X_i(\omega) := \begin{cases} 1, & \text{wenn } E \text{ beim } i\text{-ten Teilversuch eintritt,} \\ 0, & \text{wenn } E \text{ beim } i\text{-ten Teilversuch nicht eintritt.} \end{cases}$$

Die Zufallsgröße $Y_n(\omega) := \frac{1}{n} \sum\limits_{i=1}^{n} X_i(\omega)$ ordnet jedem Ergebnis der Bernoulli-Kette die zugehörige relative Häufigkeit des Eintretens von E in den Einzelversuchen zu. Für Y_n und jedes positive reelle a gilt die Tschebyschevsche Ungleichung

$$P(|Y_n - E(Y_n)| \geqq a) \leqq \frac{V(Y_n)}{a^2} \text{ oder } P(|Y_n - E(Y_n)| < a) \geqq 1 - \frac{V(Y_n)}{a^2},$$

und wegen $E(Y_n) = p$, $V(Y_n) = \frac{p(1-p)}{n}$ und $p(1-p) \leqq \frac{1}{4}$

$$P(|Y_n - p|) < a) \geqq 1 - \frac{1}{4na^2}. \qquad (*)$$

Dies ist eine mathematische Beschreibung für das Gesetz der großen Zahlen, denn (*) bedeutet: Egal wie klein man ein $a > 0$ wählt, ist nur die Zahl n der Versuchswiederholungen hinreichend groß, so ist wegen $\lim\limits_{n \to \infty} \frac{1}{4na^2} = 0$ die Wahrscheinlichkeit dafür, daß die relative Häufigkeit um weniger als a vom wahren, aber unbekannten Wert p abweicht, beliebig nahe bei Eins.

Bernoullisches Gesetz der großen Zahlen

Satz 9
Bernoullisches Gesetz der großen Zahlen
Für jede positive reelle Zahl a gilt

$$\lim_{n\to\infty} P(|Y_n - p| < a) = 1.$$

Das *empirische Gesetz der großen Zahlen* ist eine Erfahrungstatsache, die anhand vielfältiger Versuchsdurchführungen gewonnen wurde, und die sich durch immer neue Versuchsdurchführungen bestätigen läßt.
Das *Bernoullische Gesetz der großen Zahlen* ist unabhängig von jeder konkreten Versuchsdurchführung. Es wurde aus den Axiomen durch logische Schlüsse abgeleitet. Es verdeutlicht, wie gut die mathematische Theorie mit der Erfahrung übereinstimmt.

Aufgaben

1. Zur Entscheidung eines Problems werden fünf Experten gefragt, die sich unabhängig voneinander äußern. Jeder Experte beurteilt das Problem mit 80 % Sicherheit korrekt.
   a) Geben Sie die Ergebnismenge des Experiments »Befragung eines Experten« an.
   b) Geben Sie die Ergebnismenge des Gesamtexperiments an.
   c) Beschreiben Sie das Ergebnis »nur der zweite Experte beurteilt das Problem falsch«.
   d) Ermitteln Sie die Wahrscheinlichkeit dafür, daß
   – nur der zweite Experte das Problem falsch beurteilt,
   – genau der erste und der dritte Experte richtig urteilen,
   – genau der zweite und der dritte Experte richtig urteilen,
   – genau der vierte und der fünfte Experte richtig urteilen.

2. Ein Mann läuft zufällig durch das abgebildete Wegenetz. An jedem Knotenpunkt wendet er sich mit Wahrscheinlichkeit $p = 0,4$ nach rechts und mit Wahrscheinlichkeit $q = 0,6$ nach oben, und zwar unabhängig vom bis dahin zurückgelegten Weg.

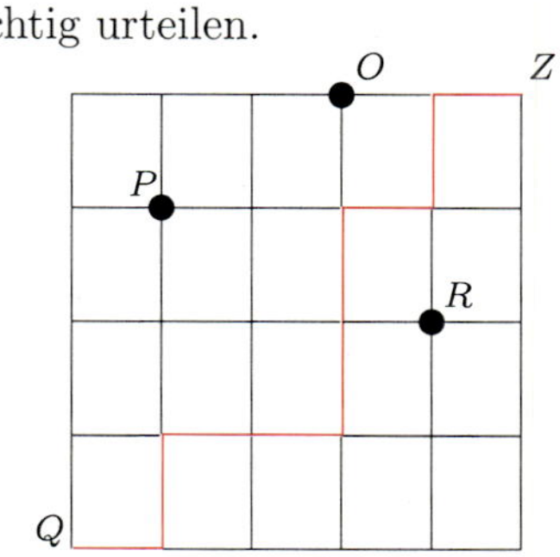

   a) Mit welcher Wahrscheinlichkeit geht der Mann den eingezeichneten Weg?
   b) Mit welcher Wahrscheinlichkeit erreicht er von der linken unteren Ecke beginnend den Punkt P (den Punkt Q; den Punkt R)?

3. Ermitteln Sie folgende Wahrscheinlichkeiten.

   a) $B(5;\ 0,4\,;3)$ b) $B(10;\ 0,4\,;2)$ c) $B(10;\ 0,3\,;1)$ d) $B(10;\ 0,2\,;4)$
   e) $B(3;\ 0,2\,;2)$ f) $B(4;\ 0,2\,;2)$ g) $B(5;\ 0,2\,;3)$ h) $B(10;\ 0,5\,;3)$

4. Durch Testreihen wurde festgestellt, daß nur etwa 80% der von einem Hersteller produzierten Festplatten für Computer die angegebenen Zugriffszeiten wirklich erreichen. Ein Händler kauft zehn Festplatten.
   a) Begründen Sie ausführlich, daß die Wahrscheinlichkeit dafür, daß unter den zehn Festplatten genau zwei die angegebene Zugriffsgeschwindigkeit nicht erreichen, $45 \cdot 0,8^8 \cdot 0,2^2$ beträgt. Erklären Sie insbesondere die Produktbildung und jeden einzelnen Faktor.
   b) Mit welcher Wahrscheinlichkeit erreichen alle zehn Festplatten die angegebenen Qualitätsparameter?
   c) Bei wie vielen Festplatten kann man erwarten, daß sie die angegebene Zugriffsgeschwindigkeit erreichen?

5. Auf einer Fährlinie über die Ostsee versuchen erfahrungsgemäß etwa 5% aller Ferienurlauber mehr als die gestattete Menge an Zigaretten zollfrei einzuführen. Wie groß ist die Wahrscheinlichkeit dafür, daß unter 20 (50;100) Touristen

   a) kein, b) genau ein, c) höchstens 10%, d) mehr als 25%

   Schmuggler sind?

6. Ein Tankstellenpächter hat festgestellt, daß ein ankommendes Auto mit Wahrscheinlichkeit 0,3 Superbezin tankt. Bestimmen Sie die Wahrscheinlichkeit dafür, daß
   a) mindestens eines der nächsten fünf ankommenden Fahrzeuge Superbenzin tankt,
   b) nicht mehr als neun der nächsten zehn Fahrzeuge Superbenzin tanken.

7. Ein Vertreter besucht täglich 50 Haushalte, um ein Produkt anzubieten. Es wird angenommen, daß die Entscheidung zwischen Kauf und Nichtkauf der Ware in jedem Haushalt unabhängig gefällt wird, und daß jeder Haushalt das Produkt nur einmal erwirbt. Bei 80% aller Besuche kann der Vertreter keinen Abschluß tätigen. Berechnen Sie die Wahrscheinlichkeit dafür, daß der Vertreter täglich mehr als zwei Abschlüsse tätigt.

8. Eine Firma hat drei Amtsleitungen und zehn Mitarbeiter, die über die Telefonanlage telefonieren. Jeder von ihnen benötigt pro Stunde etwa 15 Minuten eine Amtsleitung.
   a) Wie groß ist die Wahrscheinlichkeit, daß zu einem bestimmten Zeitpunkt die Zahl der Amtsleitungen ausreicht?
   b) Wie verändert sich diese Wahrscheinlichkeit, wenn eine zusätzliche Leitung geschaltet wird?
   c) Wie viele Leitungen müssen geschaltet werden, damit mit Wahrscheinlichkeit 0,99 die Zahl der Leitungen ausreichend ist?

9. Eine faire Münze wird dreimal hintereinander geworfen. Die Zufallsgröße X gebe an, wie oft dabei »Zahl« erscheint.
   a) Wie viele Elemente besitzt die Ergebnismenge der Benoulli-Kette?
   b) Stellen Sie die Verteilungstabelle der Zufallsgröße X auf.
   c) Bestimmen Sie die Verteilungsfunktion der Zufallsgröße X.
   d) Berechnen Sie Erwartungswert und Varianz von X.

10. Bei der Herstellung von Transistoren werden konstant 10% Ausschuß produziert. Der Produktion wird eine Stichprobe von 100 Stück entnommen. Die Zufallsgröße X gebe die Anzahl der defekten Transistoren an.
   a) Bestimmen Sie die Wahrscheinlichkeit dafür, daß mindestens zwei Transistoren in der Stichprobe Ausschuß sind.
   b) Berechnen Sie $E(X)$ und $V(X)$.

11. In einer Schule werden nach den Ferien 20 neue Lampen in Betrieb genommen. Jede Lampe fällt im Verlaufe eines Jahres mit Wahrscheinlichkeit 0,1 aus. Bestimmen Sie die Wahrscheinlichkeit, daß im Laufe des Jahres mindestens die Hälfte der in Betrieb genommenen Lampen ersetzt werden müssen.

12. Eine Gärtnerei verkauft Blumenzwiebeln und behauptet, daß durchschnittlich 60% keimfähig sind.
   a) Ein Hobbygärtner kauft 20 Blumenzwiebeln, weil er ein Beet für zwölf Pflanzen anlegen will. Wie groß ist die Wahrscheinlichkeit dafür, daß mindestens zwölf der 20 gekauften Ziebeln keimen?
   b) Welche Anzahl keimfähiger Ziebeln ist beim Kauf von 20 Zwiebeln am wahrscheinlichsten?
   c) Mit welcher Wahrscheinlichkeit hat man beim Kauf von 20 Zwiebeln mindestens zehn aber höchstens 14 keimfähige?
   d) Ein Kunde hat 20 Blumenzwiebeln gekauft. Später stellt er fest, daß nur fünf keimten. Hat er Pech gehabt, oder sollte er reklamieren?

13. In der Kantine des Landtages wählen von den 100 dort essenden Personen erfahrungsgemäß 25% das Menü I.
   a) Die Küche hat an einem Tag 50 Portionen des Menüs I zubereitet. Wie groß ist die Wahrscheinlichkeit, daß die 50 Portionen nicht ausreichen?
   b) Wie groß ist die Wahrscheinlichkeit, daß von den 50 Portionen, die vorbereitet wurden, mindestens zehn übrig bleiben?
   c) Wie viele Portionen sollten vorbereitet werden, damit sie mit einer Wahrscheinlichkeit von mindestens 90% ausreichen?

14. Ein Arbeiter bedient drei voneinander unabhängig arbeitende Maschinen. Jede einzelne Maschine verlangt innerhalb eines Zeitintervalls T die Aufmerksamkeit des Arbeiters mit einer Wahrscheinlichkeit p=0,4. Es sei X die zufällige Anzahl der Maschinen, die im Zeitintervall T die Aufmerksamkeit des Arbeiters verlangen.
   a) Stellen Sie die Verteilungstabelle von X auf.
   b) Skizzieren Sie die Verteilungsfunktion von X.
   c) Berechnen Sie $P(X \geqq 1)$.

15. Es sei bekannt, daß bei einem Bernoulli-Experiment mit der Länge n und der Trefferwahrscheinlichkeit p wenigstens ein Mißerfolg ungefähr mit Wahrscheinlichkeit 0,4 eintritt. Berechnen Sie p für $n = 2$ und $n = 5$.

16. Bei 1% aller Waschautomaten eines Herstellers zeigen sich in der Garantiezeit Defekte. Eine Wäscherei wird mit zehn Automaten dieses Herstellers ausgestattet und beginnt zu arbeiten. Wie groß ist die Wahrscheinlichkeit, daß die Wäscherei a) genau zwei, b) höchstens drei Garantieansprüche erhebt?

17. Aus einer Urne mit drei weißen und sieben schwarzen Kugeln wird dreimal ohne Zurücklegen eine Kugel entnommen. Die Zufallsgröße X beschreibe die Anzahl der weißen Kugeln in der Stichprobe.
    a) Stellen Sie die Verteilungstabelle der Zufallsgröße X auf.
    b) Ermitteln Sie $E(X)$ und $V(X)$.
    c) Berechnen Sie $P(|X - 0,9| \geqq 1,4)$.
    d) Schätzen Sie $P(|X - 0,9| \geqq 1,4)$ mit Hilfe der Tschebyschevschen Ungleichung ab.

18. Auf einem Automaten sollen Stahlbolzen hergestellt werden, die einen Normdurchmesser von 4,5 mm besitzen. Abweichungen bis zu 0,2 mm nach oben und nach unten seien zulässig. Eine Kontrolle ergab für den Mittelwert 4,5 mm und für die Standardabweichung 0,08 mm. Mit welchem Ausschußanteil muß höchsten gerechnet werden?

19. Es sei X die zufällige Augenzahl beim Wurf mit einem regulären Würfel. Berechnen Sie für $k = 1,25 \quad (k = 1,5; k = 1,75)$ die Wahrscheinlichkeit $P(|X - E(X)| \geqq k \cdot \sqrt{V(X)})$. Vergleichen Sie diese Werte mit den entsprechenden Abschätzungen aus der Tschebyschevschen Ungleichung.

20. Ein Computer erzeugt die Ziffern 0, 1 und 2 mit den Wahrscheinlichkeiten 0,2 ; 0,5 bzw. 0,3. Diese Ziffern werden im folgenden kurz Zufallsziffern genannt. Es werden 300 Zufallsziffern erzeugt. Anschließend wird festgestellt, wie oft die Ziffer 1 eingetreten ist. Bestimmen Sie ein zum Erwartungswert symmetrisches und möglichst kleines Intervall, in welches mit einer Wahrscheinlichkeit von mindestens 92% die Anzahl der auftretenden Einsen fällt.

21. Eine Firma stellt Kaffeemaschinen her. Im Rahmen einer Qualitätskontrolle werden jeden Monat n Kaffeemaschinen zufällig der Produktion entnommen und aufgrund einer Prüfung als qualitätsgerecht oder mangelhaft eingestuft. Auf diese Weise soll der Ausschußanteil geschätzt werden. Wie groß muß der Stichprobenumfang mindestens sein, wenn man mit 95%iger Wahrscheinlichkeit sicher sein will, daß der gefundene Ausschußanteil der Stichprobe um weniger als 0,01 vom wahren, jedoch unbekannten Ausschußanteil abweicht?
    a) Benutzen Sie die Tschebyschevsche Ungleichung und die Abschätzung $p(1-p) \leqq 1/4$.
    *b) Es ist aus langer Erfahrung bekannt, daß die Ausschußquote den Wert 0,1 niemals überschreitet. Ermitteln Sie eine bessere obere Schranke für die Varianz und verwenden Sie diese in der Tschebyschevschen Ungleichung. Bestimmen Sie so einen Mindeststichprobenumfang.

22. Der unbekannte Parameter p, der die Eintrittswahrscheinlichkeit eines Erfolges E beschreibt, soll bei einer Risikowahrscheinlichkeit $\alpha = 10\%$ geschätzt werden. Der Abstand des Schätzwertes p^* von p soll dabei nicht größer als 0,1 sein. Bestimmen Sie die Mindestversuchsanzahl für eine solche Schätzung.

23. Eine Gesundheitsstudie soll untersuchen, wie hoch der Prozentsatz der Schüler ist, die ohne Frühstück zur Schule gehen. Dazu soll ein Konfidenzintervall zur Risikowahrscheinlichkeit 0,05 ermittelt werden. Berechnen Sie dieses Intervall für den Fall, daß bei einer Befragung von 734 Schülern 65 erklären, daß sie ohne Frühstück das Haus verlassen haben, um in die Schule zu gehen.

24. In regelmäßigen Abständen führen Meinungforschungsinstitute unter der Bevölkerung die Umfrage durch, welche Partei gewählt würde, wenn am nächsten Sonntag Wahlen wären.
    a) Bei eine Befragung von 929 wahlberechtigten Bürgern erklärten 49, die Partei $\mathcal{A}$ wählen zu wollen. Geben Sie für den Stimmenanteil dieser Partei ein Konfidenzintervall zur Risikowahrscheinlichkeit 0,05 an.
    b) Wie viele Wahlberechtigte müßte das Institut befragen, wenn der ermittelte Stimmenanteil vom späteren tatsächlichen Ergebnis um höchstens 1% abweichen soll. Als Risikowahrscheinlichkeit soll wiederum 0,05 angestzt werden.

25. Beweisen Sie: Um die Länge eines Konfidenzintervalls zu halbieren, muß man den Stichprobenumfang vervierfachen.

C 4 Stetige Zufallsgrößen

Ein Bild vom Aufbau der Atome vermitteln Atommodelle. Ein solches Modell ist das wellenmechanische Atommodell.

Es ist jedoch kein anschauliches Modell, sondern eine Beschreibung des Atomzustandes durch mathematische Funktionen. Nach der wellenmechanischen Theorie können sich die Elektronen an nahezu jedem beliebigen Ort im Atom befinden. Dasjenige Raumgebiet, in welchem sich ein Elektron ausbreitet, nennt man Orbital. Bei der bildlichen Darstellung von Orbitalen beschränkt man sich auf Raumteile, in denen sich das Elektron mit 95%iger Wahrscheinlichkeit aufhält.

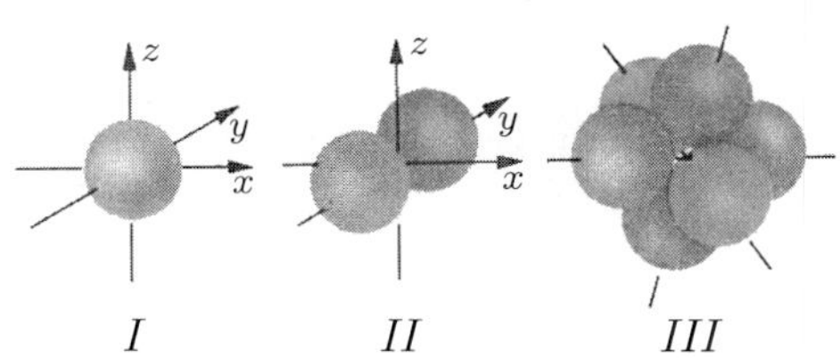

Abb. 10

Aufgrund der Heisenbergschen Unschärferelation ist es nicht sinnvoll, danach zu fragen, mit welcher Wahrscheinlichkeit sich ein Elektron an einem bestimmten Ort befindet. Sinnvoll hingegen ist es, die Aufenthaltswahrscheinlichkeit in einem Teil des Raumes zu ermitteln. Im Unterschied zur schon bekannten geometrischen Wahrscheinlichkeit, bei der die Wahrscheinlichkeit eines Volumenstückes nur vom Zahlenwert seines Rauminhaltes abhängt, jedoch nicht von der Lage im Raum, ist im Fall des wellenmechanischen Atommodells die räumliche Lage des Volumenstückes von wesentlicher Bedeutung für die Aufenthaltswahrscheinlichkeit des Elektrons darin.

C 4.1 Dichtefunktionen

Einen wahrscheinlichkeitstheoretischen Hintergrund für diese Atommodelle bildet unter anderem der Begriff der stetigen Zufallsgröße. Stetige Zufallsgrößen sind spezielle, nichtdiskrete Zufallsgrößen. Die Einteilung der Zufallsgrößen ist im folgenden Diagramm dargestellt:

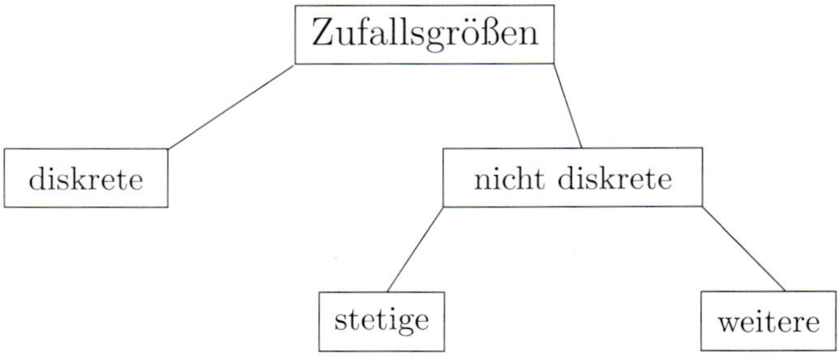

Stetige Zufallsgrößen werden durch Dichtefunktionen beschrieben. Die Wahl der Bezeichnung Dichte lehnt sich eng an entsprechende physikalische Begriffe an, wie z.B. der Ladungsdichte des Elektrons oder der Dichte eines inhomogenen festen Körpers.

Dichte

Definition 8
Eine Funktion $f : \mathbb{R} \to \mathbb{R}$ heißt **Dichtefunktion** oder kurz **Dichte**, wenn sie folgende Eigenschaften besitzt:

1. $f(t) \geqq 0$ für alle $t \in \mathbb{R}$.
2. Die Fläche unter dem Funktionsgraphen hat den Flächeninhalt 1, d.h. $\int\limits_{-\infty}^{\infty} f(t)dt = 1$.

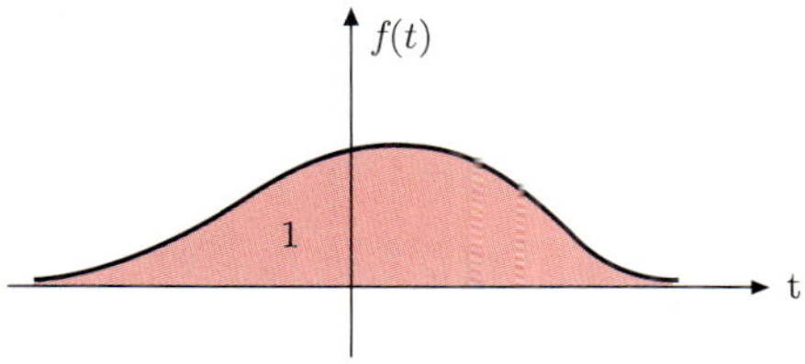

Abb. 11

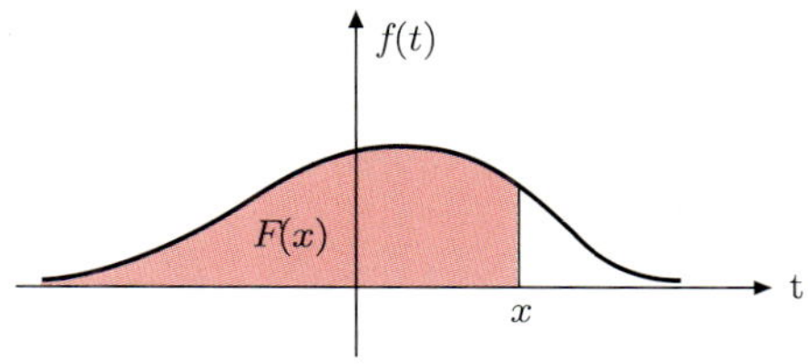

Abb. 12

Die Dichte läßt sich physikalisch deuten: Man denke sich einen nach zwei Seiten ausgedehnten Stab, auf dem die Masse entsprechend der Dichte $f(t)$ verteilt ist und der eine Gesamtmasse von 1 besitzt.

stetige Zufallsgröße

Definition 9
Sei $(\Omega, \mathcal{F}, P)$ ein Wahrscheinlichkeitsraum und X eine Zufallsgröße. Dann heißt X **stetig**, wenn es eine Dichte f derart gibt, daß die Verteilungsfunktion F der Zufallsgröße X sich in der Form

$$F(x) = \int_{-\infty}^{x} f(t)dt$$

darstellen läßt. Die Funktion f heißt dann die Dichte der Zufallsgröße X.

Der Wert der Verteilungsfunktion an der Stelle x ist gleich dem Zahlenwert des Flächeninhalts der Fläche unter der Kurve $y = f(t)$ bis zum Abszissenwert x.
Die Verteilungsfunktion F einer stetigen Zufallsgröße ist also überall dort, wo sie differenzierbar ist, die Stammfunktion zur Dichte f.

Der Umgang mit Dichtefunktionen soll an einem Beispiel demonstriert werden. Susanne und Thomas wollen gemeinsam zur Disco fahren. Die beiden hatten sich für die Zeit zwischen 18.30 und 19.00 Uhr am Gasthof »Zur Linde« verabredet. Thomas ist 18.30 Uhr dort eingetroffen und wartet auf Susanne. Es werde unterstellt, daß Susanne keinen der Zeitpunkte zwischen 18.30 und 19.00 Uhr bevorzugt.

Es läßt sich nun eine Zufallsgröße X dadurch definieren, daß jedem möglichen Zeitpunkt des Eintreffens von Susanne die Wartezeit zugeordnet wird, die Thomas warten muß.
Fragt man nun nach der Wahrscheinlichkeit dafür, daß Thomas weniger als x Minuten warten muß, d.h. nach $P(X < x)$, so ist also der Wert der Verteilungsfunktion F an der Stelle x gesucht:

$$F(x) = P(X < x).$$

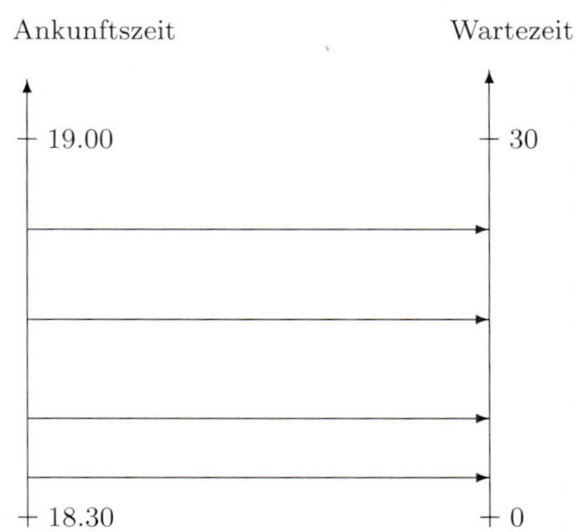

Abb. 13

Die Frage nach der Wahrscheinlichkeit dafür, daß Thomas mindestens 10, jedoch weniger als 20 Minuten warten muß, ist die Frage nach $P(10 \leqq X < 20)$. Diese Wahrscheinlichkeit läßt sich mit Hilfe der Verteilungsfunktion errechnen:

$$\begin{aligned} P(10 \leqq X < 20) &= P(X < 20, \text{ aber nicht } X < 10) \\ &= P(X < 20) - P(X < 10) = F(20) - F(10). \end{aligned}$$

Kennt man die Verteilungsfunktion, so kann man leicht die Wahrscheinlichkeiten dafür berechnen, daß die Zufallsgröße einen Wert in einem vorgegebenen Intervall annimmt. Für stetige Zufallsgrößen ist die Verteilungsfunktion das Integral über die Dichte. Kennt man demnach die Dichte und kann sie integrieren, so sind ebenfalls die oben beschriebenen Wahrscheinlichkeiten leicht ermittelbar. Da im Beispiel unterstellt wurde, daß Susanne keinen bestimmten Zeitpunkt bevorzugt, muß die Dichte über dem interessierenden Intervall eine konstante Funktion sein. Die Funktion

$$f(t) := \begin{cases} 0 & \text{für } t < 0 \\ \frac{1}{30} & \text{für } t \in [0; 30] \\ 0 & \text{für } t > 30 \end{cases}$$

leistet dies und besitzt die Eigenschaften einer Dichte.

Für die zugehörige Verteilungsfunktion ergibt sich

$$F(t) = \begin{cases} 0 & \text{für } t < 0 \\ \frac{1}{30} \cdot t & \text{für } t \in [0; 30] \\ 1 & \text{für } t > 30. \end{cases} \ .$$

Die Wahrscheinlichkeit dafür, daß Thomas mindestens 15 Minuten warten muß, ist

$$F(15) = \frac{1}{30} \cdot 15 = \frac{1}{2}.$$

Die Wahrscheinlichkeit dafür, daß Thomas mindestens 10, jedoch weniger als 20 Minuten warten muß, ist

$$F(20) - F(10) = \frac{1}{30}(20 - 10) = \frac{1}{3}.$$

Allgemein definiert man:

stetig gleichverteilte Zufallsgröße

Definition 10
Ist $[a; b]$ ein Intervall auf der Zahlengeraden und X eine stetige Zufallsgröße mit der Dichte

$$f(t) := \begin{cases} 0 & \text{für } t < a \\ \frac{1}{(b-a)} & \text{für } t \in [a; b] \\ 0 & \text{für } t > b. \end{cases} \ ,$$

so heißt X **über** $[a; b]$ **stetig gleichverteilt**.

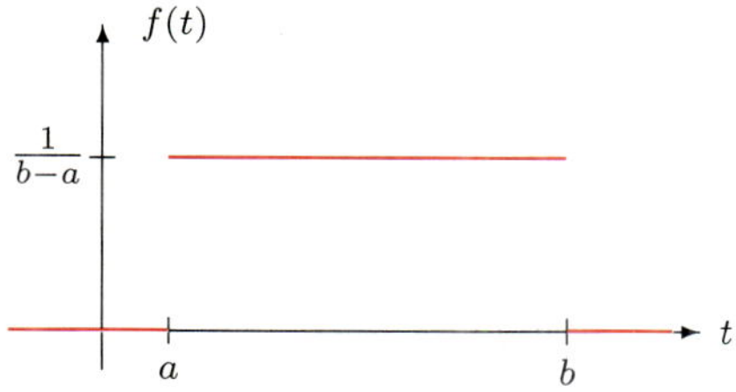

Abb. 14: Dichte einer stetig gleichverteilten Zufallsgröße

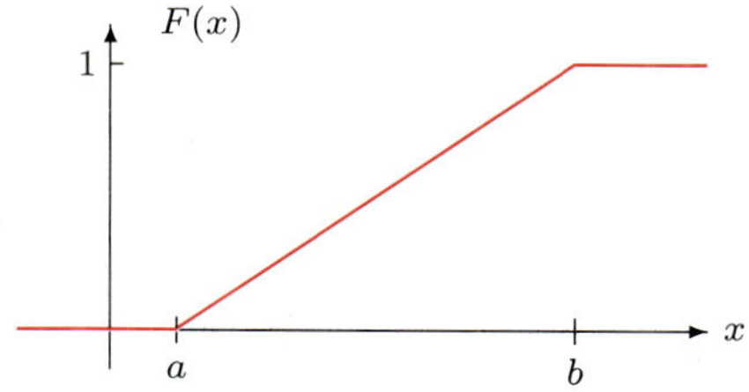

Abb. 15: Verteilungsfunktion einer stetig gleichverteilten Zufallsgröße

Beispiel 9

Eine Telefonleitung führt vom Hauptpostamt H zu einer 4 km entfernten Verteilerstation V. In der Leitung ist ein Defekt eingetreten. Mit welcher Wahrscheinlichkeit ist der Defekt höchstens 1 km vom Hauptpostamt entfernt?

Lösung:

Zufällige Ergebnisse sind also defekte Stellen in der Leitung. Die Zufallsgröße X ordne jeder dieser Stellen die Entfernung von H zu. Ist keine Stelle in der Leitung in Bezug auf mögliche Defekte bevorzugt, so läßt sich X durch folgende Dichte beschreiben:

$$f(t) = \begin{cases} 0 & \text{für } t < 0 \\ \frac{1}{4} & \text{für } t \in [0;4] \\ 0 & \text{für } t > 4. \end{cases} ,$$

Die gesuchte Wahrscheinlichkeit ist dann

$$P(X < 1) = F(1) = \int_{-\infty}^{1} f(t)dt = \int_{-\infty}^{0} 0\,dt + \int_{0}^{1} \frac{1}{4}\,dt = \frac{1}{4}.$$

Der Zusammenhang zwischen stetig verteilten Zufallsgrößen und der geometrischen Wahrscheinlichkeit ist offensichtlich.

Fragt man in dem obigen Beispiel danach, wie weit man im Durchschnitt die Leitung absuchen muß, um die defekte Stelle zu finden, so steht die Frage nach dem Erwartungswert einer stetig gleichverteilten Zufallsgröße.

In Analogie zur Definition des Erwartungswertes einer diskreten Zufallsgröße definiert man ihn für stetig gleichverteilte Zufallsgrößen durch

$$E(X) := \int_{-\infty}^{\infty} t\,f(t)\,dt = \int_{a}^{b} \frac{t}{b-a}\,dt.$$

Die Varianz wird definiert durch

$$V(X) := \int_{-\infty}^{\infty} (t - (E(X))^2\,f(t)\,dt = \int_{a}^{b} \frac{(t - E(X))^2}{b-a}\,dt.$$

Satz 10
Ist X eine über $[a;b]$ stetig gleichverteilte Zufallsgröße so gilt

$$E(X) = \frac{a+b}{2} \quad \text{und} \quad V(X) = \frac{1}{12}(b-a)^2.$$

Der Erwartungswert liegt genau in der Mitte des betreffenden Intervalls. Die Streuung wird mit der Länge des Intervalls größer.

(14)
Beweisen Sie Satz 10.

(15)
Beantworten Sie die Frage, wie weit im Durchschnitt die Leitung aus Beispiel 9 nach einem Defekt abgesucht werden muß.

Aufgaben 1–6

C 4.2 Die Normalverteilung

Eine der wichtigsten Klassen von Zufallsgrößen in der Wahrscheinlichkeitsrechnung und Statistik – wenn nicht gar die wichtigste überhaupt – soll nun definiert werden. Es ist die Klasse der normalverteilten Zufallsgrößen[2]. Ihre Bedeutung ergibt sich aus der allgemeinen Feststellung, daß Zufallsgrößen, die durch Überlagerung einer Vielzahl von verschiedenen zufälligen Einflüssen auf die Versuchsdurchführung entstehen, als normalverteilt angesehen werden können.

normal-verteilte Zufallsgröße

Definition 11
Ist X eine stetige Zufallsgröße mit der Dichte

$$f(t) := \frac{1}{\sqrt{2\pi}\sigma} e^{-\frac{1}{2}\cdot\left(\frac{t-\mu}{\sigma}\right)^2},$$

wobei μ und $\sigma > 0$ zwei reelle Zahlen sind, dann heißt X **$(\mu;\sigma^2)$-normalverteilt**.
Man schreibt $X \sim N(\mu;\sigma^2)$.

2 Die Normalverteilung wurde zum ersten Mal von Abraham Moivre (1667–1754) verwendet. Pierre Simon Laplace verwendete schon vor 1774 die Normalverteilung, bevor sie dann Carl Friedrich Gauss aufgrund einer 1809 erschienen Arbeit zugeschrieben wurde. Heute findet man auf dem 10-DM-Schein neben dem Bild von Gauss auch eine Abbildung der Dichtefunktion der Normalverteilung.

Daß die oben beschriebene Funktion nur positive Funktionswerte annimmt, ist offensichtlich. Auf den Nachweis dafür, daß das Integral über diese Funktion gleich Eins ist, muß an dieser Stelle verzichtet werden.
Im Fall $\mu = 0$ und $\sigma = 1$ werden für die Dichte f in der Regel das Funktionssymbol φ und für die Verteilungsfunktion F das Funktionssymbol Φ benutzt.
Die Verteilungsfunktion normalverteilter Zufallsgrößen ist das Integral

$$F(x) = \frac{1}{\sqrt{2\pi}\sigma} \int_{-\infty}^{x} e^{-\frac{1}{2}\cdot\left(\frac{t-\mu}{\sigma}\right)^2}\, dt.$$

Dieses Integral läßt sich nicht analytisch ausrechnen. Man ist demnach auf Tabellen angewiesen. Für jedes Zahlenpaar $(\mu; \sigma^2)$ wäre eine Tabelle anzufertigen. Das ist jedoch in Wirklichkeit nicht erforderlich, wie die folgende Rechnung zeigt.

Wird die Substitution $s := \frac{t-\mu}{\sigma}$ angesetzt, so gilt

$$\frac{ds}{dt} = \frac{1}{\sigma}. \qquad \text{Für } t = x \text{ ist} \quad s = \frac{x-\mu}{\sigma}. \qquad \text{Für } t \to -\infty \text{ gilt } s \to -\infty.$$

Die Substitution liefert

$$F(x) = \frac{1}{\sqrt{2\pi}} \int_{-\infty}^{\frac{x-\mu}{\sigma}} e^{-\frac{s^2}{2}}\, ds.$$

Damit ist der folgende Satz bewiesen:

Satz 11
Ist F die Verteilungsfunktion einer $(\mu; \sigma^2)$-normalverteilten Zufallsgröße, dann gilt für alle $x \in \mathbb{R}$

$$F(x) = \Phi\left(\frac{x-\mu}{\sigma}\right).$$

Mit Hilfe der obigen Formel lassen sich aus der Tafel der Verteilungsfunktion der (0;1)-normalverteilten Zufallsgrößen die Werte der Verteilungsfunktionen aller anderen normalverteilten Zufallsgrößen ablesen.

(16)
Sei X eine $(2; 3^2)$-normalvereilte Zufallsgröße mit der Verteilungsfunktion F. Ermitteln Sie aus der Tafel auf Seite 164 die Funktionswerte

a) $F(2)$;
b) $F(2{,}5)$;
c) $F(3)$;
d) $F(3{,}5)$.

In Analogie zur Definition des Erwartungswertes und der Varianz bei diskreten Zufallsgrößen wird der Erwartungswert einer normalverteilten Zufallsgröße X definiert als

$$E(X) := \int_{-\infty}^{\infty} t\, f(t)\, dt = \frac{1}{\sqrt{2\pi}\sigma} \int_{-\infty}^{\infty} t\, e^{-\frac{1}{2}\cdot\left(\frac{t-\mu}{\sigma}\right)^2}\, dt.$$

Die Varianz wird definiert als

$$V(X) := \int_{-\infty}^{\infty} (t - E(X))^2\, f(t)\, dt = \frac{1}{\sqrt{2\pi}\sigma} \int_{-\infty}^{\infty} (t - E(X))^2\, e^{-\frac{1}{2}\cdot\left(\frac{t-\mu}{\sigma}\right)^2}\, dt.$$

Für den Erwartungswert und die Varianz kann folgender Satz bewiesen werden.

Satz 12
Für jede $(\mu; \sigma^2)$-normalverteilte Zufallsgröße X gilt

$$E(X) = \mu \quad \text{und} \quad V(X) = \sigma^2.$$

An dieser Stelle wird die Bedeutung der beiden Parameter μ und σ als Erwartungswert und Standardabweichung deutlich.
Im Beweis zu Satz 11 wurde die Substitution

$$s := \frac{t-\mu}{\sigma}$$

erfolgreich verwendet. Man bezeichnet die durchgeführte Substitution auch als **Standardisieren**. Dadurch wird nämlich die Betrachtung einer beliebigen Zufallsgröße auf eine solche zurückgeführt, deren Erwartungswert Null und deren Varianz Eins ist. Im Fall von normalverteilten Zufallsgrößen gelangt man zu $(0; 1)$-normalverteilten Zufallsgrößen.

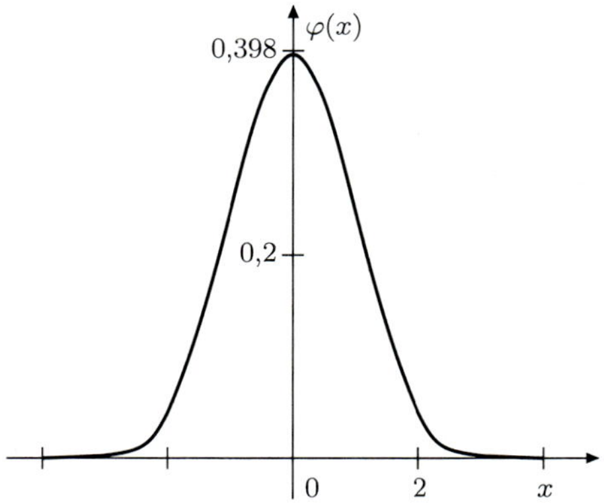

Abb. 16: Dichte der (0;1)-Normalverteilung

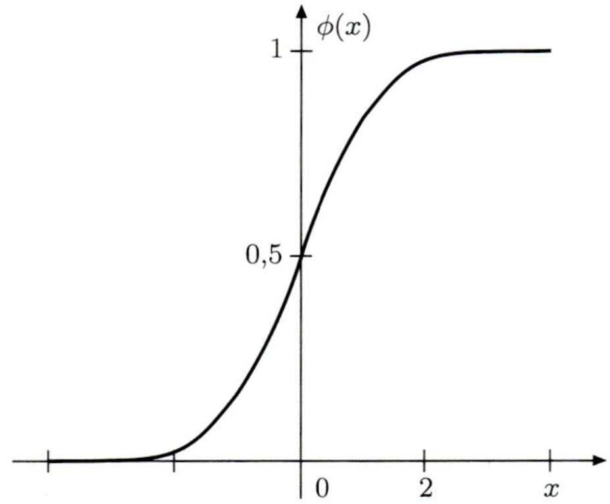

Abb. 17: Verteilungsfunktion der (0;1)-Normalverteilung

Allgemein gilt der folgende Satz:

Satz 13
Ist X eine beliebige Zufallsgröße mit dem Erwartungswert $E(X)$ und der Varianz $V(X)$, dann hat die zugehörige standardisierte Zufallsgröße

$$Y = \frac{X - E(X)}{\sqrt{V(X)}}$$

den Erwartungswert Null und die Varianz Eins.

⑰

Beweisen Sie Satz 13 für diskrete Zufallsgrößen mit Hilfe der Sätze 2 und 4.

⑱

a) Zeigen Sie durch geometrische Überlegungen, daß der Erwartungswert einer (0;1)-normalverteilten Zufallsgröße gleich Null ist, d.h. erklären Sie geometrisch, daß

$$E(X) = \frac{1}{\sqrt{2\pi}} \int_{-\infty}^{\infty} t\, e^{-\frac{t^2}{2}}\, dt = 0.$$

b) Ist X eine (0;1)-normalverteilte Zufallsgröße und ist μ eine reelle Zahl, dann gilt für die Verteilungsfunktion F der Zufallsgröße $Y = X + \mu$

$$F(y) = \Phi(y - \mu),$$

weil

$$P(Y < y) = P(X + \mu < y) = P(X < y - \mu) = \Phi(y - \mu).$$

Zeigen Sie, daß $Y \sim N(\mu; 1)$, indem Sie die Verteilungsfunktion von Y aufschreiben. Nutzen Sie dieses Ergebnis für den Beweis der Behauptung, daß jede $(\mu; 1)$-normalverteilte Zufallsgröße den Erwartungswert μ hat.

Für die Nutzung von Tabellen zur Normalverteilung ist der folgende Satz wichtig:

Satz 14
Für die Verteilungsfunktion Φ und jede positive Zahl x gilt:

$$\Phi(-x) = 1 - \Phi(x).$$

⑲

Versuchen Sie, einen Beweis für diesen Satz zu führen. Skizzieren Sie dazu zunächst die zu Φ gehörige Dichte, und veranschaulichen Sie daran die Bedeutung von $\Phi(x)$.

Beispiel 10
Eine Metallhobelmaschine stellt Platten her, die im Durchschnitt 10 cm dick sind. Da der Herstellungsprozeß verschiedenen Einflüssen unterworfen ist, muß die Plattendicke als zufällig gestört angesehen werden. Die Zufallsgröße X, die die Plattendicke beschreibt, genüge einer Normalverteilung mit den Parametern μ =10 cm und σ =0,02 cm. Wieviel Prozent Ausschuß sind zu erwarten, wenn die Platten maximal ± 0,03 cm vom Sollwert abweichen dürfen?

Lösung:
Gesucht ist

$$\begin{aligned} P(\text{»Platte ist Ausschuß«}) &= P(X \notin\,]9,97; 10,03]) = \\ &= 1 - P(X \in [9,97; 10,03[\,) = 1 - (F(10,03) - F(9,97)) = \\ &= 1 - \Phi(\frac{10,03-10}{0,02}) + \Phi(\frac{9,97-10}{0,02}) = 1 - \Phi(1,5) + \Phi(-1,5) = \\ &= 1 - \Phi(1,5) + (1 - \Phi(1,5)) = 2 - 2 \cdot \Phi(1,5) = 2 - 2 \cdot 0,9332 \approx 0,13. \end{aligned}$$

Es ist also mit 13% Ausschuß zu rechnen.

Aufgaben 7–12

C 4.3 Der Satz von Moivre-Laplace

Das Standardisieren von Zufallsgrößen erlaubt den qualitativen Vergleich von verschiedenen Zufallsgrößen untereinander. Eine sehr erfolgreich praktizierte Methode dabei ist der Vergleich der Binomialverteilung und der Normalverteilung.
Die Notwendigkeit für einen solchen Vergleich wird im folgenden Zusammenhang deutlich.
Auf Seite 35 wurde das Ergebnis einer konkreten Serie von 1 000 Münzwürfen aufgeschrieben. Insgesamt lag 510mal das Wappen oben. Fragt man nach der Wahrscheinlichkeit dafür, daß bei einer fairen Münze (also $P(\text{Wappen}) = P(\text{Zahl}) = \frac{1}{2}$) genau 510mal Wappen fällt, so ist

$$P(X = 510) = \binom{1\,000}{510} (\frac{1}{2})^{510} (\frac{1}{2})^{490} = \binom{1\,000}{510} (\frac{1}{2})^{1\,000}$$

zu ermitteln. Das ist im allgemeinen schon ein sehr schwieriges Problem!
Nicht leichter wird es, wenn man auf demselben Wege die Wahrscheinlichkeit dafür ermitteln will, daß eine Abweichung von höchstens 10 Wappen vom Mittelwert 500 eintritt, also

$$P(|X - 500| \leqq 10) = \sum_{k=490}^{510} \binom{1\,000}{k} (\frac{1}{2})^{1\,000}.$$

⑳

Schätzen Sie mit Hilfe der Tschebyschevschen Ungleichung diese Wahrscheinlichkeit ab.

Einen möglichen Ausweg aus diesem Problemkreis bietet folgende Beobachtung: Die Bilder zeigen die Verteilungsfunktionen von sechs binomialverteilten und dann standardisierten Zufallsgrößen. Der Parameter p hat den Wert $p = \frac{4}{13}$, und n durchläuft die Werte 1, 4, 9, 16, 25, 100.

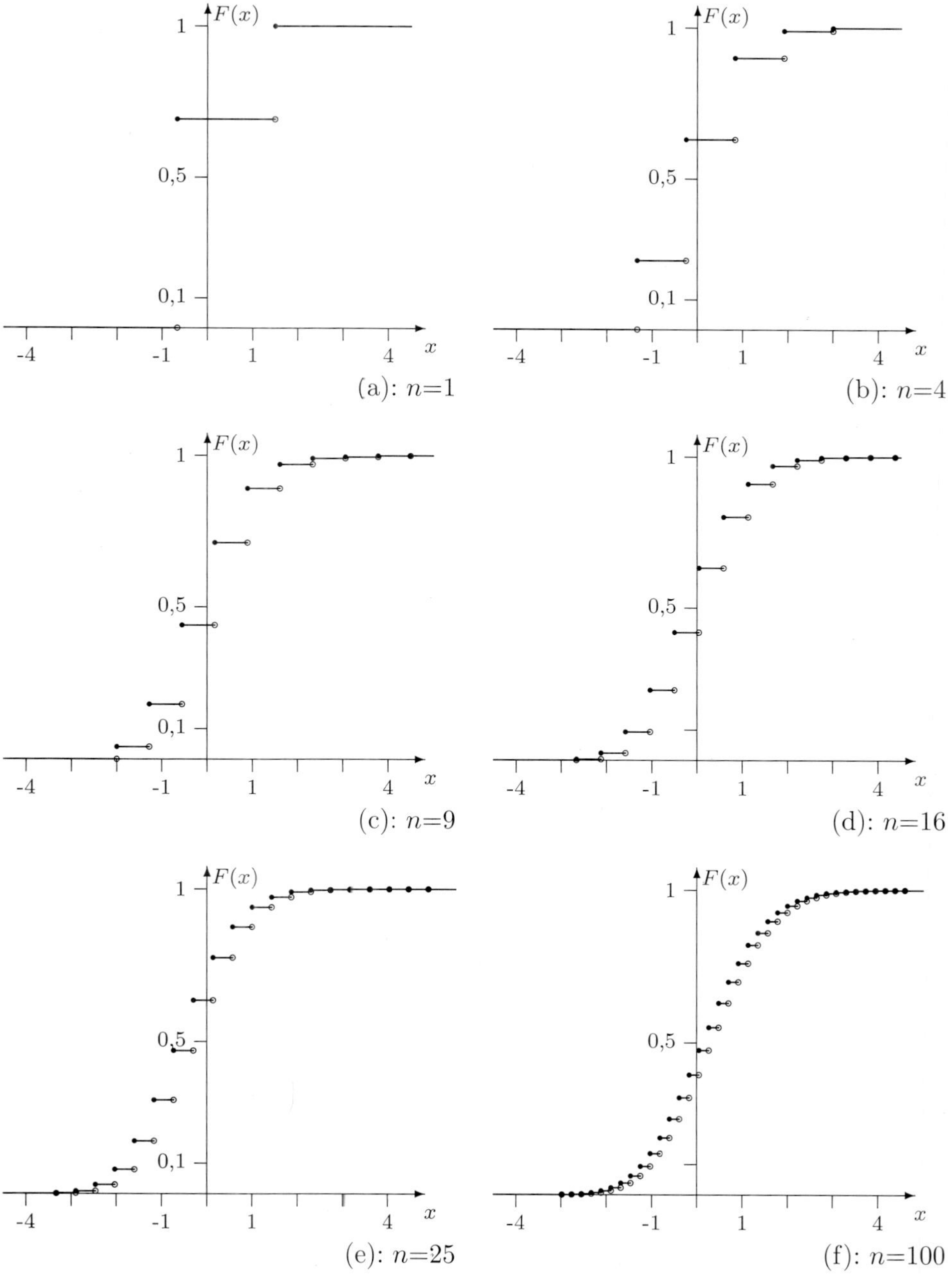

Abb. 18

(21)
Fertigen Sie auf Transparentpapier oder Folie eine Kopie der Abbildung 17. Legen Sie diese zum Vergleich auf die Abbildungen 18.

Die oben vorgenommene empirische Beobachtung läßt den folgenden Satz plausibel erscheinen, dessen Beweis hier jedoch nicht angegeben werden kann.

Satz von Moivre-Laplace

Grenzwertsatz von Moivre-Laplace (Satz 15):
Ist $X_1, X_2, \ldots, X_n, \ldots$ eine Folge von binomialverteilten Zufallsgrößen über einem Wahrscheinlichkeitsraum $(\Omega, \mathcal{F}, P)$ mit $X_n \sim B(n;p)$ und festem Parameter p. Sei

$$Y_n := \frac{X_n - E(X_n)}{\sqrt{V(X_n)}} = \frac{X_n - np}{\sqrt{np(1-p)}}$$

die Folge der zugehörigen standardisierten Zufallsgrößen. Dann gilt für die Folge $F_1, F_2, \ldots, F_n, \ldots$ der Verteilungsfunktionen der Zufallsgrößen Y_n und für jedes $x \in \mathbb{R}$

$$\lim_{n \to \infty} F_n(x) = \Phi(x) = \frac{1}{\sqrt{2\pi}} \int_{-\infty}^{x} e^{-\frac{t^2}{2}}\, dt.$$

Für das oben betrachtete Münzwurfbeispiel erhält man aus diesem Satz folgende Näherungsformel für die gesuchte Wahrscheinlichkeit. Dabei sei Y die zu X gehörende standardisierte Zufallsgröße.

$$P(|X - 500| \leqq 10) = P(X < 511, \text{ aber nicht } X < 490)$$

$$= P\left(Y < \frac{511-500}{\sqrt{1\,000 \cdot \frac{1}{2} \cdot (1-\frac{1}{2})}}, \text{ aber nicht } Y < \frac{490-500}{\sqrt{1\,000 \cdot \frac{1}{2} \cdot (1-\frac{1}{2})}}\right)$$

$$= F\left(\frac{511-500}{\sqrt{1\,000 \cdot \frac{1}{2} \cdot (1-\frac{1}{2})}}\right) - F\left(\frac{490-500}{\sqrt{1\,000 \cdot \frac{1}{2} \cdot (1-\frac{1}{2})}}\right)$$

$$= \Phi\left(\frac{511-500}{\sqrt{1\,000 \cdot \frac{1}{2} \cdot (1-\frac{1}{2})}}\right) - \Phi\left(\frac{490-500}{\sqrt{1\,000 \cdot \frac{1}{2} \cdot (1-\frac{1}{2})}}\right)$$

$$= \Phi\left(\frac{11}{\sqrt{250}}\right) - \Phi\left(\frac{-10}{\sqrt{250}}\right)$$

$$\approx \Phi(0,69) - \Phi(-0,63) = 0,755 - 0,264 = 0,491.$$

Der Satz 15 ist die Rechtfertigung für die folgende Rechenvorschrift:

Rechenregel
Ist $X \sim B(n;p)$ und $n\,p\,(1-p) > 9$, dann gilt näherungsweise für alle Paare $a, b \in \mathbb{R}$ reeller Zahlen

$$P(a < X < b) \approx \Phi\left(\frac{b-np}{\sqrt{np(1-p)}}\right) - \Phi\left(\frac{a-np}{\sqrt{np(1-p)}}\right).$$

Beispiel 11
Für eine Zufallsgröße X gelte $X \sim B(100; \frac{4}{13})$. Gesucht sei $P(40 < X < 60)$. Man erhält als Näherung für die gesuchte Wahrscheinlichkeit,
da $n\,p\,(1-p) = 100 \cdot (\frac{4}{13}) \cdot (\frac{9}{13}) \approx 21,3 > 9$,

$$P(40 < X < 60) \approx \Phi\left(\frac{60-\frac{400}{13}}{\sqrt{\frac{100\cdot 4\cdot 9}{13^2}}}\right) - \Phi\left(\frac{40-\frac{400}{13}}{\sqrt{\frac{100\cdot 4\cdot 9}{13^2}}}\right) = \Phi(\tfrac{19}{3}) - \Phi(2) \approx 0,03.$$

Die Funktionswerte $\Phi(\frac{19}{3}) \approx 1$ und $\Phi(2) \approx 0,97$ wurden der Tabelle auf Seite 164 entnommen.

Aufgaben 13–15

Aufgaben

1. In folgender Abbildung ist eine Funktion $f : \mathbb{R} \to \mathbb{R}$ dargestellt.

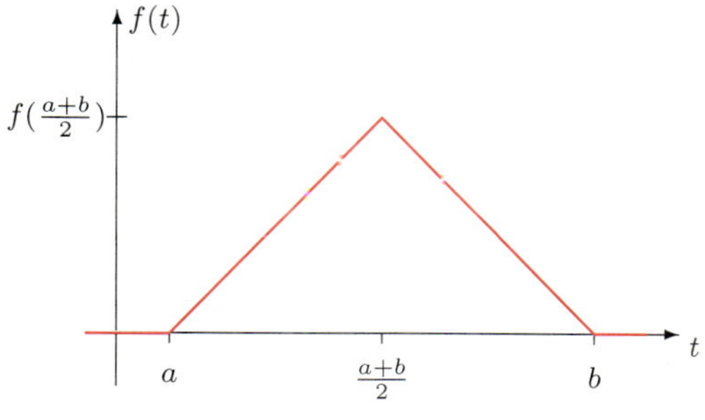

   a) Bestimmen Sie den Funktionswert $f(\frac{a+b}{2})$ so, daß f eine Dichtefunktion ist.
   b) Eine stetige Zufallsgröße X heißt dreiecksverteilt über $[a;b]$, wenn X die dargestellte Dichte besitzt. Bestimmen Sie die Verteilungsfunktion von X.
   c) Äußern Sie eine Vermutung über den Erwartungswert von X.
   d) Berechnen Sie den Erwartungswert der Zufallsgröße X

$$E(X) = \int_{-\infty}^{+\infty} t\, f(t)\, dt.$$

2. Die Funktion

$$f(t) := \begin{cases} \lambda\, e^{-\lambda t}, & t \geqq 0 \\ 0, & t < 0 \end{cases}$$

ist für jedes $\lambda > 0$ eine Dichte.

Beweisen Sie diese Aussage.

Eine Zufallsgröße X heißt exponentialverteilt mit dem Parameter λ, wenn X die oben angegebene Dichte besitzt. Bestimmen Sie die Verteilungsfunktion von X.

3. Die Funktion $f(t) := \frac{1}{2}\, e^{-|t|}$ ist eine Dichte.

Beweisen Sie diese Aussage.

Anmerkung: Stetige Zufallsgrößen, die die oben angegebene Dichte besitzen, heißen Laplace-verteilt.

4. Für welche Konstante a ist die Funktion

$$f(t) := \begin{cases} 0, & t < 0 \\ a\,\sin(t), & 0 \leqq t \leqq \pi \\ 0, & t > \pi \end{cases}$$

eine Dichtefunktion?

5. Seien A und B zwei Punkte in der Ebene mit dem Abstand 10. Auf der Strecke $\overline{AB}$ wird zufällig ein Punkt P gewählt. Beschreiben Sie die Dichtefunktion der Zufallsgröße X, die den Abstand des Punktes P von A angibt. Zeichnen Sie die zugehörige Verteilungsfunktion.
Um den Punkt P wird ein Kreis vom Radius 1 gezeichnet. Mit welcher Wahrscheinlichkeit schneidet die Peripherie des Kreises die Strecke $\overline{AB}$ in 2 Punkten?

6. Bei der Montage einer feinmechanischen Baugruppe wird eine Scheibe in ein Gehäuse durch einen sehr einfachen Vorgang automatisch montiert (vgl. nebenstehende Abb.). Dabei erfolgt vor der Montage kein Ausrichten der Teile zueinander, so daß die Mitnehmernase der Scheibe über dem Anschlag des Gehäuses liegen kann. In diesem Fall würde der Montagevorgang mißglücken und die beiden Einzelteile würden automatisch in die Vorratsbehälter für Einzelteile zurückgeführt. Wie groß ist die Wahrscheinlichkeit für das Mißlingen der Montage ?

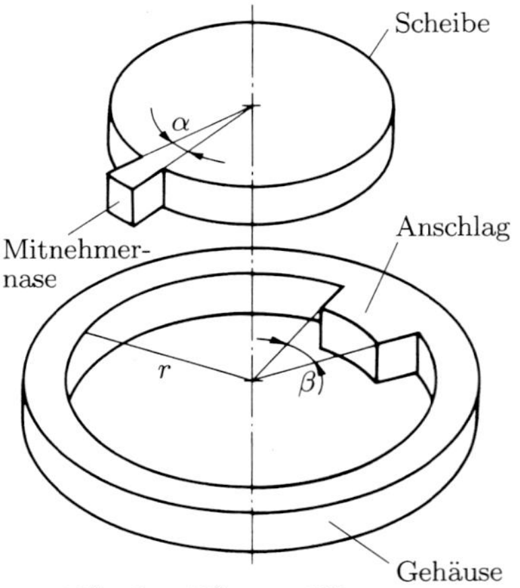

$\alpha = 10^\circ,\ \beta = 30^\circ,\ r = 100\ mm$

7. Die Zufallsgröße X sei $(5; 2^2)$-normalverteilt. Ermitteln Sie

a) $f(5)$, b) $f(4)$, c) $f(6)$, d) $f(0)$,
e) $F(5)$, f) $F(4)$, g) $F(6)$, h) $F(0)$,
i) $P(4 \leqq X < 6)$, j) $P(X = 5)$, k) $P(X \geqq 5)$, l) $P(X > 6)$.

8. Führen Sie eine Kurvendiskussion für die Dichtefunktion einer $(0; 1)$-normalverteilten Zufallsgröße durch.

9. Es sei $X \sim N(\mu; \sigma^2)$. Ermitteln Sie unter Verwendung der Tafel für $k = 1, 2, 3$ die Wahrscheinlichkeiten $P(|X - \mu| \geqq k\,\sigma)$. Vergleichen Sie die erhaltenen Werte mit den entsprechenden aus der Tschebyschevschen Ungleichung.

10. Zeigen Sie, daß für alle reellen Zahlen x gilt $\Phi(-x) = 1 - \Phi(x)$.

11. Welche Länge muß ein Intervall mit dem Mittelpunkt 10 haben, damit eine (10;1)-normalverteilte Zufallsgröße X mit der Wahrscheinlichkeit 0,5 einen Wert aus diesem Intervall annimmt?

*12. Eine Flaschenabfüllmaschine füllt 1-Liter-Apfelsaftflaschen ab. Man nehme an, daß die abgefüllte Menge pro Flasche einer Normalverteilung genüge. Man weiß, daß in 10% aller Fälle weniger als 0,95 l pro Flasche abgefüllt werden und daß in 5% aller Fälle mehr als 1,05 l pro Flasche abgefüllt werden. Berechnen Sie den Erwartungswert und die Varianz der Zufallsgröße »Abfüllmenge«.

13. Die Zufallsgröße X sei $(100; \frac{1}{5})$-binomialverteilt. Ermitteln Sie Näherungswerte für

a) $P(X < 20)$, b) $P(10 \leqq X < 30)$, c) $P(X \geqq 20)$, d) $P(0 < X < 40)$.

*14. Bei einem Bernoulli-Experiment ist die Wahrscheinlichkeit für einen Erfolg $P(E) = 0,2$. Wie lang muß eine Bernoulli-Kette sein, damit mit einer Wahrscheinlichkeit von 0,95 die relative Häufigkeit für die Erfolge zwischen 0,18 und 0,22 liegt?

15. Ein Computer erzeugt die Ziffern 0, 1 und 2 mit den Wahrscheinlichkeiten 0,2; 0,5 bzw. 0,3. Diese Ziffern werden im folgenden kurz Zufallsziffern genannt. Es werden 1 400 Zufallsziffern erzeugt. Anschließend wird festgestellt, wie oft die Ziffer 1 eingetreten ist. Bestimmen Sie ein zum Erwartungswert symmetrisches und möglichst kleines Intervall, in welches mit einer Wahrscheinlichkeit von mindestens 90% die Anzahl der auftretenden Einsen fällt.

Kurzvortragsthemen

1. Sprechen Sie über den Begriff der Zufallsgröße.
Nennen Sie ein Beispiel für ein Zufallsexperiment, welches auf eine diskrete Zufallsgröße führt.

2. Sprechen Sie über numerische Charakteristika von Zufallsgrößen.
Demonstrieren Sie deren Berechnung anhand eines selbstgewählten Beispiels.

3. Vergleichen Sie die Rechenregeln für den Erwartungswert von Zufallsgrößen mit endlicher Wertemenge über einem festen Wahrscheinlichkeitsraum $(\Omega, \mathcal{F}, P)$ mit den Rechenregeln für das bestimmte Integral $\int\limits_0^1 f(t)\,dt$ von integrierbaren Funktionen f mit dem Definitionsbereich $[\,0\,;\,1\,]$.

4. Sprechen Sie über die Abhängigkeit der Lage des Erwartungswertes einer $(n;p)$-binomialverteilten Zufallsgröße vom Parameter p bei festem n.

5. Sprechen Sie über die geometrische Bedeutung der Transformation
$t \mapsto s = \frac{t-\mu}{\sigma}$, die zum Standardisieren von Zufallsgrößen verwendet wird, am Beispiel einer $(1;2^2)$-normalverteilten Zufallsgröße.

D Beurteilende Statistik

Blick auf ein Versuchsfeld der Forschungsstation Etzdorf des Instituts für Acker- und Pflanzenbau an der Martin-Luther-Universität in Halle

In Sachsen-Anhalt gibt es eine lange Tradition im Anbau und bei der Züchtung ertragreicher Zuckerrübensorten.
Ehe den landwirtschaftlichen Betrieben ein neues Saatgut angeboten werden kann, sind eine Vielzahl vergleichender Freilandversuche notwendig, in denen z. B. die erzielten Erträge, der Zuckergehalt der Rüben, ihre Resistenz gegenüber Krankheiten und anderes in Abhängigkeit von Bodenkennzahlen, Düngereinsatz, Verwendung von Pflanzenschutzmitteln usw. zu ermitteln und zu beurteilen sind.
Bei solchen Untersuchungen spielen auch *zufällige Schwankungen* der interessierenden Werte eine Rolle. Dadurch können Wirkungen mancher Faktoren nur vorgetäuscht oder auch verdeckt werden. Mit Hilfe von Verfahren der beurteilenden Statistik kann man aber Angaben darüber machen, wie *sicher* bestimmte Aussagen über die untersuchten Zusammenhänge sind, d. h. mit welcher Wahrscheinlichkeit ein Irrtum ausgeschlossen werden kann.

D 1 Aufgaben der statistischen Testtheorie

In vielen Wissenschaftsgebieten, wie der Medizin, den Sozialwissenschaften, aber vor allem in den Naturwissenschaften, ist es ein wesentliches Arbeitsverfahren, die Entscheidung zwischen verschiedenen Modellen oder Hypothesen anhand von realem Beobachtungsmaterial zu treffen. Der Idealfall, daß eine Hypothese durch ein Gegenbeispiel widerlegt oder durch die Untersuchung aller möglichen Fälle bestätigt werden kann, ist die Ausnahme. In der Regel sind nur Beobachtungen möglich, die sich entweder auf einen Ausschnitt aus der Gesamtheit aller Fälle beschränken oder einer Vielzahl von zufälligen Einflüssen unterliegen und deshalb nicht mit absoluter Sicherheit Schlüsse zulassen. Soll etwa ein neues Saatgut auf verbesserte Keimfähigkeit hin untersucht werden, so kann selbst das Keimen sämtlicher Samenkörner auf dem Versuchsfeld Zufall sein. Auch wenn nur wenige Körner aufgehen, kann dies Zufall sein. Es sind Irrtümer in beiden Richtungen möglich.

Die mathematische Statistik, insbesondere die statistische Testtheorie, kann diese Irrtümer nicht ausschließen. Sie kann jedoch Kriterien liefern, mit deren Hilfe sich die Irrtumswahrscheinlichkeiten kontrollieren lassen.

Von einem schon längere Zeit auf dem Markt befindlichen Medikament hat sich herausgestellt, daß es in 40% aller Fälle bei den damit behandelten Patienten zu einer Heilung führt. Ein Versuchslabor tritt nun mit der Hypothese an den Hersteller heran, daß durch Hinzufügen einer weiteren Substanz die Heilungsquote erhöht werden kann. Bevor das Kombinationsmedikament hergestellt wird, ist natürlich durch entsprechende Tests zu sichern, daß das neue Medikament wirklich bessere Heilungschancen bietet. Dazu muß der Hersteller unter anderem folgende Fragen beantworten:

1. Wie viele Testpatienten sollen in den Versuch einbezogen werden?
2. Wie viele Testpatienten müssen bei dem Versuch mindestens geheilt werden, um eine Entscheidung für das Kombinationsmedikament zu treffen?
3. Welche Auswirkungen hat es, wenn beim Test viele Patienten gesunden, das Kombinationsmedikament jedoch in Wahrheit nicht besser ist, als das ursprüngliche Produkt?
4. Welche Auswirkungen hat es, wenn beim Test nur wenige Patienten gesund werden, das Kombinationsmedikament jedoch wirklich besser ist?

Es soll nun solchen Fragestellungen nachgegangen werden, um prinzipielle Arbeits- und Denkweisen der statistischen Testheorie zu verdeutlichen.

D 2 Alternativtests

Von dem schon erwähnten Kombinationsmedikament behauptet das Versuchslabor, daß es eine 50%ige Heilungschance bietet. Es stehen sich zwei Hypothesen gegenüber:

$$H_0 \quad : \quad \text{Heilungschance } p_0 = 0,4,$$
$$H_1 \quad : \quad \text{Heilungschance } p_1 = 0,5.$$

einfache Hypothesen

Jede Hypothese bezieht sich auf genau eine Zahl p. Solche Hypothesen heißen **einfache Hypothesen**, im Unterschied zu zusammengesetzten Hypothesen, die später eine Rolle spielen werden.

alternative Hypothesen

Alternativtest

Da nur eine von beiden Hypothesen zutreffen kann, spricht man von **alternativen Hypothesen**. Ein entsprechender Test heißt **Alternativtest**.
Für einen ersten Test stehen zehn Patienten zur Verfügung, die unabhängig voneinander behandelt werden.

①

Beschreiben Sie ein Urnenmodell mit zwei Urnen und je 20 Kugeln, welches die oben geschilderte Situation modelliert.

Als mathematisches Modell wird eine Zufallsgröße Z benutzt, welche die erfolgreich behandelten Patienten zählt.

$$\text{Ist } H_0 \text{ wahr, so ist } Z \sim B(10; 0,4).$$
$$\text{Ist } H_1 \text{ wahr, so ist } Z \sim B(10; 0,5).$$

Bevor der Versuch praktisch realisiert wird, ist festzulegen, ab welcher beobachteten Zahl von geheilten Patienten sich für H_1 entschieden wird. Es sind also zwei Intervalle $A = \{0; 1; \ldots; k\}$ und $\overline{A} = \{k+1; \ldots; 10\}$ so festzulegen, daß, wenn

$$Z \in A, \quad \text{die Hypothese } H_0 \text{ nicht abgelehnt wird,}$$
$$Z \in \overline{A}, \quad \text{die Hypothese } H_1 \text{ angenommen wird.}$$

Annahmebereich

kritischer Bereich

A heißt der **Annahmebereich der Hypothese H_0**.
$\overline{A}$ heißt der **Annahmebereich der Hypothese H_1** oder auch **kritischer Bereich**.
Für das Beispiel des Kombinationsmedikaments wäre

$$A = \{0; 1; 2; 3; 4\} \text{ und } \overline{A} = \{5; 6; 7; 8; 9; 10\}$$

eine Möglichkeit, den Annahmebereich und den kritischen Bereich zu wählen. Werden also weniger als fünf Patienten erfolgreich behandelt, so besteht kein Anlaß, von einer verbesserten Wirkung des Kombinationsmedikaments gegenüber dem ursprünglichen Medikament zu sprechen.
Wenn nun nur drei Patienten gesund werden, heißt das wirklich, daß das Kombinationsmedikament nicht besser ist, oder hat der Zufall ein solches Ergebnis hervorgebracht?

②

Füllen Sie zwei Urnen so wie in Auftrag ①. Wählen Sie willkürlich eine Urne aus, und simulieren Sie durch 10maliges Ziehen einer Kugel das Zufallsexperiment »Kombinationsmedikament«. Entscheiden Sie entsprechend der obigen Regel. Prüfen Sie Ihre Entscheidung anhand des wahren Inhalts der Urne.

Trifft man aufgrund eines Versuchsergebnisses eine Entscheidung, so sind vier Fälle denkbar:
1. Man entscheidet sich für H_0, und H_0 ist wahr.
2. Man entscheidet sich für H_1, aber H_0 ist wahr.
3. Man entscheidet sich für H_1, und H_1 ist wahr.
4. Man entscheidet sich für H_0, aber H_1 ist wahr.

Die Fälle 1 und 3 gehen in Ordnung. Es wurde richtig entschieden.
In den Fällen 2 und 4 liegen Fehlentscheidungen vor. Im 2. Fall spricht man von

Fehler

einem **Fehler 1. Art:** die Hypothese H_0 wurde nicht angenommen, obgleich sie wahr ist. Im 4. Fall spricht man von einem **Fehler 2. Art:** die Hypothese H_1 wurde nicht angenommen, obgleich sie wahr ist.

Risiko

Die entsprechenden Wahrscheinlichkeiten für einen Fehler heißen **Risiko 1. Art** bzw. **Risiko 2. Art**.
Im obigen Beispiel lassen sich die Wahrscheinlichkeiten für die beiden Fehler ausrechnen.

Risiko 1. Art: $P_0(Z \geqq 5) = P(Z=5) + \cdots + P(Z=10)$

$Z \sim B(10; 0,4)$ $\quad = \sum_{i=5}^{10} \binom{10}{i} \cdot 0,4^i \cdot (1-0,4)^{10-i}$

$= 0{,}367$

Risiko 2. Art: $P_1(Z < 5) = P(Z=0) + \cdots + P(Z=4)$

$Z \sim B(10; 0,5)$ $\quad = \sum_{i=0}^{4} \binom{10}{i} \cdot 0,5^i \cdot (1-0,5)^{10-i}$

$= 0{,}377$

Mit Wahrscheinlichkeit 0,367 wird man also dem Kombinationsmedikament eine bessere Heilwirkung zusprechen, obwohl es nicht besser ist.
Mit Wahrscheinlichkeit 0,377 wird man also dem Kombinationsmedikament keine bessere Heilwirkung zusprechen, obwohl es besser ist.

Es ist klar, daß diese Wahrscheinlichkeiten von der Einteilung der möglichen Ergebnisse {0;1;...;10} in die beiden Mengen $A = \{0; \ldots; k\}$ und $\overline{A} = \{k+1; \ldots; 10\}$ abhängen. Die Tabelle 1 zeigt die beiden Risiken in Abhängigkeit von dieser Einteilung.

k	Risiko 1. Art	Risiko 2. Art
0	0,9940	0,0010
1	0,9537	0,0107
2	0,8328	0,0547
3	0,6778	0,1719
4	0,3670	0,3770
5	0,1663	0,6230
6	0,0548	0,8281
7	0,0123	0,9453
8	0,0017	0,9893
9	0,0001	0,9990

Tab. 1

Es muß anhand von außermathematischen Kriterien entschieden werden, auf welcher Seite ein Fehler weniger störend ist. Es ist nämlich keine Frage der Mathematik, bis zu welchem Umfang es ökonomisch vertretbar ist, das Kombinationsmedikament herzustellen, selbst wenn es nicht besser ist. Die Frage, welche Schranken man jedem der beiden Risiken auferlegen sollte, muß anhand von Aufwand und Nutzen entschieden werden.

Die Tabelle 1 zeigt deutlich, daß bei fester Zahl der Versuchswiederholungen die beiden Risiken nicht gleichzeitig beliebig verkleinert werden können. Sollen beide Risiken verkleinert werden, so gibt es nur die Möglichkeit, die Zahl der Einzelversuche zu erhöhen. Einen Eindruck vermitteln die beiden folgenden Diagramme.

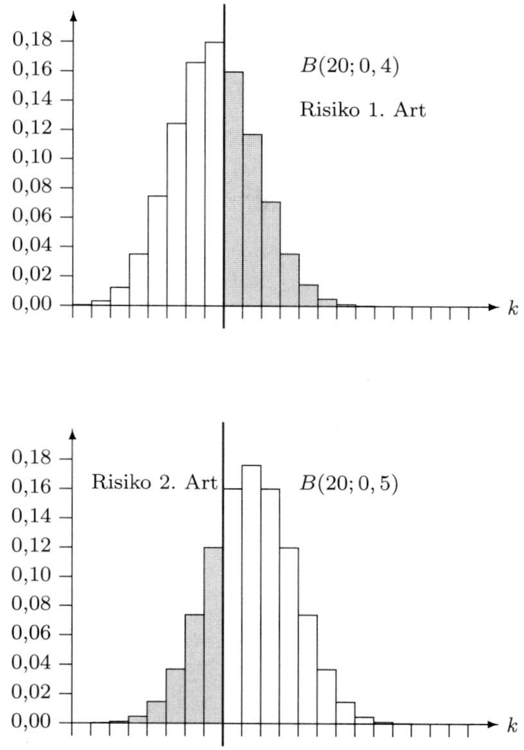

Abb. 1

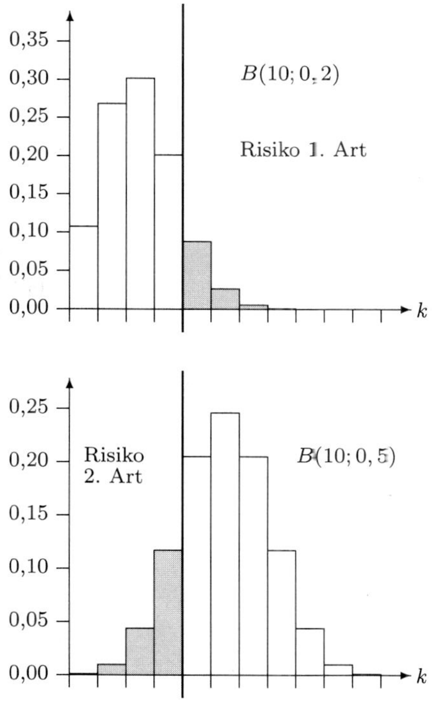

Abb. 2

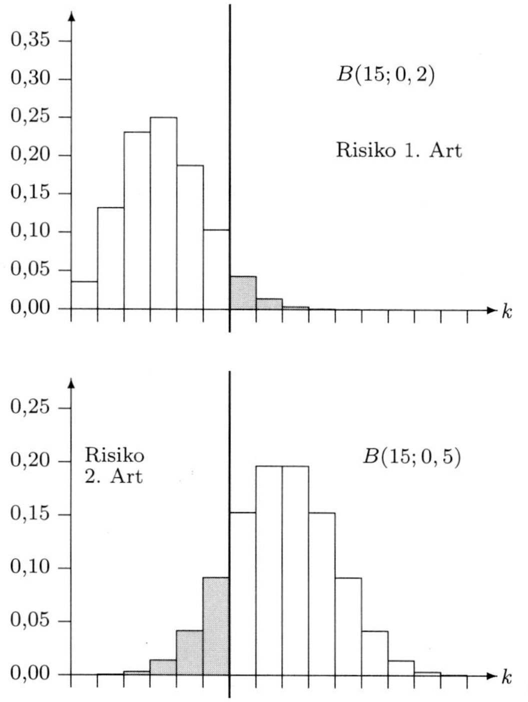

Abb. 3

Allgemein läßt sich ein Alternativtest wie folgt beschreiben:

Alternativtest bei zwei einfachen Hypothesen
Sei X eine Zufallsgröße über dem Ergebnisraum Ω mit dem unbekannten Parameter p. Die Nullhypothese

$$H_0\text{: Der unbekannte Parameter } p \text{ ist gleich } p_0$$

sei gegen die Alternativhypothese

$$H_1\text{: Der unbekannte Parameter } p \text{ ist gleich } p_1$$

zu testen. Es sei A eine Teilmenge des Wertebereiches von X.
Es gilt folgende **Entscheidungsregel:**
Tritt bei der Durchführung des zugrundeliegenden Zufallsversuchs als Ergebnis ein ω ein mit $X(\omega) \in A$, so entscheide man sich dafür, die Hypothese H_0 nicht abzulehnen. Tritt bei der Durchführung des zugrundeliegenden Zufallsversuchs als Ergebnis ein ω ein mit $X(\omega) \in \overline{A}$, so entscheide man sich dafür, die Hypothese H_1 anzunehmen.
$\overline{A}$ heißt **kritischer Bereich für die Hypothese H_0.**
Die Wahrscheinlichkeiten für eine Fehlentscheidung sind

$$\alpha := P_0(X \in \overline{A}) \quad \text{(beim Fehler 1. Art)}$$

und

$$\beta := P_1(X \in A) \quad \text{(beim Fehler 2. Art),}$$

wobei P_0 die zur Hypothese H_0 (d.h. zum Parameter p_0) gehörige Wahrscheinlichkeitsfunktion und P_1 die zur Hypothese H_1 (d.h. zum Parameter p_1) gehörige Wahrscheinlichkeitsfunktion ist.

Beispiel 1
Es soll entschieden werden, ob die unbekannte Wahrscheinlichkeit p für ein Ereignis E gleich dem Wert p_0 =0,3 oder gleich dem Wert p_1 =0,6 ist. Um dies mit Hilfe eines Tests zu entscheiden, soll der Versuch, der das Eintreten oder Nichteintreten von E anzeigt, n-mal wiederholt werden. Das Risiko 1. Art soll kleiner als α_{max} :=0,1; das Risiko 2. Art soll kleiner als β_{max} :=0,2 bleiben. Wie ist der kritische Bereich festzulegen, und wie viele Einzelversuche sollten durchgeführt werden?

Lösung:
Aufgaben dieser Art sind nur durch systematisches Probieren zu lösen, denn es gibt keine Lösungsformel.
Die Zahl n der Einzelversuche und der kritische Bereich sind so lange zu variieren, bis die beiden Gleichungen

$$P_0(\overline{A}) \leqq \alpha_{max} = 0,1 \qquad \text{und} \qquad P_1(A) \leqq \beta_{max} = 0,2$$

gleichzeitig erfüllt sind. Man benötigt dazu die Tabellen für die Binomialverteilungen. Da diese im Normalfall nicht für alle erforderlichen Parameterpaare

n und p vorliegen, muß man sich für ein n zunächst entscheiden und feststellen, ob die geforderten Grenzen für die Risiken nicht überschritten werden.
Es werden im folgenden zu verschiedenen n je zwei kritische Bereiche $\overline{A_1}$ und $\overline{A_2}$ gewählt. Dazu werden dann die Wahrscheinlichkeiten $P_0(\overline{A_1}), P_1(A_1), P_0(\overline{A_2})$ und $P_1(A_2)$ berechnet. Diese Zahlen werden mit den maximal zulässigen Fehlern 1. und 2. Art verglichen. Es wird so lange ein neues n gewählt, bis ein geeignetes n mit zugehörigem $\overline{A}$ gefunden ist.

n=5

$A_1 = \{0;1;2;3\} \qquad \overline{A_1} = \{4;5\}$
$A_2 = \{0;1;2\} \qquad \overline{A_2} = \{3;4;5\}$

$$P_0(\overline{A_1}) = \sum_{k=4}^{5} \binom{5}{k} \cdot 0,3^k \cdot 0,7^{5-k}$$
$$= 0,031 < \alpha_{max} = 0,1$$

$$P_1(A_1) = \sum_{k=0}^{3} \binom{5}{k} \cdot 0,5^k \cdot 0,4^{5-k}$$
$$= 0,663 > \beta_{max} = 0,2 \quad \text{zu groß}$$

$$P_0(\overline{A_2}) = \sum_{k=3}^{5} \binom{5}{k} \cdot 0,3^k \cdot 0,7^{5-k}$$
$$= 0,163 > \alpha_{max} = 0,1 \quad \text{zu groß}$$

$$P_1(A_2) = \sum_{k=0}^{2} \binom{5}{k} \cdot 0,6^k \cdot 0,4^{5-k}$$
$$= 0,317 > \beta_{max} = 0,2 \quad \text{zu groß}$$

Der Wert von n ist zu klein.

n=10

$A_1 = \{0;\ldots;5\} \qquad \overline{A_1} = \{6;\ldots;10\}$
$A_2 = \{0;\ldots;4\} \qquad \overline{A_2} = \{5;\ldots;10\}$

$$P_0(\overline{A_1}) = \sum_{k=6}^{10} \binom{10}{k} \cdot 0,3^k \cdot 0,7^{10-k}$$
$$= 0,048 < \alpha_{max} = 0,1$$

$$P_1(A_1) = \sum_{k=0}^{5} \binom{10}{k} \cdot 0,6^k \cdot 0,4^{10-k}$$
$$= 0,367 > \beta_{max} = 0,2 \quad \text{zu groß}$$

$$P_0(\overline{A_2}) = \sum_{k=5}^{10} \binom{10}{k} \cdot 0,3^k \cdot 0,7^{10-k}$$
$$= 0,151 > \alpha_{max} = 0,1 \quad \text{zu groß}$$

$$P_1(A_2) = \sum_{k=0}^{4} \binom{10}{k} \cdot 0,6^k \cdot 0,4^{10-k}$$
$$= 0,166 < \beta_{max} = 0,2$$

Der Wert von n ist zu klein.

$n=50$

$A_1 = \{0; \ldots ; 19\}$ $\qquad \overline{A_1} = \{20; \ldots ; 50\}$

$$P_0(\overline{A_1}) = \sum_{k=20}^{50} \binom{50}{k} \cdot 0,3^k \cdot 0,7^{50-k} = 0,0848 < \alpha_{max} = 0,1$$

$$P_1(A_1) = \sum_{k=0}^{19} \binom{50}{k} \cdot 0,6^k \cdot 0,4^{50-k} = 0,0014 < \beta_{max} = 0,2$$

Der Wert $n=50$ ist hinreichend groß.
Als kritischer Bereich kann $\overline{A_1} = \{20; \ldots ; 50\}$ gewählt werden. Das Risiko 1. Art ist bei dieser Wahl $\alpha = 0,0848$; das Risiko 2. Art ist $\beta = 0,0014$.
Tritt also bei einer konkreten Durchführung von 50 Einzelversuchen weniger als 20mal ein Erfolg ein, so besteht keine Veranlassung, die Hypothese H_1 anzunehmen. Ein Versuchsergebnis mit wenigstens 20 Erfolgen hingegen führt zur Annahme der Hypothese H_1.

③

Untersuchen Sie, ob es für $n=50$ eventuell noch einen anderen kritischen Bereich gibt, für den die beiden Risiken unter den angegebenen Schranken liegen.

Aufgaben 1–3

D 3 Signifikanztests

Bei dem schon betrachteten Beispiel »Kombinationsmedikament« waren die Hypothesen $H_0 : p_0 = 0,4$ und $H_1 : p_1 = 0,5$ gegenübergestellt worden. Jetzt soll der Fall untersucht werden, daß H_1 nicht das Zutreffen *einer* bestimmten Wahrscheinlichkeit besagt, sondern die Gültigkeit der Ungleichung $p > p_0$. Im Unterschied zur einfachen Hypothese H_0 werden solche Hypothesen als **zusammengesetzte Hypothesen** bezeichnet.

zusammengesetzte Hypothesen

Es geht hier nicht um die Alternative zwischen zwei Zahlen, der Test soll vielmehr klären, ob das Kombinationsmedikament *bessere* Heilungsergebnisse liefert.
Sollen also zehn Testpatienten mit dem Kombinationsmedikament behandelt werden, so ist vor dem Test wiederum eine Zahl k zwischen 0 und 10 festzulegen, die die folgende Entscheidungsregel liefert:

Werden höchstens k Patienten geheilt, besteht kein Grund zur Annahme, daß das Kombinationsmedikament besser ist. Werden mehr als k Patienten geheilt, besteht Veranlassung, sich für das Kombinationsmedikament zu entscheiden.

Wählt man einen kritischen Bereich $\overline{A}$, z.B. $\overline{A} = \{5; \ldots; 10\}$, so läßt sich das Risiko 1. Art ermitteln:

$$\alpha = P_0(\overline{A}) = \sum_{k=5}^{10} \binom{10}{k} \cdot 0,4^k \cdot 0,6^{10-k} = 0,367.$$

Da die Hypothese H_1 eine zusammengesetzte Hypothese ist, kann man nicht mehr von einem Risiko 2. Art sprechen, denn für jedes $p > 0,4$ gibt es ein Risiko 2. Art. In der Tabelle 2 sind für verschiedene Werte von p die zugehörigen Risiken 2. Art zusammengestellt.

p	$\beta(p) := P_p(A) = \sum_{k=0}^{4} \binom{10}{k} \cdot p^k \cdot (1-p)^{10-k}$
0,45	0,5044
0,50	0,3770
0,55	0,2616
0,60	0,1673
0,70	0,0473
0,80	0,0064
0,90	0,0001

Tab. 2

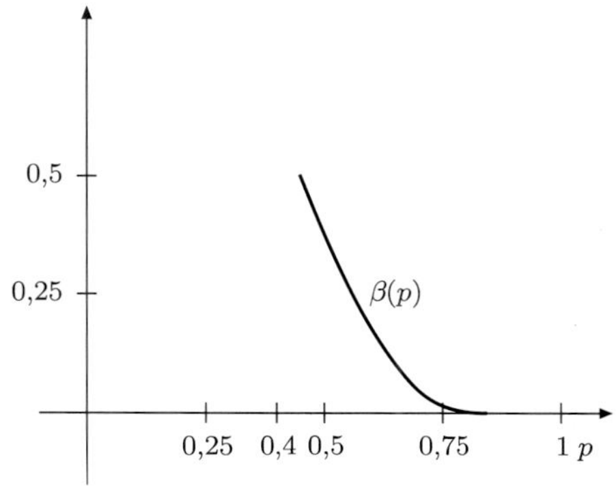

Abb. 4: Das Risiko 2. Art in Abhängigkeit von p

Wir betrachten nun einen anderen Sachverhalt.

Zwei Getreidezüchter bieten je ein neues Saatgetreide an. Die Sorten seien mit $\mathcal{A}$ und $\mathcal{B}$ bezeichnet. Eine unabhängige Prüfstelle soll unter anderem die Keimfähigkeit beurteilen. Dazu werden 20 Versuchsfelder in verschiedenen Gegenden je zur Hälfte mit den beiden Sorten bestellt. Nach dem Aufgehen der Saat wird auf jedem Feld festgetellt, ob mehr Samen der Sorte $\mathcal{A}$ aufgegangen sind als Samen der Sorte $\mathcal{B}$ (Erfolg), oder umgekehrt (Mißerfolg). Sei p die Wahrscheinlichkeit eines Erfolges. Als Hypothesen beim Test können

H_0 : p ist kleiner oder gleich 0,5 (d.h. p liegt in einem Intervall I_0)

und

H_1 : p ist größer als 0,5 (d.h. p liegt in einem Intervall I_1)

angenommen werden.

In diesem Fall ist die Hypothese H_0 also ebenfalls eine zusammengesetzte Hypothese. Damit ist zu vorgegebener Versuchsanzahl n und vorgegebenem kritischen Bereich $\overline{A}$ die Wahrscheinlichkeit eines Fehlers 1. Art ebenfalls eine Funktion.

Zu jedem Wert $p \in I := I_0 \cup I_1$ gehört eine Wahrscheinlichkeitsfunktion P_p. Für jede dieser Wahrscheinlichkeitsfunktionen kann man die Wahrscheinlichkeit, mit der die Nullhypothese abgelehnt wird, d.h. die Wahrscheinlichkeit des Ereignisses $\overline{A}$, ermitteln.

Güte-funktion

Definition 1
Die auf I definierte Funktion g mit $g : p \mapsto P_p(\overline{A})$ heißt die **Gütefunktion** des Tests.

Für $p \in I_0$ ist der Funktionswert der Gütefunktion gleich dem Risiko 1. Art.

Signifikanz-niveau

Definition 2
Die obere Grenze der Funktionswerte der Gütefunktion auf I_0 nennt man das **Signifikanzniveau** α des Tests.

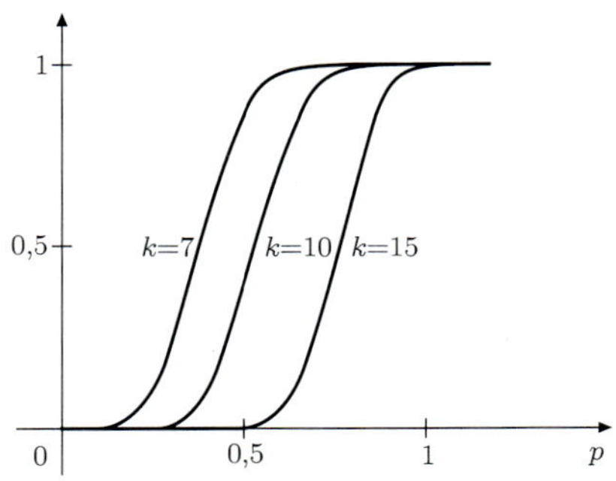

Abb. 5: Bild der Gütefunktion bei verschiedenen k

Operations-charak-teristik

Definition 3
Die auf I definierte Funktion β mit $\beta : p \mapsto 1 - g(p)$ heißt die **Operations-charakteristik** des Tests.

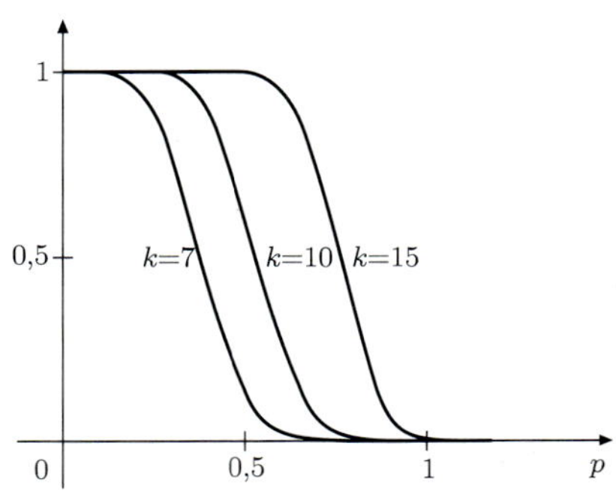

Abb. 6: Bild der Operationscharakteristik bei verschiedenen k

Für $p \in I_1$ ist der Funktionswert $\beta(p)$ der Operationscharakteristik gleich dem zum Parameterwert p gehörenden Risiko 2. Art.
Der klassische Ansatz der Testtheorie nach J. NEYMAN und E.S. PEARSON[1] besteht nun darin, daß der Stichprobenumfang und eine Obergrenze für das Risiko 1. Art, d.h. das Signifikanzniveau, fest vorgegeben werden. Mit Hilfe dieser beiden Größen wird dann der kritische Bereich $\overline{A}$ bestimmt und das Risiko 2. Art untersucht. Falls diese Fehlerwahrscheinlichkeit zu hoch erscheint, kann eine Erhöhung des Stichprobenumfangs Abhilfe schaffen.
Der Grund dafür, daß man speziell das Risiko 1. Art fest vorgibt – in der Regel als 5% oder 1% – liegt in dem Verhältnis der Hypothesen zueinander. Diese werden im allgemeinen gerade so formuliert, daß das Ablehnen einer richtigen Nullhypothese als ein schwerwiegenderer Fehler angesehen werden muß als das Annehmen einer falschen Nullhypothese. Die fest vorgegebene Obergrenze für die Wahrscheinlichkeit eines Fehlers 1. Art ermöglicht also die Kontrolle und quantitative Abschätzung des Risikos einer entsprechenden Fehlentscheidung.

Signifikanztest

Beschränkt man sich bei einem Test darauf, nur für die eine der beiden Hypothesen die Wahrscheinlichkeit für eine fälschliche Ablehnung zu kontrollieren, d.h. insbesondere, diese klein zu machen, so spricht man von einem **Signifikanztest**. Man verwendet diese Hypothese als Nullhypothese und nennt die obere Schranke α für das Risiko 1. Art das **Signifikanzniveau** des Tests. Die Zahl $(1-\alpha)$ wird die **Sicherheit des Tests** genannt.

Für den Test zur Keimfähigkeit (s. S. 143) werde als Signifikanzniveau $\alpha = 5\%$ festgelegt. Die Zahl der Versuchsfelder ist n=20. Welches ist der kritische Bereich? Die Aufgabenstellung legt es nahe, für den zu ermittelnden kritischen Bereich den Ansatz $\overline{A} = \{k+1; \ldots; 20\}$ zu wählen. Dann ist die Gütefunktion des Tests

$$g(p) = P_p(\overline{A}) = \sum_{i=k+1}^{20} \binom{20}{i} \cdot p^i \cdot (1-p)^{20-i}.$$

Diese Funktion ist eine monoton wachsende Funktion des Parameters p. Daraus folgt, daß das Risiko 1. Art am größten wird für $p = 0,5$. Die Tabelle 3 zeigt die Wahrscheinlichkeit $\alpha(k)$ eines Fehlers 1. Art für $p = 0,5$ in Abhängigkeit von der gesuchten Zahl k.

k	$\alpha(k)$	k	$\alpha(k)$	k	$\alpha(k)$	k	$\alpha(k)$
1	1,0000	6	0,9423	11	0,2517	16	0,0013
2	0,9998	7	0,8684	12	0,1316	17	0,0002
3	0,9987	8	0,7483	13	0,0577	18	0,0000
4	0,9941	9	0,5881	14	0,0207	19	0,0000
5	0,9793	10	0,4119	15	0,0059	20	0,0000

Tab. 3

1 Jerzy Neyman (1894–1981) leistete entscheidende Beiträge zur mathematischen Statistik. Er entwickelte u.a. auch die Theorie der Konfidenzintervalle. Er arbeitete eng zusammen mit Egon Sharpe Pearson (1895–1980). Gemeinsam bauten sie die Grundlagen der statistischen Testtheorie aus. Ein Schwerpunkt der Arbeit Pearsons war auch die statistische Qualitätskontrolle.

Für $k \geqq 14$ liegt die Wahrscheinlichkeit für einen Fehler 1. Art unter dem Signifikanzniveau $\alpha = 5\%$.
Als kritischer Bereich kann demnach $\overline{A} = \{15; \ldots; 20\}$ gewählt werden. Für den Test bedeutet dies die folgende Entscheidungsregel:

Ist auf mindestens 15 Versuchsfeldern die Saatgutsorte $\mathcal{A}$ erfolgreicher als die Saatgutsorte $\mathcal{B}$, so kann die Hypothese H_0, daß das Saatgut $\mathcal{A}$ keine besseren Keimungseigenschaften besitzt, mit 95%iger Sicherheit abgelehnt werden.

Beispiel 2
Ein Versandhaus hat herausgefunden, daß 15% aller Kunden eine Bestellung innerhalb von drei Monaten nach Erscheinen eines neuen Kataloges aufgeben. Um den Umsatz zu erhöhen, plant das Versandhaus, jeden Auftrag durch ein kleines kostenloses Werbegeschenk zu ergänzen. Diese Aktion würde sich allerdings nur lohnen, wenn dadurch die Bestellquote von 15% auf über 20% angehoben werden könnte. Bevor die Werbeaktion in großem Stil gestartet wird, untersucht das Versandhaus den Einfluß der Werbegeschenke zunächst auf eine Kundenstichprobe vom Umfang n =2 000. Wenn innerhalb von drei Monaten 424 Kunden aus der Stichprobe eine Bestellung aufgeben – sollte dann das Versandhaus »mit ruhigem Gewissen« die Werbeaktion starten?
Die Frage soll auf dem Signifikanzniveau $\alpha = 1\%$ beantwortet werden.

Lösung:
Jeder einzelne Auftrag wird vom Versandhaus als Erfolg gewertet. Der Test bezieht sich auf die Erfolgswahrscheinlichkeit p.
Die beiden Hypothesen lassen sich wie folgt formulieren:

H_0: Die Bestellquote p ist nicht größer als 0,2;
H_1: Die Bestellquote p ist größer als 0,2.

Die Zufallsgröße Z, die die Erfolge bei den n=2 000 Einzelversuchen zählt, ist binomialverteilt. Die Menge $\{0; \ldots; 2\,000\}$ der möglichen Werte von Z muß in den Annahmebereich $A = \{0; \ldots; k\}$ für H_0 und in den kritischen Bereich $\overline{A} = \{k+1; \ldots; 2\,000\}$ zerlegt werden. Gesucht ist k. Die Gütefunktion des Tests

$$g(p) = P_p(\overline{A}) = \sum_{i=k+1}^{2000} \binom{2000}{i} \cdot p^i \cdot (1-p)^{2000-i}.$$

ist eine monton wachsende Funktion des Parameters p. Daraus folgt, daß die Wahrscheinlichkeit eines Fehlers 1. Art am größten wird für $p = 0,2$. Zur Ermittlung von k wird deshalb wie folgt gerechnet: Die Zufallsgröße Z sei binomialverteilt mit den Parametern $n = 2\,000$ und $p = 0,2$. Den Ansatz liefert die Ungleichung

$$\alpha = 0,01 \geqq P(Z \in \overline{A}) = P(Z \geqq k+1) = 1 - P(Z < k+1).$$

$$\begin{aligned} 0,01 &\geqq 1 - \sum_{i=0}^{k} \binom{2000}{i} \cdot p^i \cdot (1-p)^{2000-i} \\ &= 1 - F(k+1) \end{aligned}$$

Dabei ist F die Verteilungsfunktion von Z. Da der Parameter n sehr groß ist, läßt sich nach dem Grenzwertsatz von Moivre-Laplace (siehe Satz C15, Seite 130) die Verteilungsfunktion F von Z näherungsweise mit Hilfe der Verteilungsfunktion Φ der 0-1-Normalverteilung berechnen.

$$\begin{aligned} 0,01 &\approx 1 - F(k+1) \\ &\approx 1 - \Phi\left(\frac{(k+1) - 2000 \cdot 0,2}{\sqrt{2000 \cdot 0,2 \cdot 0,8}}\right) \\ &= 1 - \Phi(0,0559 \cdot (k+1) - 22,3607) \\ \Phi(0,0559 \cdot (k+1) - 22,3607) &= 1 - 0,01 = 0,99 \end{aligned}$$

Mit Hilfe der Tafel für die Funktion Φ ergibt sich hieraus

$$\begin{aligned} 0,0559 \cdot (k+1) - 22,3607 &= 2,326 \\ (k+1) &\approx 442. \end{aligned}$$

Der kritische Bereich ist $\overline{A} = \{442; \ldots; 2\,000\}$.

Die Entscheidungsregel lautet: H_0 verwerfen, wenn wenigsten 442 Aufträge eingehen. Das bedeutet also für das Versandhaus, daß bei Eingang von 424 Bestellungen von der Werbeaktion im großen Stil abgesehen werden sollte.

Aufgaben 4–9

Aufgaben

1. Es soll durch einen Test entschieden werden, ob sich in einer Urne sechs weiße und vier schwarze Kugeln, oder vier weiße und sechs schwarze Kugeln befinden. Dazu soll eine Stichprobe der Länge 5 mit Zurücklegen gezogen werden. Welches Entscheidungsverfahren erscheint als einziges vernünftig? Zu welchen Irrtumswahrscheinlichkeiten führt es?

2. In einer Sammlung von Spielsteinen, die die Form eines Tetraeders haben, ist ein Teil vollständig symmetrisch, d.h. jede der vier verschieden gefärbten Seiten liegt mit gleicher Wahrscheinlichkeit nach dem Wurf unten. Alle anderen Teile sind derart gefälscht, daß die rote Seite mit der Wahrscheinlichkeit 0,5 nach dem Wurf unten liegt. Durch wiederholtes Werfen eines Tetraeders soll entschieden werden, zu welcher Sorte es gehört. Der Fehler, ein symmetrisches Tetraeder für gefälscht zu halten, soll als nicht so schwerwiegend angesehen werden. Er darf mit einer Wahrscheinlichkeit von 25% auftreten. Das Risiko 2. Art soll jedoch 6% nicht überschreiten. Wie oft muß das Tetraeder geworfen werden? Wie lautet dann die Entscheidungsregel?

3. Bei einem von zwei Spielautomaten ist die Gewinnwahrscheinlichkeit auf 0,45 eingestellt, bei dem anderen versehentlich auf 0,55. Eine Testperson darf an einem der Automaten 15mal spielen. Sie soll dann entscheiden, um welchen der Automaten es sich handelt.

a) Wie ist die Entscheidungsregel zu formulieren, wenn die Wahrscheinlichkeit für einen Fehler 1. Art nicht größer als 10% sein soll?
b) Wie viele Spiele müssen der Testperson erlaubt werden, damit sowohl das Risiko 1. Art, als auch das Risiko 2. Art 20% nicht übersteigen?

4. Bei einem Multiple-Choice-Test muß der Kandidat 15 (50) Fragen bearbeiten, wobei für jede Frage vier Antworten vorgegeben sind, von denen genau eine richtig ist. Man will 95% der Kandidaten, die ihre Antworten rein zufällig geben, aussortieren. Wie viele richtige Antworten sind notwendig, damit ein Kandidat die Prüfung besteht?

5. Ein Spielwarenhersteller kauft Elektromotoren zum Einbau in Spielzeugautos. Laut Vertrag mit dem Zulieferer wird garantiert, daß mindestens 80% der Motoren einwandfrei funktionieren. Der Spielwarenhersteller überprüft die Hypothese, daß mindestens 80% der Motoren einwandfrei sind mit einer Stichprobe vom Umfang 100 auf dem Signifikanzniveau $\alpha = 0,1$. Ermitteln Sie den kritischen Bereich des Tests.

6. Der Verkaufspreis für eine größere Sendung Pfirsiche wird unter der Annahme ausgehandelt, daß 10% der Pfirsiche beim Weiterverkauf keinen Abnehmer finden. Sollte die Qualität wider Erwarten besser sein, so ist ein gewisser Preisaufschlag zu zahlen; ist sie schlechter, wird ein Preisnachlaß gewährt. Die Entscheidung wird nach folgender Regel getroffen: Sind von 50 zufällig ausgewählten Pfirsichen mehr als zehn schlecht, so gibt es den Preisnachlaß; sind weniger als zwei nicht weiterverkäuflich, so ist der Aufschlag zu zahlen. Die Nullhypothese H_0 lautet bei diesem Test:

H_0: Der unbekannte Parameter ist gleich 0,1.

a) Wie groß ist das Risiko des Käufers, einen ungerechtfertigten Preisaufschlag hinnehmen zu müssen?
b) Wie groß ist das Risiko des Verkäufers, einen ungerechtfertigten Preisnachlaß hinnehmen zu müssen?
c) Bei gleicher Stichprobenlänge sollen die beiden Risiken aus a) und b) unter 5% gedrückt werden. Untersuchen Sie, ob es dafür andere Entscheidungsregeln gibt.
d) Der wahre Anteil an verdorbenen Pfirsichen in der Sendung beträgt 20%. Mit welcher Wahrscheinlichkeit wird bei der ursprünglichen Entscheidungsregel der Preisnachlaß bzw. der Preisaufschlag erzielt?

7. In 20% aller Haushalte befindet sich kein Videogerät. Um noch mehr Haushalte für die Nutzung von Videogeräten zu gewinnen, wird eine Werbekampagne durchgeführt. Ein Test soll Aufschluß darüber geben, ob der Anteil p der Haushalte ohne Videogerät geringer geworden ist. Die Nullhypothese des Tests sei H_0: Der unbekannte Parameter ist gleich 0,2. Der Test wird auf dem Signifikanzniveau $\alpha = 0,1$ und mit einem Stichprobenumfang von 50 durchgeführt. Wie groß ist das Risiko 2. Art im Falle $p = 0,1$? Was spricht bei Beibehaltung des Signifikanzniveaus für eine Erhöhung des Stichprobenumfangs von 50 auf 500; was spricht dagegen?

8. Eine norddeutsche Tee-Importfirma kauft ihren Darjeeling vorwiegend von Plantagen in zwei speziellen Himalaja-Tälern. Ein Tee-Tester, der sich bei der Firma bewirbt, behauptet, er könne allein am Geruch der Teeblätter die Anbaugebiete erkennen.
Der Personalchef schlägt folgenden Test vor:

> Acht Tee-Proben sollen dem Bewerber vorgelegt werden, von denen je vier aus einem Tal kommen. Der Bewerber soll herausfinden, welche Probe in welchem Tal gewachsen ist.
> Das gesamte Experiment wird zehnmal wiederholt. Der Bewerber wird eingestellt, wenn ihm mindestens zweimal eine vollständig richtige Zuordnung der acht Proben zu den Tälern gelingt.

Wie groß ist die Wahrscheinlichkeit, daß die Firma einem Schwindler auf den Leim geht, der die Zuordnung der Proben zu den Tälern nur rät?

9. Ein erfahrener Hausarzt behauptet, er könne mit einer Sicherheit von mindestens 66% ohne komplizierte Untersuchungen allein aufgrund von Veränderungen in den Pupillen schwangerer Frauen das Geschlecht der Babies lange vor der Geburt vorhersagen. Bei näherer Nachfrage stellt sich heraus, daß der Hausarzt bei insgesamt zwölf jungen Müttern achtmal eine richtige Voraussage getroffen hat.
Was ist von der behaupteten »mindestens 66%igen Sicherheit« zu halten? Beantworten Sie die Frage bei einem Signifikanzniveau von 5%.

Kurzvortragsthemen

1. Erläutern Sie den Ablauf eines Alternativtests für zwei einfache Hypothesen.

2. Sprechen Sie über mögliche Fehlentscheidungen bei Tests und Irrtumswahrscheinlichkeiten.

Anhang

1 Vermischte Aufgaben[1]

1. Auf einer Fließstraße werden Sicherheitsventile in großer Stückzahl produziert, die mit einer Wahrscheinlichkeit von 90% der geforderten Norm entsprechen.
   a) Der Produktion werden zufällig 20 Ventile entnommen. Berechnen Sie die Wahrscheinlichkeiten der folgenden Ereignisse:
   $A :=$ Alle entnommenen Ventile sind normgerecht;
   $B :=$ Mindestens 15 Ventile sind normgerecht;
   $C :=$ Höchstens zwei der Ventile erfüllen nicht die Normbedingungen.
   b) Wie viele nichtnormgerechte Ventile werden sich im Mittel in einer Stichprobe vom Umfang 20 befinden?
   Mit welcher Wahrscheinlichkeit weicht die Anzahl der Ausschußventile um höchstens 1 vom oben ermittelten Erwartungswert ab?
   c) Aufgrund häufiger werdender Reklamationen besteht der Verdacht, daß sich die Ausschußquote erhöht hat. Um dies auf einem Signifikanzniveau von 5% zu testen, wird eine Stichprobe vom Umfang n=20 entnommen. Welche Entscheidung ist zu fällen, wenn man in der Stichprobe nur 14 normgerechte Ventile vorfindet?
   d) Die normgerechten Ventile werden in eine Pipeline eingebaut, um diese gegebenenfalls zu verschließen. Die Ausfallwahrscheinlichkeit eines Ventiles betrage 0,005. Zur Wahl stehen die beiden folgenden Möglichkeiten:

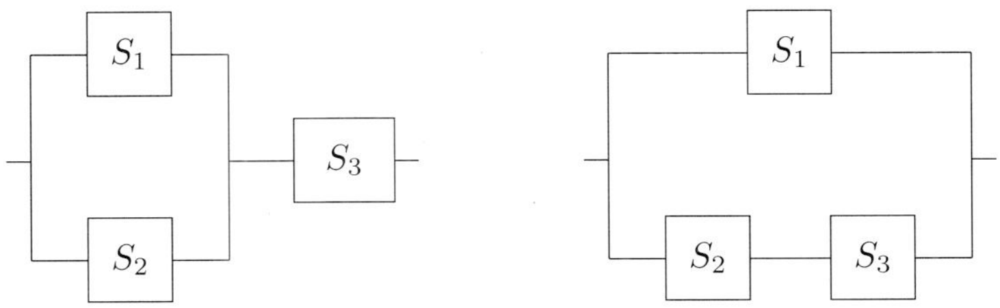

   Mit welcher der beiden Anordnungen wird die Pipeline zuverlässiger verschlossen, wenn die Ventile unabhängig voneinander arbeiten?
   Zeigen Sie, daß das Ergebnis nicht von der Zuverlässigkeit, d.h. von der Ausfallwahrscheinlichkeit p der Ventile abhängt.

2. Drei unabhängig voneinander arbeitende Bauteile T_1, T_2 und T_3 fallen mit den Wahrscheinlichkeiten $p_1 = 0,05$; $p_2 = 0,1$ und $p_3 = 0,15$ aus.
   a) Ein Gerät G_1 mit den Bauteilen T_1, T_2 und T_3 arbeitet, wenn keines der drei Bauteile ausfällt.
   Berechnen Sie die Wahrscheinlichkeiten für die Ereignisse
   $A :=$ Das Gerät G_1 fällt aus;
   $B :=$ Genau eines der drei Bauteile fällt aus.

1 Bei den Aufgaben aus diesem Abschnitt handelt es sich um leicht modifizierte Aufgaben aus dem Zentralabitur des Freistaates Bayern und des Landes Baden-Württemberg.

b) Ein Gerät G_2 mit den drei oben genannten Bauteilen arbeitet, wenn mindestens eines der drei Bauteile arbeitet.
Mit welcher Wahrscheinlichkeit fällt das Gerät G_2 aus?

c) Bei einem Gerät G_3 sollen T_1, T_2 und T_3 an den drei Stellen a, b und c eingebaut werden. Damit G_3 arbeitet, muß sich an der Stelle a oder an den Stellen b und c ein intaktes Bauteil befinden. Wie muß man die Bauteile auf die drei Stellen verteilen, damit die Ausfallwahrscheinlichkeit von G_3 möglichst klein ist?

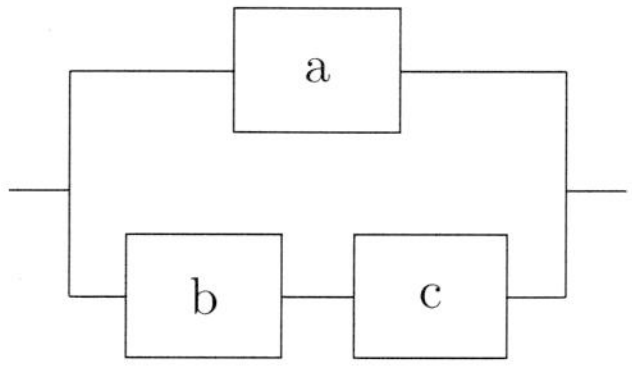

Berechnen Sie für diesen Fall die Ausfallwahrscheinlichkeit.

d) Ein Käufer der Bauteile T_2 hat den Verdacht, daß deren Ausfallquote höher als 10% ist. In einem Test wird dieser Verdacht überprüft. Dazu werden 100 Teile untersucht.
Wie lauten die Hypothesen?
Bestimmen Sie den kritischen Bereich bei einem Signifikanzniveau von 2%.
Wie wird aufgrund einer Stichprobe entschieden, die 19 defekte Bauteile enthält? Diskutieren Sie die Fehler, die bei dieser Entscheidung begangen werden können.

3. Ein Betrieb stellt Transistoren her, von denen 6,5% fehlerhaft sind.

a) Als Fehler kommen nur in Frage:
$A :=$ Die Spannungsfestigkeit ist nicht gewährleistet;
$B :=$ Die Stromverstärkung liegt außerhalb des Toleranzbereiches.
Die Wahrscheinlichkeit von A beträgt 0,04; A und B sind unabhängig voneinander.
Bestimmen Sie die Wahrscheinlichkeit von B.
Wie groß ist die Wahrscheinlichkeit, daß beide Fehler gemeinsam auftreten?

b) Die Transistoren werden in Tüten zu je 20 Stück verpackt.
Wie groß ist die Wahrscheinlichkeit dafür, daß in einer Tüte höchstens zwei Transistoren defekt sind?
Mit welcher Wahrscheinlichkeit gilt dies für alle 12 Tüten einer Sendung, die ein Elektronik-Shop bestellt hat?
Mit welcher Wahrscheinlichkeit enthalten höchstens zehn Tüten dieser Sendung nicht mehr als zwei defekte Transistoren?

c) Die Stromverstärkung der Transistoren hat einen Erwartungswert von 600 und eine Standardabweichung von 50.
Schätzen Sie die Wahrscheinlichkeit dafür, daß die Stromverstärkung um mindestens 120 vom Erwartungswert abweicht, mit Hilfe der Tschebyschevschen Ungleichung ab.
Wie groß ist diese Wahrscheinlichkeit, wenn die Stromverstärkung als normalverteilt angenommen werden kann?

d) In einer Schaltung mit sechs Transistoren ist genau einer defekt. Um ihn zu finden, führt man entweder lauter Einzeltests durch, oder man testet zunächst je drei Transistoren gemeinsam (Modultest) und entscheidet anschließend mit Einzeltests.
Bei welchem Verfahren sind im Mittel weniger Tests zu erwarten?
Ein Modultest kostet 2,65 DM, ein Einzeltest 1,50 DM. Mit welchen Kosten ist im Mittel bei diesen Verfahren zu rechnen?

4. Gegeben sei ein idealer Würfel, auf dessen Seitenflächen die Augenzahlen 1,2,3 und 4 stehen und der das nebenstehende Netz besitzt.

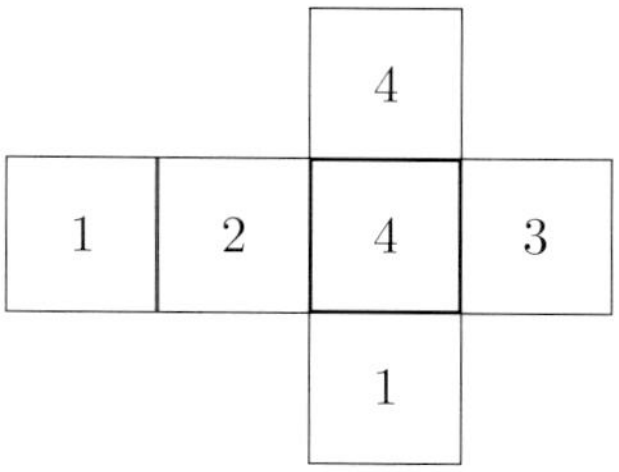

a) Der Würfel wird einmal geworfen und die Augenzahl festgestellt. Geben Sie die Wahrscheinlichkeitsverteilung für dieses Zufallsexperiment an.
Welche Wahrscheinlichkeit haben die folgenden Ereignisse
$A :=$ Die Augenzahl ist gerade;
$B :=$ Der Würfel zeigt 2 oder 3?
Bestimmen Sie die Varianz und den Erwartungswert für die Augenzahl.

b) Der Würfel wird zweimal geworfen. Die Augenzahlen werden festgestellt. Es werden folgende Ereignisse betrachtet:
$C :=$ Beim ersten Wurf erscheint die Augenzahl 2 oder 4;
$D :=$ Beim zweiten Wurf erscheint die Augenzahl 1 oder 3;
$E :=$ Es erscheinen zwei gleiche Augenzahlen;
$F :=$ Die Summe der Augenzahlen ist höchstens 4.
Untersuchen Sie, ob die Ereignisse C, D unabhängig sind. Untersuchen Sie, ob die Ereignisse E, F unabhängig sind.

c) Der Würfel wird zehnmal geworfen. Wie oft ist dabei eine gerade Augenzahl im Schnitt zu erwarten? Mit welcher Wahrscheinlichkeit tritt mindestens achtmal eine gerade Zahl auf? Bestimmen Sie den kleinsten Wert k so, daß die Anzahl der geraden Augenzahlen mit einer Wahrscheinlichkeit von mindestens 80 Prozent in das Intervall $[5-k, 5+k]$ fällt.

d) Ein Spiel besteht aus einer Serie von fünf Würfen mit diesem Würfel. Bei jedem Wurf gilt 1 oder 2 als Treffer. Der Spieleinsatz beträgt 1 DM. Man erhält für jeden Treffer 0,20 DM und bei mehr als zwei Treffern den Einsatz zurück. Berechnen Sie die Gewinnerwartung für dieses Spiel.

5. Ein Kartenstapel bestehe aus sechs blauen und einer gelben Karte.
Aus diesem Stapel wird wiederholt eine Karte zufällig gezogen. Ist die gezogene Karte gelb, wird sie in den Stapel zurückgelegt; ist sie blau, wird sie beiseite gelegt und im Stapel durch eine neue gelbe Karte ersetzt.

a) Beim ersten Spiel wird nach der obenstehenden Regel dreimal gezogen und jeweils die Farbe der gezogenen Karte notiert. Berechnen Sie die Wahrscheinlichkeiten der Ereignisse

$A :=$ Genau eine der gezogenen Karten ist gelb;
$B :=$ Mindestens eine der gezogenen Karten ist gelb;
$C :=$ Nur die zweite gezogene Karte ist blau;
$D :=$ Die zweite gezogene Karte ist gelb.

b) Bei einem Spiel wird nach der obenstehenden Regel so lange gezogen, bis eine gelbe Karte erscheint. Die Zufallsgröße X beschreibe die Anzahl der dafür benötigten Ziehungen.
Ermitteln Sie die Wahrscheinlichkeitsverteilung von X und den Erwartungswert von X.

c) Eine Spielbank bietet folgendes Spiel an: Nach einem Einsatz von k DM wird nach obenstehender Regel dreimal gezogen.
Ein Spieler erhält von der Bank

100 DM für drei gezogene gelbe Karten,
5 DM für zwei gezogene gelbe Karten,
2 DM für eine gezogene gelbe Karte.

Wird keine gelbe Karte gezogen, ist der Einsatz für den Spieler verloren. Wie groß muß die Bank den Einsatz mindestens bemessen, um langfristig bei dem Spiel mit Gewinn zu arbeiten?

d) Wie oft muß bei obenstehender Ziehungsvorschrift gezogen werden, um mit einer Wahrscheinlichkeit von mindestens 99% wenigstens einmal eine blaue Karte zu erhalten?

6. Weiße Natursteinplatten werden in Paketen zu je 100 Platten geliefert. Die Pakete werden je nach der Wahrscheinlichkeit p für das Auftreten von rötlich verfärbten Platten (kurz: rote Platten), die bei der Produktion zwangsläufig anfallen, in drei Güteklassen eingeteilt:
Güteklasse I: $p=0{,}01$; Güteklasse II: $p=0{,}05$; Güteklasse III: $p=0{,}10$.

a) Auf einem Weg sollen 100 Platten in einer Reihe verlegt werden. Wie viele verschiedene Reihenfolgen sind möglich,
- wenn das gelieferte Paket genau zwei rote Platten enthält und sich die Platten nur in der Farbe (weiß, rot) unterscheiden,
- wenn das gelieferte Paket genau drei rote Platten enthält und diese untereinander (etwa nach der Maserung) unterscheidbar sind, die weißen aber nicht?

b) Zur Pflasterung des gleichen Weges wie in a) wird ein Paket der Güteklasse I bestellt. Wie groß ist die Wahrscheinlichkeit dafür, daß keine rote Platte dabei ist?
Bis zu zwölf rote Platten werden beim Pflastern des Weges in Kauf genommen. Kann man dann ein Paket der Güteklasse II bestellen, wenn man die Wahrscheinlichkeit für mehr als zwölf rote Platten unter 1% halten will?

c) In einer Siedlung sollen zehn Wege mit je 100 Platten gepflastert werden. Der Plattenleger bestellt zehn Pakete der Güteklasse III. Mit welcher Wahrscheinlichkeit können die 1 000 Platten so verlegt werden, daß alle zehn Wege mit jeweils weniger als 13 roten Platten belegt sind?
Verwenden Sie die Normalverteilung.

d) Eine Firma liefert Pakete der Güteklasse II und III, die auf Güterwaggons verladen werden. Jeder Waggon enthält lauter Pakete gleicher Güteklasse. Bei einer Lieferung, die doppelt so viele Waggons der Güteklasse III wie der Güteklasse II enthält, ist die Kennzeichnung der Güteklasse vom Regen abgewaschen worden. Durch eine Stichprobe von 50 Platten soll entschieden werden in welche Güteklasse der jeweilige Waggon eingestuft wird.
Ein falsch eingestufter Waggon der Güteklasse II verursacht einen Schaden von 1 000 DM (entgangene Einnahmen), ein falsch eingestufter Waggon der Güteklasse III verursacht einen Schaden von 2 000 DM (Reklamationen, verärgerte Kunden).
Verwenden Sie im folgenden die Tabelle für die Binomialverteilung.
Ein Waggon werde genau dann in die Güteklasse II eingestuft, wenn weniger als drei rote Platten in der Stichprobe sind, andernfalls in die Güteklasse III.
Bestimmen Sie die Wahrscheinlichkeiten für die Fehler 1. und 2. Art, und berechnen Sie dann den mittleren Schaden pro Waggon, der bei diesem Vorgehen zu erwarten ist.
Ermitteln Sie für die Hypothese »Der Waggon enthält Güteklasse II« einen Annahmebereich der Form $\{0; \ldots ; k\}$, der so beschaffen ist, daß der mittlere Schaden pro Waggon möglichst klein ist. Wie groß ist dann dieser Schaden?

7. a) Eine Firma stellt Kugelschreiber her. Sie werden in Packungen zu je 20 Stück geliefert.
Ein Händler prüft aus jeder Packung nacheinander zwei Kugelschreiber (ohne Zurücklegen). Er nimmt die Packung genau dann an, wenn beide Kugelschreiber in Ordnung sind. Jede Packung enthält eine unbekannte Anzahl defekter Kugelschreiber.
Mit welcher Wahrscheinlichkeit wird der Händler eine solche Packung annehmen, wenn sie zwei, vier oder sechs defekte Kugelschreiber enthält?
Nehmen Sie kurz Stellung zur Brauchbarkeit dieser Prüfung.
Mit welcher Wahrscheinlichkeit werden alle zehn Packungen einer Lieferung angenommen, wenn jede von ihnen genau vier defekte Kugelschreiber enthält?

b) Der Defekt eines Kugelschreibers kann zwei Gründe haben: defekte Mechanik (1. Mangel) bzw. defekte Mine (2. Mangel). Die Wahrscheinlichkeit dafür, daß ein Kugelschreiber defekt ist, beträgt 0,088. Die Wahrscheinlichkeit für das Auftreten des 1. Mangels ist 0,05 und die für das Auftreten beider Mängel gleichzeitig ist 0,002. Untersuchen Sie, ob die beiden Mängel unabhängig voneinander auftreten.

c) Bei der Endkontrolle wird ein Kugelschreiber mit der Wahrscheinlichkeit 0,1 als Ausschuß ausgesondert. Bei dieser Kontolle wird erfahrungsgemäß ein einwandfreier Kugelschreiber mit der Wahrscheinlichkeit 0,04 als Ausschuß deklariert. 8,8% aller produzierten Kugelschreiber seien defekt.
Berechnen Sie die Wahrscheinlichkeit dafür, daß ein defekter Kugelschreiber aussortiert wird.
Wie groß ist die Wahrscheinlichkeit dafür, daß ein Kugelschreiber wirklich defekt ist, falls er bei der Endkontrolle aussortiert wurde?

d) Mit einer Stichprobe von 100 Stück soll getestet werden, ob die Angabe der Herstellerfirma stimmt, daß höchstens 5% der Kugelschreiber defekt sind.
Bestimmen Sie für ein Signifikanzniveau von 1% einen möglichst großen Ablehnungsbereich für die Hypothese »Höchstens 5% der Kugelschreiber sind defekt«.
Wie groß ist bei diesem Test das Risiko 2. Art, wenn tatsächlich 10% der Kugelschreiber defekt sind?

e) Ein Händler erhält eine Lieferung von 5 000 Kugelschreibern. Die Anzahl der defekten Kugelschreiber in der Lieferung ist unbekannt, jedoch liegt der Ausschußanteil der Gesamtproduktion erfahrungsgemäß bei 5%.
Berechnen Sie mit Hilfe der Normalverteilung ein möglichst kleines Intervall $[0\,;\,k]$ so, daß die Anzahl der defekten Kugelschreiber mit einer Wahrscheinlichkeit von mindestens 90% in diesem Intervall liegt.

8. Ein Gerätehersteller führt vor jeder größeren Lieferung folgenden Test durch: Es werden nacheinander Geräte »mit Zurücklegen« geprüft, bis das zweite einwandfreie bzw. das zweite mangelhafte Gerät aufgetreten ist. Im ersten Fall wird die Lieferung freigegeben, im zweiten Fall zurückbehalten.

a) Geben Sie eine geeignete Ergebnismenge Ω an.

b) Schreiben Sie das Ereignis
$L :=$ Es wird geliefert.
als Teilmenge von Ω. Berechnen Sie die Wahrscheinlichkeit $P(L)$ in Abhängigkeit vom Anteil p mangelhafter Geräte in der Lieferung.
[Teilergebnis: $P(L) = (2p+1)(1-p)^2$]

c) Weisen Sie mit Methoden der Differentialrechnung nach, daß $P(L)$ mit wachsendem p monoton abnimmt.

d) Wie groß ist die Wahrscheinlichkeit höchstens, daß Lieferungen mit einem Anteil $p \geqq 0,2$ von mangelhaften Geräten bei diesem Testverfahren freigegeben werden?

e) Mit welcher Wahrscheinlichkeit wird die Sendung zurückbehalten, wenn p=0,1 gilt?

Der Empfänger einer Lieferung von Geräten möchte diese nur annehmen, falls der Anteil mangelhafter Geräte $p < 0,2$ ist. Dazu führt er eine Stichprobe vom Umfang 50 (mit Zurücklegen) durch.

f) Wie muß bei einem Signifikanzniveau von 5% der Annahmebereich für die Nullhypothese
$H_0 : p \geqq 0,2$
gewählt werden? Dabei soll das Risiko 2. Art möglichst klein sein.

g) Berechnen Sie das Risiko 2. Art für p=0,1.

2 Tabellen

Binomialverteilung B(n ; p ; k) für n=2; n=3; ...; n=8

p

n	k	0,05	0,10	0,15	0,20	0,25	0,30	0,35	0,40	0,45	0,50	
2	0	0,9025	0,8100	0,7225	0,6400	0,5625	0,4900	0,4225	0,3600	0,3025	0,2500	2
	1	0,0950	0,1800	0,2550	0,3200	0,3750	0,4200	0,4550	0,4800	0,4950	0,5000	1
	2	0,0025	0,0100	0,0225	0,0400	0,0625	0,0900	0,1225	0,1600	0,2025	0,2500	0
3	0	0,8574	0,7290	0,6141	0,5120	0,4219	0,3430	0,2746	0,2160	0,1664	0,1250	3
	1	0,1354	0,2430	0,3251	0,3840	0,4219	0,4410	0,4436	0,4320	0,4084	0,3750	2
	2	0,0071	0,0270	0,0574	0,0960	0,1406	0,1890	0,2389	0,2880	0,3341	0,3750	1
	3	0,0001	0,0010	0,0034	0,0080	0,0156	0,0270	0,0429	0,0640	0,0911	0,1250	0
4	0	0,8145	0,6561	0,5220	0,4096	0,3164	0,2401	0,1785	0,1296	0,0915	0,0625	4
	1	0,1715	0,2916	0,3685	0,4096	0,4219	0,4116	0,3845	0,3456	0,2995	0,2500	3
	2	0,0135	0,0486	0,0975	0,1536	0,2109	0,2646	0,3105	0,3456	0,3675	0,3750	2
	3	0,0005	0,0036	0,0115	0,0256	0,0469	0,0756	0,1115	0,1536	0,2005	0,2500	1
	4	0,0000	0,0001	0,0005	0,0016	0,0039	0,0081	0,0150	0,0256	0,0410	0,0625	0
5	0	0,7738	0,5905	0,4437	0,3277	0,2373	0,1681	0,1160	0,0778	0,0503	0,0313	5
	1	0,2036	0,3281	0,3915	0,4096	0,3955	0,3602	0,3124	0,2592	0,2059	0,1563	4
	2	0,0214	0,0729	0,1382	0,2048	0,2637	0,3087	0,3364	0,3456	0,3369	0,3125	3
	3	0,0011	0,0081	0,0244	0,0512	0,0879	0,1323	0,1811	0,2304	0,2757	0,3125	2
	4	0,0000	0,0005	0,0022	0,0064	0,0146	0,0283	0,0488	0,0768	0,1128	0,1563	1
	5	0,0000	0,0000	0,0001	0,0003	0,0010	0,0024	0,0053	0,0102	0,0185	0,0313	0
6	0	0,7351	0,5314	0,3771	0,2621	0,1780	0,1176	0,0754	0,0467	0,0277	0,0156	6
	1	0,2321	0,3543	0,3993	0,3932	0,3560	0,3025	0,2437	0,1866	0,1359	0,0938	5
	2	0,0305	0,0984	0,1762	0,2458	0,2966	0,3241	0,3280	0,3110	0,2780	0,2344	4
	3	0,0021	0,0146	0,0415	0,0819	0,1318	0,1852	0,2355	0,2765	0,3032	0,3125	3
	4	0,0001	0,0012	0,0055	0,0154	0,0330	0,0595	0,0951	0,1382	0,1861	0,2344	2
	5	0,0000	0,0001	0,0004	0,0015	0,0044	0,0102	0,0205	0,0369	0,0609	0,0938	1
	6	0,0000	0,0000	0,0000	0,0001	0,0002	0,0007	0,0018	0,0041	0,0083	0,0156	0
7	0	0,6983	0,4783	0,3206	0,2097	0,1335	0,0824	0,0490	0,0280	0,0152	0,0078	7
	1	0,2573	0,3720	0,3960	0,3670	0,3115	0,2471	0,1848	0,1306	0,0872	0,0547	6
	2	0,0406	0,1240	0,2097	0,2753	0,3115	0,3177	0,2985	0,2613	0,2140	0,1641	5
	3	0,0036	0,0230	0,0617	0,1147	0,1730	0,2269	0,2679	0,2903	0,2918	0,2734	4
	4	0,0002	0,0026	0,0109	0,0287	0,0577	0,0972	0,1442	0,1935	0,2388	0,2734	3
	5	0,0000	0,0002	0,0012	0,0043	0,0115	0,0250	0,0466	0,0774	0,1172	0,1641	2
	6	0,0000	0,0000	0,0001	0,0004	0,0013	0,0036	0,0084	0,0172	0,0320	0,0547	1
	7	0,0000	0,0000	0,0000	0,0000	0,0001	0,0002	0,0006	0,0016	0,0037	0,0078	0
8	0	0,6634	0,4305	0,2725	0,1678	0,1001	0,0576	0,0319	0,0168	0,0084	0,0039	8
	1	0,2793	0,3826	0,3847	0,3355	0,2670	0,1977	0,1373	0,0896	0,0548	0,0313	7
	2	0,0515	0,1488	0,2376	0,2936	0,3115	0,2965	0,2587	0,2090	0,1569	0,1094	6
	3	0,0054	0,0331	0,0839	0,1468	0,2076	0,2541	0,2786	0,2787	0,2568	0,2188	5
	4	0,0004	0,0046	0,0185	0,0459	0,0865	0,1361	0,1875	0,2322	0,2627	0,2734	4
	5	0,0000	0,0004	0,0026	0,0092	0,0231	0,0467	0,0808	0,1239	0,1719	0,2188	3
	6	0,0000	0,0000	0,0002	0,0011	0,0038	0,0100	0,0217	0,0413	0,0703	0,1094	2
	7	0,0000	0,0000	0,0000	0,0001	0,0004	0,0012	0,0033	0,0079	0,0164	0,0313	1
	8	0,0000	0,0000	0,0000	0,0000	0,0000	0,0001	0,0002	0,0007	0,0017	0,0039	0
n		0,95	0,90	0,85	0,80	0,75	0,70	0,65	0,60	0,55	0,50	k

p

p

n	k	0,05	0,10	0,15	0,20	0,25	0,30	0,35	0,40	0,45	0,50	
9	0	0,6302	0,3874	0,2316	0,1342	0,0751	0,0404	0,0207	0,0101	0,0046	0,0020	9
	1	0,2985	0,3874	0,3679	0,3020	0,2253	0,1557	0,1004	0,0605	0,0339	0,0176	8
	2	0,0629	0,1722	0,2597	0,3020	0,3003	0,2668	0,2162	0,1612	0,1110	0,0703	7
	3	0,0077	0,0446	0,1069	0,1762	0,2336	0,2668	0,2716	0,2508	0,2119	0,1641	6
	4	0,0006	0,0074	0,0283	0,0661	0,1168	0,1715	0,2194	0,2508	0,2600	0,2461	5
	5	0,0000	0,0008	0,0050	0,0165	0,0389	0,0735	0,1181	0,1672	0,2128	0,2461	4
	6	0,0000	0,0001	0,0006	0,0028	0,0087	0,0210	0,0424	0,0743	0,1160	0,1641	3
	7	0,0000	0,0000	0,0000	0,0003	0,0012	0,0039	0,0098	0,0212	0,0407	0,0703	2
	8	0,0000	0,0000	0,0000	0,0000	0,0001	0,0004	0,0013	0,0035	0,0083	0,0176	1
	9	0,0000	0,0000	0,0000	0,0000	0,0000	0,0000	0,0001	0,0003	0,0008	0,0020	0
10	0	0,5987	0,3487	0,1969	0,1074	0,0563	0,0282	0,0135	0,0060	0,0025	0,0010	10
	1	0,3151	0,3874	0,3474	0,2684	0,1877	0,1211	0,0725	0,0403	0,0207	0,0098	9
	2	0,0746	0,1937	0,2759	0,3020	0,2816	0,2335	0,1757	0,1209	0,0763	0,0439	8
	3	0,0105	0,0574	0,1298	0,2013	0,2503	0,2668	0,2522	0,2150	0,1665	0,1172	7
	4	0,0010	0,0112	0,0401	0,0881	0,1460	0,2001	0,2377	0,2508	0,2384	0,2051	6
	5	0,0001	0,0015	0,0085	0,0264	0,0584	0,1029	0,1536	0,2007	0,2340	0,2461	5
	6	0,0000	0,0001	0,0012	0,0055	0,0162	0,0368	0,0689	0,1115	0,1596	0,2051	4
	7	0,0000	0,0000	0,0001	0,0008	0,0031	0,0090	0,0212	0,0425	0,0746	0,1172	3
	8	0,0000	0,0000	0,0000	0,0001	0,0004	0,0014	0,0043	0,0106	0,0229	0,0439	2
	9	0,0000	0,0000	0,0000	0,0000	0,0000	0,0001	0,0005	0,0016	0,0042	0,0098	1
	10	0,0000	0,0000	0,0000	0,0000	0,0000	0,0000	0,0000	0,0001	0,0003	0,0010	0
11	0	0,5688	0,3138	0,1673	0,0859	0,0422	0,0198	0,0088	0,0036	0,0014	0,0005	11
	1	0,3293	0,3835	0,3248	0,2362	0,1549	0,0932	0,0518	0,0266	0,0125	0,0054	10
	2	0,0867	0,2131	0,2866	0,2953	0,2581	0,1998	0,1395	0,0887	0,0513	0,0269	9
	3	0,0137	0,0710	0,1517	0,2215	0,2581	0,2568	0,2254	0,1774	0,1259	0,0806	8
	4	0,0014	0,0158	0,0536	0,1107	0,1721	0,2201	0,2428	0,2365	0,2060	0,1611	7
	5	0,0001	0,0025	0,0132	0,0388	0,0803	0,1321	0,1830	0,2207	0,2360	0,2256	6
	6	0,0000	0,0003	0,0023	0,0097	0,0268	0,0566	0,0985	0,1471	0,1931	0,2256	5
	7	0,0000	0,0000	0,0003	0,0017	0,0064	0,0173	0,0379	0,0701	0,1128	0,1611	4
	8	0,0000	0,0000	0,0000	0,0002	0,0011	0,0037	0,0102	0,0234	0,0462	0,0806	3
	9	0,0000	0,0000	0,0000	0,0000	0,0001	0,0005	0,0018	0,0052	0,0126	0,0269	2
	10	0,0000	0,0000	0,0000	0,0000	0,0000	0,0000	0,0002	0,0007	0,0021	0,0054	1
	11	0,0000	0,0000	0,0000	0,0000	0,0000	0,0000	0,0000	0,0000	0,0002	0,0005	0
12	0	0,5404	0,2824	0,1422	0,0687	0,0317	0,0138	0,0057	0,0022	0,0008	0,0002	12
	1	0,3413	0,3766	0,3012	0,2062	0,1267	0,0712	0,0368	0,0174	0,0075	0,0029	11
	2	0,0988	0,2301	0,2924	0,2835	0,2323	0,1678	0,1088	0,0639	0,0339	0,0161	10
	3	0,0173	0,0852	0,1720	0,2362	0,2581	0,2397	0,1954	0,1419	0,0923	0,0537	9
	4	0,0021	0,0213	0,0683	0,1329	0,1936	0,2311	0,2367	0,2128	0,1700	0,1209	8
	5	0,0002	0,0038	0,0193	0,0532	0,1032	0,1585	0,2039	0,2270	0,2225	0,1934	7
	6	0,0000	0,0005	0,0040	0,0155	0,0401	0,0792	0,1281	0,1766	0,2124	0,2256	6
	7	0,0000	0,0000	0,0006	0,0033	0,0115	0,0291	0,0591	0,1009	0,1489	0,1934	5
	8	0,0000	0,0000	0,0001	0,0005	0,0024	0,0078	0,0199	0,0420	0,0762	0,1209	4
	9	0,0000	0,0000	0,0000	0,0001	0,0004	0,0015	0,0048	0,0125	0,0277	0,0537	3
	10	0,0000	0,0000	0,0000	0,0000	0,0000	0,0002	0,0008	0,0025	0,0068	0,0161	2
	11	0,0000	0,0000	0,0000	0,0000	0,0000	0,0000	0,0001	0,0003	0,0010	0,0029	1
	12	0,0000	0,0000	0,0000	0,0000	0,0000	0,0000	0,0000	0,0000	0,0001	0,0002	0
n		0,95	0,90	0,85	0,80	0,75	0,70	0,65	0,60	0,55	0,50	k

p

p

n	k	0,05	0,10	0,15	0,20	0,25	0,30	0,35	0,40	0,45	0,50	
13	0	0,5133	0,2542	0,1209	0,0550	0,0238	0,0097	0,0037	0,0013	0,0004	0,0001	13
	1	0,3512	0,3672	0,2774	0,1787	0,1029	0,0540	0,0259	0,0113	0,0045	0,0016	12
	2	0,1109	0,2448	0,2937	0,2680	0,2059	0,1388	0,0836	0,0453	0,0220	0,0095	11
	3	0,0214	0,0997	0,1900	0,2457	0,2517	0,2181	0,1651	0,1107	0,0660	0,0349	10
	4	0,0028	0,0277	0,0838	0,1535	0,2097	0,2337	0,2222	0,1845	0,1350	0,0873	9
	5	0,0003	0,0055	0,0266	0,0691	0,1258	0,1803	0,2154	0,2214	0,1989	0,1571	8
	6	0,0000	0,0008	0,0063	0,0230	0,0559	0,1030	0,1546	0,1968	0,2169	0,2095	7
	7	0,0000	0,0001	0,0011	0,0058	0,0186	0,0442	0,0833	0,1312	0,1775	0,2095	6
	8	0,0000	0,0000	0,0001	0,0011	0,0047	0,0142	0,0336	0,0656	0,1089	0,1571	5
	9	0,0000	0,0000	0,0000	0,0001	0,0009	0,0034	0,0101	0,0243	0,0495	0,0873	4
	10	0,0000	0,0000	0,0000	0,0000	0,0001	0,0006	0,0022	0,0065	0,0162	0,0349	3
	11	0,0000	0,0000	0,0000	0,0000	0,0000	0,0001	0,0003	0,0012	0,0036	0,0095	2
	12	0,0000	0,0000	0,0000	0,0000	0,0000	0,0000	0,0000	0,0001	0,0005	0,0016	1
	13	0,0000	0,0000	0,0000	0,0000	0,0000	0,0000	0,0000	0,0000	0,0000	0,0001	0
14	0	0,4877	0,2288	0,1028	0,0440	0,0178	0,0068	0,0024	0,0008	0,0002	0,0001	14
	1	0,3593	0,3559	0,2539	0,1539	0,0832	0,0407	0,0181	0,0073	0,0027	0,0009	13
	2	0,1229	0,2570	0,2912	0,2501	0,1802	0,1134	0,0634	0,0317	0,0141	0,0056	12
	3	0,0259	0,1142	0,2056	0,2501	0,2402	0,1943	0,1366	0,0845	0,0462	0,0222	11
	4	0,0037	0,0349	0,0998	0,1720	0,2202	0,2290	0,2022	0,1549	0,1040	0,0611	10
	5	0,0004	0,0078	0,0352	0,0860	0,1468	0,1963	0,2178	0,2066	0,1701	0,1222	9
	6	0,0000	0,0013	0,0093	0,0322	0,0734	0,1262	0,1759	0,2066	0,2088	0,1833	8
	7	0,0000	0,0002	0,0019	0,0092	0,0280	0,0618	0,1082	0,1574	0,1952	0,2095	7
	8	0,0000	0,0000	0,0003	0,0020	0,0082	0,0232	0,0510	0,0918	0,1398	0,1833	6
	9	0,0000	0,0000	0,0000	0,0003	0,0018	0,0066	0,0183	0,0408	0,0762	0,1222	5
	10	0,0000	0,0000	0,0000	0,0000	0,0003	0,0014	0,0049	0,0136	0,0312	0,0611	4
	11	0,0000	0,0000	0,0000	0,0000	0,0000	0,0002	0,0010	0,0033	0,0093	0,0222	3
	12	0,0000	0,0000	0,0000	0,0000	0,0000	0,0000	0,0001	0,0005	0,0019	0,0056	2
	13	0,0000	0,0000	0,0000	0,0000	0,0000	0,0000	0,0000	0,0001	0,0002	0,0009	1
	14	0,0000	0,0000	0,0000	0,0000	0,0000	0,0000	0,0000	0,0000	0,0000	0,0001	0
15	0	0,4633	0,2059	0,0874	0,0352	0,0134	0,0047	0,0016	0,0005	0,0001	0,0000	15
	1	0,3658	0,3432	0,2312	0,1319	0,0668	0,0305	0,0126	0,0047	0,0016	0,0005	14
	2	0,1348	0,2669	0,2856	0,2309	0,1559	0,0916	0,0476	0,0219	0,0090	0,0032	13
	3	0,0307	0,1285	0,2184	0,2501	0,2252	0,1700	0,1110	0,0634	0,0318	0,0139	12
	4	0,0049	0,0428	0,1156	0,1876	0,2252	0,2186	0,1792	0,1268	0,0780	0,0417	11
	5	0,0006	0,0105	0,0449	0,1032	0,1651	0,2061	0,2123	0,1859	0,1404	0,0916	10
	6	0,0000	0,0019	0,0132	0,0430	0,0917	0,1472	0,1906	0,2066	0,1914	0,1527	9
	7	0,0000	0,0003	0,0030	0,0138	0,0393	0,0811	0,1319	0,1771	0,2013	0,1964	8
	8	0,0000	0,0000	0,0005	0,0035	0,0131	0,0348	0,0710	0,1181	0,1647	0,1964	7
	9	0,0000	0,0000	0,0001	0,0007	0,0034	0,0116	0,0298	0,0612	0,1048	0,1527	6
	10	0,0000	0,0000	0,0000	0,0001	0,0007	0,0030	0,0096	0,0245	0,0515	0,0916	5
	11	0,0000	0,0000	0,0000	0,0000	0,0001	0,0006	0,0024	0,0074	0,0191	0,0417	4
	12	0,0000	0,0000	0,0000	0,0000	0,0000	0,0001	0,0004	0,0016	0,0052	0,0139	3
	13	0,0000	0,0000	0,0000	0,0000	0,0000	0,0000	0,0001	0,0003	0,0010	0,0032	2
	14	0,0000	0,0000	0,0000	0,0000	0,0000	0,0000	0,0000	0,0000	0,0001	0,0005	1
	15	0,0000	0,0000	0,0000	0,0000	0,0000	0,0000	0,0000	0,0000	0,0000	0,0000	0
n		0,95	0,90	0,85	0,80	0,75	0,70	0,65	0,60	0,55	0,50	k

p

p

n	k	0,05	0,10	0,15	0,20	0,25	0,30	0,35	0,40	0,45	0,50	
20	0	0,3585	0,1216	0,0388	0,0115	0,0032	0,0008	0,0002	0,0000	0,0000	0,0000	20
	1	0,3774	0,2702	0,1368	0,0576	0,0211	0,0068	0,0020	0,0005	0,0001	0,0000	19
	2	0,1887	0,2852	0,2293	0,1369	0,0669	0,0278	0,0100	0,0031	0,0008	0,0002	18
	3	0,0596	0,1901	0,2428	0,2054	0,1339	0,0716	0,0323	0,0123	0,0040	0,0011	17
	4	0,0133	0,0898	0,1821	0,2182	0,1897	0,1304	0,0738	0,0350	0,0139	0,0046	16
	5	0,0022	0,0319	0,1028	0,1746	0,2023	0,1789	0,1272	0,0746	0,0365	0,0148	15
	6	0,0003	0,0089	0,0454	0,1091	0,1686	0,1916	0,1712	0,1244	0,0746	0,0370	14
	7	0,0000	0,0020	0,0160	0,0545	0,1124	0,1643	0,1844	0,1659	0,1221	0,0739	13
	8	0,0000	0,0004	0,0046	0,0222	0,0609	0,1144	0,1614	0,1797	0,1623	0,1201	12
	9	0,0000	0,0001	0,0011	0,0074	0,0271	0,0654	0,1158	0,1597	0,1771	0,1602	11
	10	0,0000	0,0000	0,0002	0,0020	0,0099	0,0308	0,0686	0,1171	0,1593	0,1762	10
	11	0,0000	0,0000	0,0000	0,0005	0,0030	0,0120	0,0336	0,0710	0,1185	0,1602	9
	12	0,0000	0,0000	0,0000	0,0001	0,0008	0,0039	0,0136	0,0355	0,0727	0,1201	8
	13	0,0000	0,0000	0,0000	0,0000	0,0002	0,0010	0,0045	0,0146	0,0366	0,0739	7
	14	0,0000	0,0000	0,0000	0,0000	0,0000	0,0002	0,0012	0,0049	0,0150	0,0370	6
	15	0,0000	0,0000	0,0000	0,0000	0,0000	0,0000	0,0003	0,0013	0,0049	0,0148	5
	16	0,0000	0,0000	0,0000	0,0000	0,0000	0,0000	0,0000	0,0003	0,0013	0,0046	4
	17	0,0000	0,0000	0,0000	0,0000	0,0000	0,0000	0,0000	0,0000	0,0002	0,0011	3
	18	0,0000	0,0000	0,0000	0,0000	0,0000	0,0000	0,0000	0,0000	0,0000	0,0002	2
	19	0,0000	0,0000	0,0000	0,0000	0,0000	0,0000	0,0000	0,0000	0,0000	0,0000	1
	20	0,0000	0,0000	0,0000	0,0000	0,0000	0,0000	0,0000	0,0000	0,0000	0,0000	0
50	0	0,0769	0,0052	0,0003	0,0000							50
	1	0,2025	0,0286	0,0026	0,0002	0,0000						49
	2	0,2611	0,0779	0,0113	0,0011	0,0001						48
	3	0,2199	0,1386	0,0319	0,0044	0,0004	0,0000					47
	4	0,1360	0,1809	0,0661	0,0128	0,0016	0,0001					46
	5	0,0658	0,1849	0,1072	0,0295	0,0049	0,0006	0,0000				45
	6	0,0260	0,1541	0,1419	0,0554	0,0123	0,0018	0,0002				44
	7	0,0086	0,1076	0,1575	0,0870	0,0259	0,0048	0,0006	0,0000			43
	8	0,0024	0,0643	0,1493	0,1169	0,0463	0,0110	0,0017	0,0002			42
	9	0,0006	0,0333	0,1230	0,1364	0,0721	0,0220	0,0042	0,0005	0,0000		41
	10	0,0001	0,0152	0,0890	0,1398	0,0985	0,0386	0,0093	0,0014	0,0001		40
	11	0,0000	0,0061	0,0571	0,1271	0,1194	0,0602	0,0182	0,0035	0,0004	0,0000	39
	12		0,0022	0,0328	0,1033	0,1294	0,0838	0,0319	0,0076	0,0011	0,0001	38
	13		0,0007	0,0169	0,0755	0,1261	0,1050	0,0502	0,0147	0,0027	0,0003	37
	14		0,0002	0,0079	0,0499	0,1110	0,1190	0,0714	0,0260	0,0059	0,0008	36
	15		0,0001	0,0033	0,0299	0,0888	0,1223	0,0923	0,0415	0,0116	0,0020	35
	16		0,0000	0,0013	0,0164	0,0648	0,1147	0,1088	0,0606	0,0207	0,0044	34
	17			0,0005	0,0082	0,0432	0,0983	0,1171	0,0808	0,0339	0,0087	33
	18			0,0001	0,0037	0,0264	0,0772	0,1156	0,0987	0,0508	0,0160	32
	19			0,0000	0,0016	0,0148	0,0558	0,1048	0,1109	0,0700	0,0270	31
	20				0,0006	0,0077	0,0370	0,0875	0,1146	0,0888	0,0419	30
	21				0,0002	0,0036	0,0227	0,0673	0,1091	0,1038	0,0598	29
	22				0,0001	0,0016	0,0128	0,0478	0,0959	0,1119	0,0788	28
	23				0,0000	0,0006	0,0067	0,0313	0,0778	0,1115	0,0960	27
	24					0,0002	0,0032	0,0190	0,0584	0,1026	0,1080	26
	25					0,0001	0,0014	0,0106	0,0405	0,0873	0,1123	25
	26					0,0000	0,0006	0,0055	0,0259	0,0687	0,1080	24
	27						0,0002	0,0026	0,0154	0,0500	0,0960	23
n		0,95	0,90	0,85	0,80	0,75	0,70	0,65	0,60	0,55	0,50	k

p

						p						
n	k	0,05	0,10	0,15	0,20	0,25	0,30	0,35	0,40	0,45	0,50	
50	28						0,0001	0,0012	0,0084	0,0336	0,0788	22
	29						0,0000	0,0005	0,0043	0,0208	0,0598	21
	30							0,0002	0,0020	0,0119	0,0419	20
	31							0,0001	0,0009	0,0063	0,0270	19
	32							0,0000	0,0003	0,0031	0,0160	18
	33								0,0001	0,0014	0,0087	17
	34								0,0000	0,0006	0,0044	16
	35									0,0002	0,0020	15
	36									0,0001	0,0008	14
	37									0,0000	0,0003	13
	38										0,0001	12
	39										0,0000	11
100	0	0,0059	0,0000									100
	1	0,0312	0,0003									99
	2	0,0812	0,0016	0,0000								98
	3	0,1396	0,0059	0,000[illegible]								97
	4	0,1781	0,0159	0,0003								96
	5	0,1800	0,0339	0,001[illegible]	0,0000							95
	6	0,1500	0,0596	0,003[illegible]	0,0001							94
	7	0,1060	0,0889	0,0075	0,0002							93
	8	0,0649	0,1148	0,0153	0,0006							92
	9	0,0349	0,1304	0,0276	0,0015	0,0000						91
	10	0,0167	0,1319	0,0444	0,0034	0,0001						90
	11	0,0072	0,1199	0,064[illegible]	0,0069	0,0003						89
	12	0,0028	0,0988	0,0833	0,0128	0,0006						88
	13	0,0010	0,0743	0,1001	0,0216	0,0014	0,0000					87
	14	0,0003	0,0513	0,1093	0,0335	0,0030	0,0001					86
	15	0,0001	0,0327	0,1111	0,0481	0,0057	0,0002					85
	16	0,0000	0,0193	0,1041	0,0638	0,0100	0,0006					84
	17		0,0106	0,0908	0,0789	0,0165	0,0012	0,0000				83
	18		0,0054	0,0739	0,0909	0,0254	0,0024	0,0001				82
	19		0,0026	0,0563	0,0981	0,0365	0,0044	0,0002				81
	20		0,0012	0,0402	0,0993	0,0493	0,0076	0,0004				80
	21		0,0005	0,0270	0,0946	0,0626	0,0124	0,0009	0,0000			79
	22		0,0002	0,0171	0,0849	0,0749	0,0190	0,0017	0,0001			78
	23		0,0001	0,0103	0,0720	0,0847	0,0277	0,0032	0,0001			77
	24		0,0000	0,0058	0,0577	0,0906	0,0380	0,0055	0,0003			76
	25			0,0031	0,0439	0,0918	0,0496	0,0090	0,0006			75
	26			0,0016	0,0316	0,0883	0,0613	0,0140	0,0012	0,0000		74
	27			0,0008	0,0217	0,0806	0,0720	0,0207	0,0022	0,0001		73
	28			0,0004	0,0141	0,0701	0,0804	0,0290	0,0038	0,0002		72
	29			0,0002	0,0088	0,0580	0,0856	0,0388	0,0063	0,0004		71
	30			0,0001	0,0052	0,0458	0,0868	0,0494	0,0100	0,0008	0,0000	70
	31			0,0000	0,0029	0,0344	0,0840	0,0601	0,0151	0,0014	0,0001	69
	32				0,0016	0,0248	0,0776	0,0698	0,0217	0,0025	0,0001	68
	33				0,0008	0,0170	0,0685	0,0774	0,0297	0,0043	0,0002	67
	34				0,0004	0,0112	0,0579	0,0821	0,0391	0,0069	0,0005	66
	35				0,0002	0,0070	0,0468	0,0834	0,0491	0,0106	0,0009	65
	36				0,0001	0,0042	0,0362	0,0811	0,0591	0,0157	0,0016	64
n		0,95	0,90	0,85	0,80	0,75	0,70	0,65	0,60	0,55	0,50	k
						p						

p

n	k	0,05	0,10	0,15	0,20	0,25	0,30	0,35	0,40	0,45	0,50	
100	37				0,0000	0,0024	0,0268	0,0755	0,0682	0,0222	0,0027	63
	38					0,0013	0,0191	0,0674	0,0754	0,0301	0,0045	62
	39					0,0007	0,0130	0,0577	0,0799	0,0391	0,0071	61
	40					0,0004	0,0085	0,0474	0,0812	0,0488	0,0108	60
	41					0,0002	0,0053	0,0373	0,0792	0,0584	0,0159	59
	42					0,0001	0,0032	0,0282	0,0742	0,0672	0,0223	58
	43					0,0000	0,0019	0,0205	0,0667	0,0741	0,0301	57
	44						0,0010	0,0143	0,0576	0,0786	0,0390	56
	45						0,0005	0,0096	0,0478	0,0800	0,0485	55
	46						0,0003	0,0062	0,0381	0,0782	0,0580	54
	47						0,0001	0,0038	0,0292	0,0736	0,0666	53
	48						0,0001	0,0023	0,0215	0,0665	0,0735	52
	49						0,0000	0,0013	0,0152	0,0577	0,0780	51
	50							0,0007	0,0103	0,0482	0,0796	50
	51							0,0004	0,0068	0,0386	0,0780	49
	52							0,0002	0,0042	0,0298	0,0735	48
	53							0,0001	0,0026	0,0221	0,0666	47
	54							0,0000	0,0015	0,0157	0,0580	46
	55								0,0008	0,0108	0,0485	45
	56								0,0004	0,0071	0,0390	44
	57								0,0002	0,0045	0,0301	43
	58								0,0001	0,0027	0,0223	42
	59								0,0001	0,0016	0,0159	41
	60								0,0000	0,0009	0,0108	40
	61									0,0005	0,0071	39
	62									0,0002	0,0045	38
	63									0,0001	0,0027	37
	64									0,0001	0,0016	36
	65									0,0000	0,0009	35
	66										0,0005	34
	67										0,0002	33
	68										0,0001	32
	69										0,0001	31
	70										0,0000	30
n		0,95	0,90	0,85	0,80	0,75	0,70	0,65	0,60	0,55	0,50	k

p

Die Gaußfunktion

$$\varphi(x) = \frac{1}{\sqrt{2\pi}} e^{-\frac{1}{2}x^2}$$

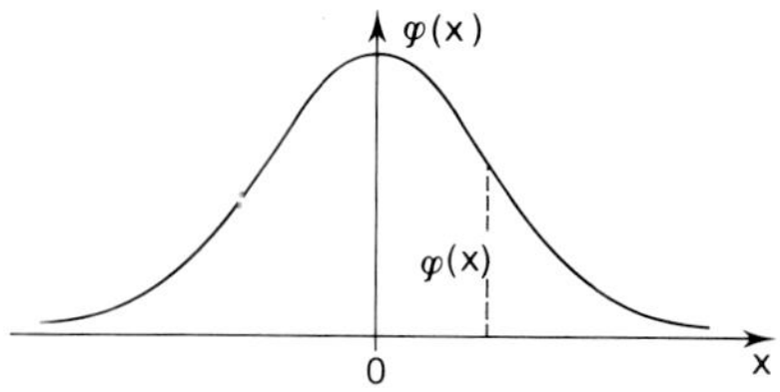

$\varphi(-x) = \varphi(x)$

x	0	1	2	3	4	5	6	7	8	9
0,0	0,3989	0,3989	0,3989	0,3988	0,3986	0,3984	0,3982	0,3980	0,3977	0,3973
0,1	0,3970	0,3965	0,3961	0,3956	0,3951	0,3945	0,3939	0,3932	0,3925	0,3918
0,2	0,3910	0,3902	0,3894	0,3885	0,3976	0,3867	0,3857	0,3847	0,3836	0,3825
0,3	0,3814	0,3802	0,3790	0,3778	0,3765	0,3752	0,3739	0,3726	0,3712	0,3697
0,4	0,3683	0,3668	0,3653	0,3637	0,3621	0,3605	0,3589	0,3572	0,3555	0,3538
0,5	0,3521	0,3503	0,3485	0,3467	0,3448	0,3429	0,3410	0,3391	0,3372	0,3352
0,6	0,3332	0,3312	0,3292	0,3271	0,3251	0,3230	0,3209	0,3187	0,3166	0,3144
0,7	0,3123	0,3101	0,3079	0,3056	0,3034	0,3011	0,2989	0,2966	0,2943	0,2920
0,8	0,2897	0,2874	0,2850	0,2827	0,2803	0,2780	0,2756	0,2732	0,2709	0,2685
0,9	0,2661	0,2637	0,2613	0,2589	0,2565	0,2541	0,2516	0,2492	0,2468	0,2444
1,0	0,2420	0,2396	0,2371	0,2347	0,2323	0,2299	0,2275	0,2251	0,2227	0,2203
1,1	0,2179	0,2155	0,2131	0,2107	0,2083	0,2059	0,2036	0,2012	0,1989	0,1965
1,2	0,1942	0,1919	0,1895	0,1872	0,1849	0,1826	0,1804	0,1781	0,1758	0,1736
1,3	0,1714	0,1691	0,1669	0,1647	0,1626	0,1604	0,1582	0,1561	0,1539	0,1518
1,4	0,1497	0,1476	0,1456	0,1435	0,1415	0,1394	0,1374	0,1354	0,1334	0,1315
1,5	0,1295	0,1276	0,1257	0,1238	0,1219	0,1200	0,1182	0,1163	0,1145	0,1127
1,6	0,1109	0,1092	0,1074	0,1057	0,1040	0,1023	0,1006	0,0989	0,0973	0,0957
1,7	0,0940	0,0925	0,0909	0,0893	0,0878	0,0863	0,0848	0,0833	0,0818	0,0804
1,8	0,0790	0,0775	0,0761	0,0748	0,0734	0,0721	0,0707	0,0694	0,0681	0,0669
1,9	0,0656	0,0644	0,0632	0,0620	0,0608	0,0596	0,0584	0,0573	0,0562	0,0551
2,0	0,0540	0,0529	0,0519	0,0508	0,0498	0,0488	0,0478	0,0468	0,0459	0,0449
2,1	0,0440	0,0431	0,0422	0,0413	0,0404	0,0396	0,0387	0,0379	0,0371	0,0363
2,2	0,0355	0,0347	0,0339	0,0332	0,0325	0,0317	0,0310	0,0303	0,0297	0,0290
2,3	0,0283	0,0277	0,0270	0,0264	0,0258	0,0252	0,0246	0,0241	0,0235	0,0229
2,4	0,0224	0,0219	0,0213	0,0203	0,0203	0,0198	0,0194	0,0189	0,0184	0,0180
2,5	0,0175	0,0171	0,0167	0,0163	0,0158	0,0154	0,0151	0,0147	0,0143	0,0139
2,6	0,0136	0,0132	0,0129	0,0126	0,0122	0,0119	0,0116	0,0113	0,0110	0,0107
2,7	0,0104	0,0101	0,0099	0,0096	0,0093	0,0091	0,0088	0,0086	0,0084	0,0081
2,8	0,0079	0,0077	0,0075	0,0073	0,0071	0,0069	0,0067	0,0065	0,0063	0,0061
2,9	0,0060	0,0058	0,0056	0,0055	0,0053	0,0051	0,0050	0,0048	0,0047	0,0046
3,0	0,0044	0,0043	0,0042	0,0040	0,0039	0,0038	0,0037	0,0036	0,0035	0,0034
3,1	0,0033	0,0032	0,0031	0,0030	0,0029	0,0028	0,0027	0,0026	0,0025	0,0025
3,2	0,0024	0,0023	0,0022	0,0022	0,0021	0,0020	0,0020	0,0019	0,0018	0,0018
3,3	0,0017	0,0017	0,0016	0,0016	0,0015	0,0015	0,0014	0,0014	0,0013	0,0013
3,4	0,0012	0,0012	0,0012	0,0011	0,0011	0,0010	0,0010	0,0010	0,0009	0,0009
3,5	0,0009	0,0008	0,0008	0,0008	0,0008	0,0007	0,0007	0,0007	0,0007	0,0006
3,6	0,0006	0,0006	0,0006	0,0005	0,0005	0,0005	0,0005	0,0005	0,0005	0,0004
3,7	0,0004	0,0004	0,0004	0,0004	0,0004	0,0004	0,0003	0,0003	0,0003	0,0003
3,8	0,0003	0,0003	0,0003	0,0003	0,0003	0,0002	0,0002	0,0002	0,0002	0,0002
3,9	0,0002	0,0002	0,0002	0,0002	0,0002	0,0002	0,0002	0,0002	0,0001	0,0001

Verteilungsfunktion ϕ (Normalverteilung)

$$\phi(z)=\frac{1}{\sqrt{2\pi}}\int_{-\infty}^{z} e^{-\frac{1}{2}t^2}\,dt$$

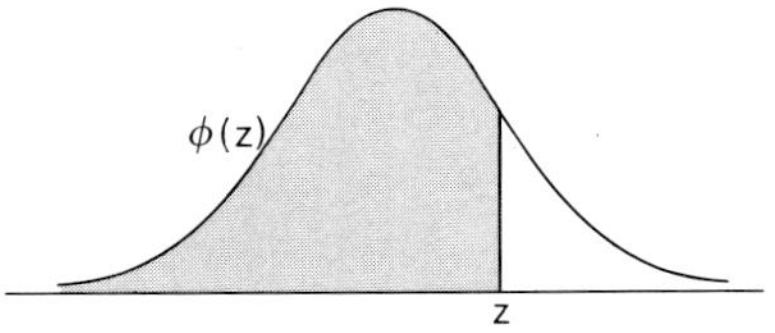

$$\phi(-z)=1-\phi(z)$$

z	0	1	2	3	4	5	6	7	8	9
0,0	0,5000	0,5040	0,5080	0,5120	0,5160	0,5199	0,5239	0,5279	0,5319	0,5359
0,1	0,5398	0,5438	0,5478	0,5517	0,5557	0,5596	0,5636	0,5675	0,5714	0,5753
0,2	0,5793	0,5832	0,5871	0,5910	0,5948	0,5987	0,6026	0,6064	0,6103	0,6141
0,3	0,6179	0,6217	0,6255	0,6293	0,6331	0,6368	0,6406	0,6443	0,6480	0,6517
0,4	0,6554	0,6591	0,6628	0,6664	0,6700	0,6736	0,6772	0,6808	0,6844	0,6879
0,5	0,6915	0,6950	0,6985	0,7019	0,7054	0,7088	0,7123	0,7157	0,7190	0,7224
0,6	0,7257	0,7291	0,7324	0,7357	0,7389	0,7422	0,7454	0,7486	0,7517	0,7549
0,7	0,7580	0,7611	0,7642	0,7673	0,7703	0,7734	0,7764	0,7794	0,7823	0,7852
0,8	0,7881	0,7910	0,7939	0,7967	0,7995	0,8023	0,8051	0,8078	0,8106	0,8133
0,9	0,8159	0,8186	0,8212	0,8238	0,8264	0,8289	0,8315	0,8340	0,8365	0,8389
1,0	0,8413	0,8438	0,8461	0,8485	0,8508	0,8531	0,8554	0,8577	0,8599	0,8621
1,1	0,8643	0,8665	0,8686	0,8708	0,8729	0,8749	0,8770	0,8790	0,8810	0,8830
1,2	0,8849	0,8869	0,8888	0,8907	0,8925	0,8944	0,8962	0,8980	0,8997	0,9015
1,3	0,9032	0,9049	0,9066	0,9082	0,9099	0,9115	0,9131	0,9147	0,9162	0,9177
1,4	0,9192	0,9207	0,9222	0,9236	0,9251	0,9265	0,9279	0,9292	0,9306	0,9319
1,5	0,9332	0,9345	0,9357	0,9370	0,9382	0,9394	0,9406	0,9418	0,9429	0,9441
1,6	0,9452	0,9463	0,9474	0,9484	0,9495	0,9505	0,9515	0,9525	0,9535	0,9545
1,7	0,9554	0,9564	0,9573	0,9582	0,9591	0,9599	0,9608	0,9616	0,9625	0,9633
1,8	0,9641	0,9649	0,9656	0,9664	0,9671	0,9678	0,9686	0,9693	0,9699	0,9706
1,9	0,9713	0,9719	0,9726	0,9732	0,9738	0,9744	0,9750	0,9756	0,9761	0,9767
2,0	0,9772	0,9778	0,9783	0,9788	0,9793	0,9798	0,9803	0,9808	0,9812	0,9817
2,1	0,9821	0,9826	0,9830	0,9834	0,9838	0,9842	0,9846	0,9850	0,9854	0,9857
2,2	0,9861	0,9864	0,9868	0,9871	0,9875	0,9878	0,9881	0,9884	0,9887	0,9890
2,3	0,9893	0,9896	0,9898	0,9901	0,9904	0,9906	0,9909	0,9911	0,9913	0,9916
2,4	0,9918	0,9920	0,9922	0,9925	0,9927	0,9929	0,9931	0,9932	0,9934	0,9936
2,5	0,9938	0,9940	0,9941	0,9943	0,9945	0,9946	0,9948	0,9949	0,9951	0,9952
2,6	0,9953	0,9955	0,9956	0,9957	0,9959	0,9960	0,9961	0,9962	0,9963	0,9964
2,7	0,9965	0,9966	0,9967	0,9968	0,9969	0,9970	0,9971	0,9972	0,9973	0,9974
2,8	0,9974	0,9975	0,9976	0,9977	0,9977	0,9978	0,9979	0,9979	0,9980	0,9981
2,9	0,9981	0,9982	0,9982	0,9983	0,9984	0,9984	0,9985	0,9985	0,9986	0,9986
3,0	0,9987	0,9987	0,9987	0,9988	0,9988	0,9989	0,9989	0,9989	0,9990	0,9990
3,1	0,9990	0,9991	0,9991	0,9991	0,9992	0,9992	0,9992	0,9992	0,9993	0,9993
3,2	0,9993	0,9993	0,9994	0,9994	0,9994	0,9994	0,9994	0,9995	0,9995	0,9995
3,3	0,9995	0,9995	0,9996	0,9996	0,9996	0,9996	0,9996	0,9996	0,9996	0,9997
3,4	0,9997	0,9997	0,9997	0,9997	0,9997	0,9997	0,9997	0,9997	0,9997	0,9998
3,5	0,9998	0,9998	0,9998	0,9998	0,9998	0,9998	0,9998	0,9998	0,9998	0,9998
3,6	0,9998	0,9998	0,9999	0,9999	0,9999	0,9999	0,9999	0,9999	0,9999	0,9999
3,7	0,9999	0,9999	0,9999	0,9999	0,9999	0,9999	0,9999	0,9999	0,9999	0,9999
3,8	0,9999	0,9999	0,9999	0,9999	0,9999	0,9999	0,9999	0,9999	0,9999	0,9999
3,9	1,0000	1,0000	1,0000	1,0000	1,0000	1,0000	1,0000	1,0000	1,0000	1,0000

Stichwortverzeichnis

Alternativtest, 137, 140
Annahmebereich einer Hypothese, 137
Anpassen, 15
  freihändiges, 15
Axiome von Kolmogorov, 80

Baumdiagramm, 50
Bernoulli-Experiment, 103
Bernoulli-Kette, 104
Binomialkoeffizient, 42
binomialverteilt, 106
Binomialverteilung, 106

Dichte, 120
diskret, 86, 120
Durchschnitt, 9

Elementarereignis, 28
Ereignisfeld, 31
Ereignis, 28
  sicheres, 28
  unmögliches, 28
Ergebnismenge, 6, 27
Ergebnis, 6, 27
Erhebung
  statistische, 6
Erwartungswert, 90

Fehler
  1. Art, 138
  2. Art, 138

Gegenereignis, 30
Gerade kleinster Quadrate, 16
Gesetz der großen Zahlen
  Bernoullisches, 115
  empirisches, 36, 115
Grenzwertsatz von Moivre-Laplace, 130

Häufigkeit
  absolute, 6, 31
  relative, 6, 32
Histogramm, 7, 87
  hypergeometrisch-verteilt, 97
Hypothese
  alternative, 137
  einfache, 137
  zusammengesetzte, 142

Konfidenzintervall, 113
Korrelation, 15
  lineare, 15
  negative lineare, 15
  positive lineare, 15
Korrelationskoeffizient
  empirischer, 18
kritischer Bereich, 140

Laplace-Experiment, 39

Median
  empirischer, 11
mehrstufig, 53
Menge der möglichen Werte, 85
Mittelwert
  empirischer, 9
Modalwert
  empirischer, 11
Modell
  mathematisches, 38
Monte-Carlo-Methode, 76
Multiplikationsregel, 60

Näherungskurve, 15
nicht diskret, 120
Normalverteilung, 124

Operationscharakteristik, 144

Pólya-Urnen-Experiment, 72
Polygonzugdiagramm, 7
Punktschätzung, 113

Regressionsgerade, 16
Risiko
  1. Art, 138
  2. Art, 138

Satz von Bayes, 66
Satz von der totalen Wahrscheinlichkeit, 61
Sicherheit eines Tests, 145
Signifikanzniveau, 144, 145

Signifikanztest, 145
Stabdiagramm, 87
Standardabweichung, 93
  empirische, 13
Statistik
  beurteilende, 135
Schätzverfahren
  statistisches, 112
Streudiagramm, 14
Streuung
  empirische, 13
Strichliste, 6
Summenregel, 49
Systeme von Ereignissen
  vollständige, 61

Testtheorie
  statistische, 136
Tschebyschevsche Ungleichung, 110

unabhängige Ereignisse, 67, 69
Unabhängigkeit von Ereignissen, 66
unvereinbar, 30
Urliste, 6
Urnenmodell, 49

Varianz, 93
Versuchsausgänge
  gleichberechtigte, 37
Verteilungsfunktion, 88
  empirische, 8
Verteilungstabelle, 87
Vertrauensintervall, 113

Wahrscheinlichkeit, 38
  bedingte, 58
Wahrscheinlichkeitsfunktion
  geometrische, 74
Wahrscheinlichkeitsraum, 80

Zerlegung, 61
Ziehen
  einmaliges, 49
  mit Zurücklegen, 51
  ohne Zurücklegen, 50
Zufallsexperiment, 26
Zufallsgröße, 84
  1-Punkt-verteilte, 89
  2-Punkt-verteilte, 89
  binomialverteilte, 106
  diskret, 87
  diskret gleichverteilte, 89
  geometrisch verteilte, 89
  hypergeometrisch-verteilte, 97
  normalverteilte, 124
  stetig gleichverteilte, 122
  stetige, 121
Zufallsversuch, 26
  mehrstufiger, 53
Zuverlässigkeit, 69

Bildquellenverzeichnis

S. 5: Technisches Halloren- und Salinenmuseum, Halle-Saale
S. 9, Abb. 4: Ulrich Dirr, Fa. ARTTEC, München
S. 25: Musikabteilung der Bayerischen Staatsbibliothek, München
S. 44: Staatliche Lotteriezentrale Abteilung Spielbanken, München
S. 83: David Ball, Bavaria Bildagentur, Gauting
S. 119, Abb. 10: Bayerische Staatsbibliothek, München; aus: B. I. Universallexikon, Bibliographisches Institut, Leipzig
S. 135: Institut für Acker- und Pflanzenbau an der Martin-Luther-Universität, Halle
S. 157–164: Tabellen aus: Mathematik Sekundarstufe II. Wahrscheinlichkeitsrechnung und Statistik, Düsseldorf: Cornelsen-Verlag Schwann-Girardet, 1988